QUYU FENGNENG CHANYE ZHUANLI DAOHANG ZHANLÜE YANJIU

区域风能产业专利导航战略研究

李晓锋 赵旖旎 任立业 编著

天津大学出版社
TIANJIN UNIVERSITY PRESS

作者简介

李晓锋（1980—），男，天津市科学技术发展战略研究院研究员，天津市“131”人才，天津工业大学硕士生导师，全国专利信息实务人才，IPMS 审核员，从事知识产权战略与规划、知识产权政策、专利导航、科技战略与政策方面的研究工作；先后主持完成国家知识产权局、科技部、天津市及各区局项目 100 多项；近年来，主持完成“天津知识产权强市建设纲要（2021—2035 年）”“天津市知识产权‘十四五’规划”等课题；出版专著 4 部，发表论文 40 多篇，发表研究内刊 30 多篇，获得领导批示 10 余次；获中国科协创新奖、天津市优秀调研成果奖、天津市行政管理创新与科研成果奖等奖项。

赵旖旎（1991—），女，天津市科学技术发展战略研究院助理研究员，主要从事知识产权战略与规划、专利导航研究工作；先后参与多项省、市级知识产权中长期发展规划编制研究，完成“面向 2035 年京津冀知识产权协同发展重大战略”“天津市知识产权发展状况白皮书编撰”“知识产权激发中小企业创新活力的政策路径”等多项市级研究课题。

任立业（1985—），男，天津市科学技术发展战略研究院副研究员，主要从事科技规划、知识产权战略研究工作；参与省部级科技、知识产权战略研究课题 8 项，发表学术论文 9 篇，参与撰写的内参获得市领导批示 2 次；参与完成“华北知识产权运营平台运行维护”等多项市级研究课题和“天津滨海新区专利发展指数”等区级研究课题。

图书在版编目（CIP）数据

区域风能产业专利导航战略研究 / 李晓锋，赵旖旎，任立业编著. -- 天津 : 天津大学出版社，2024.6
ISBN 978-7-5618-7726-5

Ⅰ. ①区… Ⅱ. ①李… ②赵… ③任… Ⅲ. ①风力能源－专利－研究－中国 Ⅳ. ①TK81-18

中国国家版本馆CIP数据核字(2024)第104457号

出版发行　天津大学出版社
地　　址　天津市卫津路92号天津大学内（邮编：300072）
电　　话　发行部：022-27403647
网　　址　www.tjupress.com.cn
印　　刷　廊坊市瑞德印刷有限公司
经　　销　全国各地新华书店
开　　本　710mm×1010mm　1/16
印　　张　14
字　　数　263千
版　　次　2024年6月第1版
印　　次　2024年6月第1次
定　　价　78.00元

前言

FOREWORD

风能是我国新能源体系的重要组成部分，当前我国深入实施“双碳”战略、加快推进能源革命，风能作为一种重要的可再生能源，在构建新型能源体系中发挥着重要作用。天津滨海新区作为我国风电高新技术产业化基地，形成了从研发、制造到检测的风能发电装备及零部件产业集群。怎样做好滨海新区风能产业专利战略规划，专利导航是最佳选择，专利导航作为一种新型专利信息应用模式，可有效融合各类数据资源，对区域产业技术发展定位、产业竞争格局和技术创新方向进行全景式分析。专利导航对于推动风能产业高质量发展，激发产业核心竞争力具有重要引航作用，对于滨海新区构建制度完善、保护严格、运营高效、服务便捷、文化圆融、合作共赢的知识产权强区具有重要战略支撑作用。

本书基于专利导航理论，遵循“全景分析—方向识别—定位研判—路径研究”的基本流程，以滨海新区风能产业为例，从滨海新区风能产业发展的实际需求出发，采用专利导航研究范式，全景式分析了风能产业发展态势和竞争格局，研判了滨海新区风能产业发展定位和发展路径，并结合滨海新区区域资源禀赋优势，提出了滨海新区推动风能产业创新发展的战略举措。全书研究框架分为三部分。第一部分为基本情况研究，包括第 1 章至第 3 章：第 1 章从风能产业发展历程、产业规模、产业结构、政策环境、技术创新、重点企业等不同层面，分析全球及我国风能产业发展现状和趋势，研判了滨海新区风能产业发展面临的风险与挑战；第 2 章指明了导航研究采用的专利检索方法，明确了数据来源、检索策略、数据处理方法等事项；第 3 章综合分析了全球、我国及滨海新区风能产业整体专利态势，该部分研究是深入开展滨海新区风能产业专利导航研究的基础。第二部分为区域风能产业专利导航战略研究，包括第 4 章至第 8 章：第 4 章重点研究了专利对产业发展的影响力和控制力，围绕风能产业重点技术，揭示专利对产业发展的控制力和影响力关系，从技术、市场、企业主体等角度论证了专利控制力是提升产业竞争力的关键因素；第 5 章重点研究了专利与产业发展方向，基于专利布局与产业发展的关系，从全球产业结构调整方向、主要国家/地区产业结构调整方向、龙头企业结构调整方向三个维度，分析了全球风能产业的重点领域及未来发展方向；第 6 章围绕滨海新区风能产业结构定位及调整方向进行深度分析，以专利信息对比分析为基础，从技术、人才、企业等要素出发，研判了滨海新区风能产业在全国产业竞争格局中的定位，分析了滨海新区在产业结构布局、技术创新、创新人才储备等领域存在的不足，并提出区域产业结构调整方向；第7章选取了风能产业叶片、风电主控系统、海上风电三个关键技术分支，进行了重点专利分析，包括技术专利申请态势、技术发展脉络和重点申请人，提出了重点技术领域防范专利风险、加强专利保护和运用的相关举措；第8章基于产业发展方向、区域发展定位及关键技术专利分析，研究提出滨海新区风能产业发展路径，并围绕产业结构调整优化、技术创新引进提升、核心人才引进培育、企业培育引进、知识产权强化等，提出任务举措和实施路径。第三部分为滨海新区风能产业创新发展规划建议，主要包括第9章，该章在区域风能产业专利导航研究的基础上，结合产业现状及滨海新区发展实际，提出滨海新区风能产业创新发展规划建议，包括未来滨海新区发展风能产业的优势基础、总体要求、重点任务以及相关保障举措，为滨海新区推动风能产业创新发展提出决策参考。

本书由“滨海新区风能产业规划类专利导航项目”课题组编写，具体分工为：李晓锋研究员主要负责本书提纲的编制及各章节要点的确定，并执笔撰写了第2章、第6章，同时负责全书的审定工作；赵旖旎助理研究员执笔撰写了本书第1章、第4章、第7章第1节、第8章第3节和第4节、第9章第3节，并负责全书的统稿工作；任立业副研究员执笔撰写了本书第3章，第5章，第7章第2节和第3节，第8章第1节、第2节和第5节，第9章第1节、第2节和第4节。本书得到滨海新区知识产权运营服务体系建设“太阳能和风能产业规划类专利导航项目”（项目编号：2021BHZC-CD-07）的资金支持。本书得到了战略院领导的大力支持，天津大学出版社郭颖等编辑进行了编审校对工作，在此表示感谢！希望本书的出版能够为相关政府部门、企事业单位、高校科研院所及相关服务机构开展专利导航服务提供参考借鉴。

由于课题组研究水平有限，本书仍有很多不足之处，敬请各位读者、专家批评指正。

天津市科学技术发展战略研究院知识产权研究团队

二零二四年冬月

目录

CONTENTS

Chapter 4

第 4 章 专利对产业发展的影响力和控制力

Chapter 5

第 5 章 专利与产业发展方向

Chapter 6

第 6 章 滨海新区风能产业结构定位及调整方向

Chapter 1

第 1 章
风能产业发展现状

1.1 风能及风能产业概述

1.1.1 风能的定义

风是地球上的一种自然现象，它是由太阳辐射引起的。纬度差异、海陆差异、海拔差异等原因使地表对太阳辐射的吸收程度不同，造成地球表面大气层受热不均，形成气压梯度力，在气压梯度力的作用下，空气沿水平方向运动就形成了风。风能是因气流做功而提供给人类的一种可利用的能量，风能源于空气流动，空气流速越快，动能就越大。风能属于可再生能源，具有低能量密度特性。地球上的风能资源十分丰富，据统计，每年来自外层空间的辐射能为 1.5×10^{18} kW · h，其中 2.5%的能量被大气吸收，产生大约 4.3×10^{12} kW·h 的风能，风能取之不尽、用之不竭，相比其他能源具有明显优势[1]。

风力发电是将风能蕴含的动能转化为电能，简称风电。风力发电机组是在空气流经风轮叶片产生空气动力时，利用风轮叶片转动，将风能转化为驱动发电机转动的机械能，又进一步转化为电能的设备。风电作为应用最广泛和发展最快的新能源利用技术，已在全球范围内实现大规模开发应用，形成完整产业链和创新链。自 2005 年起，全球风能产业发展势头迅猛，2022 年全球累计装机容量达到 906 GW[2]。在过去 30 年里，风电在调整能源结构、促进经济发展、改善环境方面发挥了巨大作用，已成为推动全球能源转型、保障能源安全、带动经济繁荣的重要力量。

1.1.2 风能产业概述

根据国家统计局发布的《战略性新兴产业分类（2018）》，风能产业主要包括风能发电机装备及零部件制造、风能发电其他相关装备及材料制造、风能发电运营维护、风能发电工程施工、风能发电工程技术服务，具体见表 1-1[3]。根据国家发展改革委发布的《战略性新兴产业重点产品和服务指导目录》（2016 版）[4]，风能产业领域的重点产品和服务包括：风力发电机组、风力发电机组零部件、风电场相关系统与装备、海上风电相关系统与装备、风力发电技术服务，具体产品和服务分支如表 1-2 所示。

表 1-1 风能产业分类表(2018 年版)

产业分类名称	国民经济行业名称
风能发电机装备及零部件制造	风能原动设备制造
	发电机及发电机组制造
风能发电其他相关装备及材料制造	涂料制造
	合成橡胶制造
	水泥制造
	玻璃纤维增强塑料制品制造
	冶金专用设备制造
	金属船舶制造
	海洋工程装备制造
	水下救捞装备制造
	电力电子元器件制造
	电线、电缆制造
	导航、测绘、气象及海洋专用仪器制造
	电子测量仪器制造
风能发电运营维护	风力发电
风能发电工程施工	其他海洋工程建筑
	风能发电工程施工
风能发电工程技术服务	通用设备修理
	电气设备修理
	架线及设备工程建筑
	其他专业咨询与调查
	工程和技术研究和试验发展
	检测服务
	标准化服务
	认证认可服务
	工程管理服务
	工程监理服务
	工程勘察活动
	工程设计活动
	工业设计服务
	新能源技术推广服务

表 1-2　风能产业重点产品和服务

产业名称	一级分支	二级分支	备注
风能产业	风力发电机组	陆上风力发电机组	适合我国风能资源和气候条件，具有高效性
		海上风力发电机组	
	风力发电机组零部件	发电机	与 3 MW 及以上海上和高原型、低温型、低风速风力发电机组配套
		风轮叶片	
		轴承	
		齿轮箱	
		整机控制系统	
		变桨系统	
		偏航系统	
		变流器	
		变压器	
		密封件	
	风电场相关系统与装备	风能测量与应用装备	
		风电场功率预测系统	
		风电机组在线监测与故障诊断系统	
		风电机组叶片维护装备	
		风电场监控系统	
		风电场远程监控系统	
		风电场能量管理系统	
		风电场群区域集控系统	
		风电场有功与无功功率控制系统	
	海上风电相关系统与装备	海洋水文观测仪器、勘测设备、测风设备	
		海上风电机组基础制作、施工、运输、安装设备	
		220 kV 交流输电 XLPE（交联聚乙烯）绝缘海底电缆及电缆附件	
		±200~500 kV 直流输电 XLPE 绝缘海底电缆及电缆附件	
		海缆敷设装备（包括护管）	
		海缆故障检测设备	
		海上升压站专用设备	
		大型法兰锻造设备	
		施工专用高强度灌浆材料、防腐材料（包括重防腐涂料、阳极块、外加电流保护装置）及电位检测装置	

续表

产业名称	一级分支	二级分支	备注
风能产业	海上风电相关系统与装备	运行维护专用船舶及装备	
		海上风电机组基础在线监测系统	
		海上风电逃生救援装置	
		防撞导航设备	
	风力发电技术服务	风电产品标准检测认证服务	运维及优化服务
		风能资源评估服务	
		风电场设计及建设服务	
		风电场验收及后评价服务	
		风电场智能云服务	
		风电场尽职调查及风险评估服务	

按产业链条划分，风能产业链可分为上游的原材料和零部件制造，中游的整机制造以及下游的风电开发运营。关键原材料主要包括用于发动机制造的稀土永磁材料，用于叶片制造的玻璃纤维、碳纤维以及用于塔架制造的中厚板钢材。关键零部件主要包括发电机、轮毂、轴承、齿轮箱、控制系统、叶片、塔架。其中，叶片、齿轮箱的成本是风电机组成本构成中所占比例最大的。风电整机供应商将以上零部件整合制造为风电机组再出售给下游的风电运营商。

1.1.3 风力发电的优劣势分析

与火电相比，现阶段风电在经济性上存在一定劣势，但火电度电成本受燃料成本的影响较大，且火电技术成熟，后续度电成本下降空间不大。根据 IRENA（国际可再生能源机构）发布的《2019 年可再生能源发电成本》（*Renewable Power Generation Costs in 2019*）的统计数据，全球范围内风电度电成本总体呈下降趋势，陆上风电降本趋势尤为显著。从目前的发展趋势看，未来火电被清洁能源取代将是大势所趋[5]。

与同是清洁能源的水电相比，风电在度电成本方面不占优势，但水电开发所需的初始投资大且选址要求较高，因此并不具备大范围推广条件。与太阳能光伏发电相比，虽然陆上风电与其度电成本处于同一水平，但从长远看，海上风电具备较大发展潜能和优势。一是海上风电距离人口密集区域较远，不易出现噪声和破坏景观等环境问题，也不受地理条件限制；二是电力需求大的地区一般集中在沿海地带，海上风电靠近电力负荷中心，可降低电力输送成本；三是海上风电作为技术主导型的创新型产业，对提升当地产业发展能级、带动固定资产投资和就业的作用较大。

随着平价上网的稳步推进和风能产业的快速发展，行业技术水平逐步提高，配套基础设施日益健全，风电度电成本下降趋势明显。近年来，在有关政策引导激励下，主要风电整机厂商十分重视提高风机经济性、降低度电成本，以缩小与其他发电方式的差距，最终实现平价上网的目标。整体而言，随着风力发电技术的逐步成熟、产业政策环境的日益优化，风电度电成本将持续下降，风电在未来电力市场将表现出越来越强的竞争力，也将在能源行业占据十分重要的位置。

1.1.4　风能产业发展的战略意义

在全球能源结构向低碳化转变、能源消费结构不断优化的背景下，国内外对可再生能源的需求持续增长。风能凭借其资源总量丰富、环保、运行管理自动化程度高、度电成本持续降低等突出的资源禀赋优势及良好的发展趋势，已成为目前开发和应用最为广泛的可再生能源之一，是全球可再生能源开发与利用的重要构成，其发展定位正逐步从补充性能源向替代性能源持续转变，风能的高效利用成为推动全球能源结构优化、能源低碳化的重要驱动力。

我国拥有丰富的风力资源，是全球最大的风能市场。2021 年 3 月 15 日，习近平总书记主持召开中央财经委员会第九次会议，会议强调，我国力争在 2030 年前实现碳达峰，在 2060 年前实现碳中和。落实“双碳”目标，一大核心举措是建立以新能源为主体的新型电力系统。未来，在以“清洁主导”的新型电力系统中，风能作为一种具有较强技术竞争力的先进能源，必将发挥重要作用，成为实现绿色低碳和生态文明建设目标的关键支撑。2022 年 1 月，国家发展改革委和国家能源局发布《“十四五”现代能源体系规划》（以下简称《规划》），《规划》提出到 2025 年，我国非化石能源消费比重提高到 20%左右，非化石能源发电量比重达到 39%左右，单位 GDP（国内生产总值）能耗五年累计下降 13.5%，并就“十四五”时期风电发展做出整体部署：一是全面推进风电大规模开发和高质量发展，优先就地就近开发利用，加快负荷中心及周边地区分散式风电建设；二是推广应用低风速风力发电技术，在风能资源禀赋较好、建设条件优越、具备持续整装开发条件、符合区域生态环境保护等要求的地区，有序推进风电集中式开发；三是鼓励建设海上风电基地，推进海上风电向深水远岸区域布局[6]。

整体而言，能源结构优化对提升经济发展质量具有重要意义，以风能为代表的新能源已正式纳入我国能源战略体系，产业发展步入了新的历史时期，相关技术、产品、市场体制机制等领域的变革正加速推进。

1.2 全球风能产业发展现状与趋势

1.2.1 全球风能资源储备情况分析

全球风能资源分布广泛，全球近一半的国家和地区均开发利用风电，欧洲、亚洲、北美洲是开发规模最大的三个地区，美国、中国、德国是全球风电装机容量最大的三个国家。风能资源受地形限制较大，全球的风能资源多集中于沿海和开阔大陆的收缩地带，大陆上的风能一般不超过7级，8级以上的风能高值区主要位于北半球的北大西洋、北太平洋以及北冰洋的中高纬度地区的洋面上。欧洲是世界风能利用技术最发达的地区，主要国家包括英国、西班牙、法国、德国等，年均风速可达9 m/s以上。北美洲风力资源主要分布在北美大陆中东部及东西部沿海，年均风速在7 m/s以上。

我国幅员辽阔、海岸线长，拥有丰富的风能资源。《2019年中国风能太阳能资源年景公报》发布的数据显示，2019年全国陆地70 m高度层平均风速均值约为5.5 m/s，年平均风功率密度约为232.4 W/m^2；年平均风功率密度超过300 W/m^{2}的区域主要分布在"三北"地区（东北、华北北部和西部地区）、青藏高原和云南的山脊地区、浙江沿海、广西中南部等地；年平均风功率密度超过200 W/m^{2}的区域分布较广，华东和沿海以及中部地区的山地区域风功率密度一般都能达到[7]。整体来看，我国风能资源丰富区与电力负荷中心并不匹配，沿海地区电力负荷大，但风能资源丰富的陆地面积小，"三北"地区风能资源密集，电力负荷却较小，给风电的经济开发带来困难。

此外，风能开发量除了与风能资源理论储量相关外，也与风能利用技术密不可分，最显著的例子就是对深海、高原以及低风速地区的风电开发。随着海上吊装等技术及耐低温材料的发展等，较深海域和低温高寒区域逐步划入可开发范围，尤其是低风速机组使得原本风能资源匮乏的区域也能实现风力发电。

1.2.2 全球风能市场发展现状及趋势

（1）全球风能市场总体规模

根据全球风能理事会（GWEC）发布的《2021年全球风能报告》，2020年全球风能市场发展迅猛，创下历史新高。如图1-1和图1-2所示，2020年全球风电新增装机容量93 GW，同比增长53%；累计装机容量742 GW，同比增长14.2%。陆上风电新增装机容量86.9 GW，同比增长59.2%。中国、美国是最大的陆上风电新增装机市场，两国新增装机容量占全球市场份额的76%。海上风电新增装机容量6.1 GW，累计装机容量已达35 GW，占全球风电累计装机容量的4.7%。中国海上风电新增装机容量占全球市场份额的一半，欧洲市场发展平稳，荷兰占据领先地位，其次为比利时、英国、德国和葡萄牙，美国和韩国也贡献了部分海上新增风电装机容量[8]。

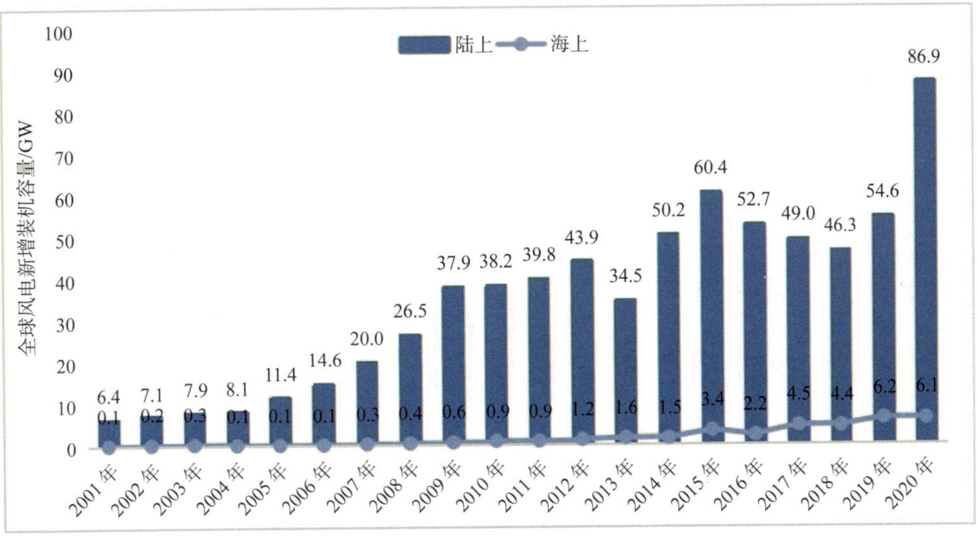

图 1-1　2001—2020 年全球风电新增装机容量

（数据来源：GWEC）

如图 1-2 所示，从发展历程看，2001—2020 年，全球风电累计装机容量从 24 GW 增长至 742 GW，在保持较高年均复合增长率的同时，呈现逐步放缓趋势，整体可分为三个阶段。2001—2010 年，新增装机容量年均复合增长率为 12.3%，累计装机容量年均复合增长率为 11.2%；2010—2015 年，新增装机容量年均复合增长率为 8.8%，累计装机容量年均复合增长率为 18.2%；2015—2020 年，新增装机容量年均复合增长率为 10.3%，累计装机容量年均复合增长率为 12.3%。值得注意的是，虽然目前全球以陆上风电装机为主，海上风电装机的市场份额较小，但近几年随着海上风能利用技术的飞速发展，海上装机容量占全球装机总量的比例正逐步增加。2020 年，全球海上风电新增装机容量占比达到 6.6%，比 2010 年高 4.3 个百分点，比 2005 年高 5.7 个百分点。截至 2020 年，全球海上风电累计装机容量占全球风电累计装机容量的比重达到 4.7%，比 2010 年高 3.2 个百分点。

风能产业受政策影响较大。近几年，国内外风能产业正处于调整阶段，尤其是国内政策导向正向风电平价上网转变，补贴退坡、平价上网政策短期内催生了行业抢装潮，拉动了装机容量快速增长，但随着平价上网政策的实施，新增装机容量年均复合增长率预计将回归正常水平。

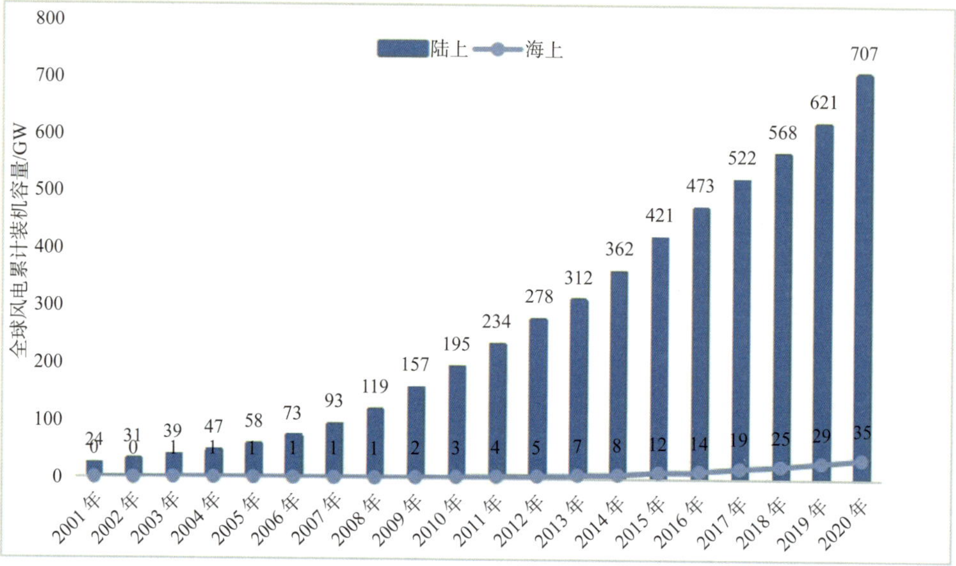

图 1-2　2001—2020 年全球风电累计装机容量

（数据来源：GWEC）

（2）全球风能市场区域分布

从 2020 年全球风电新增装机容量区域分布情况看（图 1-3），目前全球风能市场主要集中在亚洲、欧洲和北美地区。其中，中国和美国分别是亚洲和北美地区风能市场的领跑者，中国已成为全球最大的陆上风电市场和第二大的海上风电市场，美国拥有全球第二大的陆上风电市场，印度则是亚太地区极具潜力的新兴市场。欧洲的风能市场主要分布在德国、西班牙、法国和英国，英国是全球最大的海上风电市场。

陆上风电方面，根据 GWEC 统计数据，2020 年全球陆上风电累计装机容量 707 GW，其中排名前 5 位的依次是中国、美国、德国、印度、西班牙，占比依次为 39%、17%、8%、5%、4%，巴西和法国分别占比 3%，加拿大和英国分别占比 2%，意大利占比 1%。新增装机容量方面（图 1-4），2020 年全球陆上风电新增装机容量 86.9 GW，其中排名前 3 位的为中国、美国、巴西，占比依次为 56%、19%、3%，土耳其、西班牙、德国、挪威分别占比 2%，澳大利亚、印度分别占比 1%。整体来看，中国、美国既是陆上风电累计装机容量最大的两个市场，也是陆上新增装机容量最大的两个市场，中国陆上风电新增装机容量已达到全球总量的一半以上。

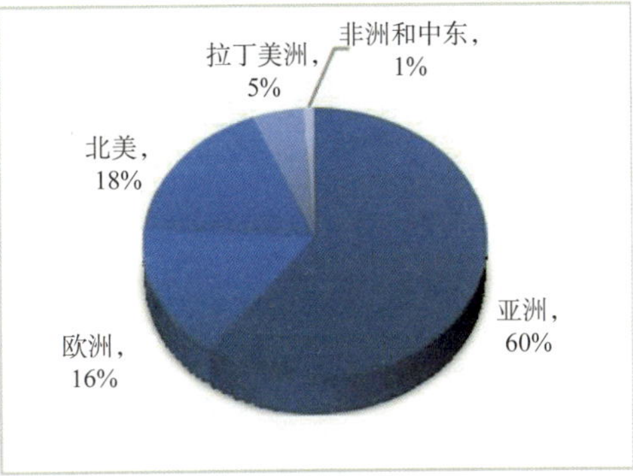

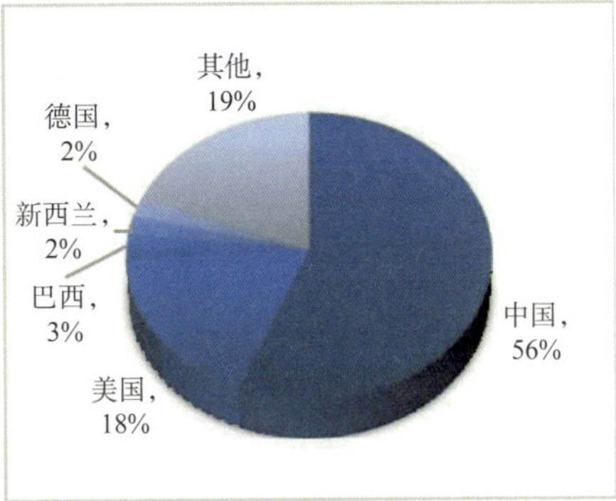

图 1-3　2020 年全球风电新增装机容量情况

（数据来源：GWEC）

海上风电方面，根据 GWEC 统计数据，2020 年全球海上风电累计装机容量 35 GW，其中排名前 5 位的分别为英国、中国、德国、荷兰、比利时，占比依次为 29%、28%、22%、7%、6%。新增装机容量方面，2020 年全球新增装机容量 6.1 GW，其中排名前 5 位的国家是中国、新西兰、比利时、英国、德国，占比依次为 50%、25%、12%、8%、4%。整体来看，英国仍是海上风电累计装机容量最大的市场，但与中国、德国相差不大；中国的海上风电新增装机容量达到全球总量的一半，远超其他各国。

（3）全球风能市场发展趋势

长期来看，在全球净零变革和风能产业转型的背景下，全球风能市场发展趋势向好，陆上风电装机增长放缓，海上风电装机增长强劲。在全球净零排放目标驱动下，随着风能产业逐步完成向无补贴与平价上网的产业转型，市场化竞争将使风能产业的优势逐步突出。GWEC 预测（图 1-4），2021—2025 年，全球风能市场年均增长率为 4%，其中陆上新增装机容量年均增长 0.3%，海上新增装机容量年均增长 31.4%，五年累计新增装机容量将达到 399 GW。整体来看，全球陆上风电建设将进入平台期，海上风电进入蓝海。与此同时，目前全球风能产业增长速度仍难以达到 2050 年实现全球净零排放的目标，根据国际能源署发布的研究报告，未来全球年新增装机容量至少要达到 180 GW，才有可能实现《巴黎协定》温控 2℃的目标，年新增装机容量至少要达到 280 GW，才能在 2050 年实现净零排放。

图 1-4　2020—2025 年风电新增装机容量预测

（数据来源：GWEC）

1.2.3　全球风能技术发展现状及趋势

（1）大型风电机组设计开发成为主流

近年来，为降低度电成本，国内外风电市场中风电机组的单机容量持续增长，机组大型化、数字化的趋势明显，风电机组正从 3 MW 向 5~10 MW 迈进，特别是海上风电，预计未来 5~10 年 7 MW 的海上风机将成为主流产品。根据欧洲风能协会发布的《欧洲海上风电报告：2020 年重要趋势和统计数据》（*Offshore Wind in Europe: Key Trends and Statistics 2020*），2020 年欧洲安装的海上风电机组平均额定功率已达到 8.2 MW。目前，西门子歌美飒（Siemens Gamesa）、维斯塔斯（Vestas）和通用电气（General Electric Company）已经分别推出 14~15 MW 的海上风电机组和 6 MW 的陆上风电机组。在大型风电机组相关技术需求引领下，整机设计与制造、零部件配套等技术环节预计将产生系列技术创新及变革。

从风电机组的整机设计与制造看，目前主流风电机组根据电机类型可分为双馈风电机组、笼型异步电机机组、永磁同步电机机组和电励磁机组；根据驱动类型可分为高速机组、直驱机组和半直驱机组，随着机组向 10 MW 级发展，直驱型风电机组将逐步成为主流。未来，大功率风电机组整机一体化优化设计及轻量化设计技术，以及大功率风电机组电气控制系统智能诊断、故障自恢复免维护技术将是研发重点。同时，研制海上风电机组需突破海上风电场设计、施工、运输、吊装关键技术，尤其是新型漂浮式基础设计制造，开发台风、盐雾、高温、高湿度海洋环境下的风电机组内环境智能自适应系统也迫在眉睫。

从零部件配套看，全球风电设备制造产业已形成包括叶片、塔筒、齿轮箱、发电机、变桨偏航系统、主轴承、主控系统等在内的零部件生产体系。叶片占整个风电系统的成本比重达到 20%~30%，且技术迭代较快，一直是创新主体研发的热点。从未来发展趋势看，适用于低风速地区的高塔筒、长叶片将成为研发重点，尤其是叶片的大型化、轻量化和智能化设计，通用电气预计 2025 年全球风电机组的风轮平均直径将达到 160 m。目前，碳纤维等新型复合材料已逐步应用到长叶片设计。此外，全钢式柔性塔架、独立变桨系统也是研究重点。

（2）数字化风力发电技术研究进入活跃期

随着风力发电容量和装备的快速大规模发展，风电智能监控、智能运维、故障诊断等技术成为行业研究热点，兆瓦级风电机组已普遍实现了自动起停、自动偏航、自动变桨、自动功率调节等功能。目前，国内外对预警数字化风场建设及其关键技术的研究十分活跃，主要风电机组厂商如通用电气、西门子歌美飒、维斯塔斯等，都致力于开发数字化风电场数据及信息管理服务系统和平台。但目前国内外数字化风电场技术的发展尚未成熟，数字化风电场的核心是建立高预测精度的风功率预测系统和智能化运维系统，但目前智能决策算法和有关技术的研究尚未达到这一目标，主要体现在设备状态智能监测技术不完备、智能故障诊断及预测的准确度不高等。从发展趋势看，风电机组关键设备状态智能监测技术、精准风功率预测技术、风电场信息智能管理技术将成为研发重点。

（3）新型风力发电技术发展空间巨大

以超导风力发电、高空风力发电、漂浮式海上风电机组为代表的新型风力发电技术，是未来新型风力发电技术的三个主要方向，虽然有关技术发展仍处于示范甚至概念验证阶段，但仍代表了未来新型风机的发展方向。超导风力发电技术是在风机中用超导材料代替普通电机的铜导线作为电机励磁绕组，由于超导线圈在低温时电阻几乎为零，所以可为电机提供较大的励磁磁动势和气隙磁场。超导电机具有体积小、功率密度高的特点，适合应用于大容量海上风力发电机组，目前挪威 Sway 公司、美国超导公司均推出了示范样机[9]。高空风力发电技术通过采用系留航空器在一定高度下捕获稳定风能并将其转化为电能，具有低成本、高效率及无污染等优势，其中最具代表性的有三类技术路线，分别为系留风筝式、系留飞行器式及系留浮空器式，代表企业有阿尔泰罗能源（Altaeros Energies）、马堪尼电力公司（Makani Power）等，相关技术仍处于探索阶段[10]。漂浮式海上风电机组（Floating Offshore Wind Turbine，FOWT）是指安装于海上漂浮式平台的风电机组，目前三种主流技术方案是 Spar 平台、半潜式平台（Semi-Submersible Platform）和张力腿平台（Tension Leg Platform），相关技术已进入示范应用阶段[11]。

上述三种新型风力发电技术由于诸多技术瓶颈有待突破，所以尚未进入规模化产业应用阶段，超导风电机组需要解决低温环境、超导材料供应量和价格等重要问题，高空风力发电需解决空中系统的稳定性和系统控制技术等问题，漂浮式海上风电机组的设计、控制、建设和运维是难点。

（4）风电高效利用技术成为关注焦点

风电高效利用技术是支撑风电安全运行、提高风电消纳能力的关键技术手段，目前国内外重点关注风电控制、优化调度和综合利用等。其中，风电控制技术包括风电调频/调压技术、风电机组故障穿越技术和风电集群控制技术。目前大部分新能源电站还不具备根据机端频率和电压信号进行自主调节的能力，一种重要的风电场调频/调压技术方案是虚拟同步发电机技术。风电机组故障穿越技术可保障风电机组在故障穿越阶段抵御电压骤变、负序扰动、谐波畸变等各类短时及长期电网故障。风电集群控制技术可使风电场具备有功控制、无功调节、电压控制等功能。国内外知名主机厂商如通用电气、维斯塔斯、金风科技股份有限公司（以下简称“金风科技”）、华锐风电科技（集团）股份有限公司（以下简称“华锐风电”）都在开发相关控制管理系统。风电优化调度技术包括风电在线优化调度、风电基地接入电网调峰策略、适应电力市场的风电优先交易技术、基于大数据的风电消纳预警技术等。风电综合利用技术主要包括需求侧响应、多能互补和分布式利用，其中针对风电制氢、风能资源与负荷中心呈逆向分布的多能互补和分布式利用是技术研究重点[12]。

1.2.4 全球主要风电运营商和整机制造商概况

（1）风电运营商

风电运营业务属于整个电力系统的发电环节，构成企业核心竞争要素的是风资源开发能力、资金、债务融资能力。从市场格局看，全球风电运营行业格局比较分散，国资背景的大型电力集团占主导地位。根据伍德麦肯兹（Wood Mackenzie）发布的《2018 年全球风电资产所有权报告》，截至 2017 年底，全球装机排名前 25 名的风电运营商，总装机容量达到 208 GW，占当时全球风电装机总量的 38%。全球主要风电运营商如下所示。

国家能源投资集团有限责任公司（以下简称“国家能源集团”）。国家能源集团由中国国电集团公司和神华集团有限责任公司合并重组而成，于 2017 年正式挂牌成立。国家能源集团业务板块包括煤炭、火电、新能源、水电、运输等，是全球最大的风力发电公司，截至 2021 年底，国家能源集团风电装机容量达到 50 GW。

伊维尔德罗拉（Iberdrola）。伊维尔德罗拉创立于 1944 年，是西班牙第二大电力公司和全球最大的风电运营商，公司主营水电、风电和天然气供应业务。自 2001 年起，伊维尔德罗拉开始向国际市场扩张，成为西班牙市值最大的能源集团，2018 年公司年营业额达到 352 亿美元。

新纪元能源公司(Nextera Energy)。新纪元能源公司创立于 1984 年,前身为佛罗里达电力和照明公司,目前是全美前十大电力供应商之一,也是全美最大的风力发电公司。公司主营业务涉及风力发电、太阳能、水电、核能及天然气销售,截至 2020 年底,新纪元能源公司运营的净发电容量约为 28 400 MW。

葡萄牙电力集团(EDP)。葡萄牙电力集团创立于 1976 年,总部位于葡萄牙里斯本。葡萄牙电力集团是葡萄牙最大的能源公司,也是全球第四大风电运营商,公司业务覆盖葡萄牙、西班牙、法国等 14 个国家和地区。目前,中国三峡集团为葡萄牙电力集团的最大单一股东,股权占比为 23.27%。2020 年,公司总营业收入达 124.5 亿欧元。

意大利国家电力公司(ENEL)。意大利国家电力公司创立于 1992 年,为意大利政府参股企业,是全球电力行业的领军企业。公司国际化程度较高, 2/3 的业务收入来自海外,但其主要业务集中在欧洲和拉丁美洲,在中国布局较少。

法国电力集团(EDF)。法国电力集团创立于 1946 年,是负责全法发、输、配电业务的国有企业,是欧洲最大电力运营商之一。2020 年,法国电力集团和国家能源集团在江苏东台合建的 50 万 kW 海上风电项目落地,这是我国首个中外合资海上风电项目。

(2)整机制造商

根据 GWEC 发布的《2021 年全球风电供应侧报告》,全球风电整机制造商中,维斯塔斯、金风科技、西门子歌美飒、远景能源有限公司(以下简称"远景能源")、通用电气位列全球前 5,占据的市场份额分别达到 17.7%、11.8%、9.7%、8.6%和 8.5%。

维斯塔斯(Vestas)。维斯塔斯总部位于丹麦,是全球最大的风力发电机组制造商之一,主营业务覆盖风力发电机的设计、制造、安装和服务,在全球 86 个国家和地区的装机容量超过 151 GW。1986 年,维斯塔斯进军中国风能市场,并于 2005 年在天津建设风电设备一体化生产基地。2021 年,维斯塔斯推出了 V236-15.0 MWTM 海上风机,叶轮直径达到 236 m,单机叶轮扫风面积超过 4.3 万 m^2,同年, 6 MW EnVentusTM 风机在天津基地成功下线,标志着维斯塔斯在华制造布局正式迈入 6 MW 时代。

西门子歌美飒(SGRE)。西门子股份公司(Siemens AG,以下简称"西门子")成立于 1847 年,总部位于德国,是世界上最大的电力电子公司之一。2004 年,西门子通过收购丹麦 Bonus 能源公司(Bonus Energy A/S)开始进入风电市场。歌美飒成立于 1976 年,总部位于西班牙,是西语系区域的主要风机制造商之一。2016 年,西门子与歌美飒(Gamesa)双方合并风电业务,新成立的西门子歌美飒成为全球最大的风电整机制造商。根据 Wind Europe 统计的数据,截至 2018 年底,西门子歌美飒为欧洲累计供应的海上风电机组容量达 12.8 GW,市占份额为 69%。2020 年,西门子歌美飒推出 SG 14-222 DD 海上直驱风电机组,该机型单机容量达到 14 MW,叶轮直径为 222 m,扫描面积可达 3.9 万 m^2。

通用电气。通用电气成立于 1892 年,是美国电力行业巨头,风电是其重要能源业务分支。通用电气于 2002 年进入风电市场,在德国、中国、美国、西班牙等地均建立生产基地,并拥有全球最大的叶片设计与制造企业艾尔姆(LM)公司。2019 年通用电气成功开发出全球最大的 12 MW 海上风机。2021 年,通用电气的 Haliade-X 海上风电 12 MW 和 13 MW 机组获得挪威船级社(DNV)的 T 级(台风机)认证,标志着相关机型可在全生命周期内有效抵御台风等极端风力状况。

Enercon Gmbh(以下简称"Enercon")。Enercon 是德国最大的陆上风机制造企业,公司创立于 1984 年。Enercon 的创始团队均为工程师出身,所生产的风机叶片等主要构件均为自主研发,并开创了直驱风机的先河。1991 年, Enercon 开发了世界上首个不需要齿轮箱的直驱风机,并建立了相关的行业技术标准体系。2002 年, Enercon 研发了全球首台 4.5 MW 风电机组,该机型在之后三年内一直稳居全球最大风机的地位。Enercon 主攻德国本土市场,出于风险和成本的考虑, Enercon 始终未涉足海上风电。2018 年,Enercon 凭借 2.53 GW 的吊装容量,位列海外第四大风机厂商。

恩德公司(Nordex)。恩德公司于 1986 年在丹麦创立,是一家成立伊始就专注于风机制造的企业。1987 年,恩德公司制造了当时世界上最大的 250 kW 级系列风机; 1995 年,制造了全球首台兆瓦级风机; 2000 年,公司将总部迁至德国汉堡并生产了全球第一台 2.5 MW 风机。恩德公司也是最早一批进入中国市场的外资厂商,自 1995 年开始发展中国业务,于 1998 年在西安建立了合资总装企业。

1.3 我国风能产业发展现状与趋势

1.3.1 产业发展基础

(1)我国风能资源储备情况

我国拥有丰富的风能资源,但风能资源与电力负荷呈逆向分布,即风能资源丰富区远离电力负荷中心:沿海地区电力负荷大,但是风能资源丰富的陆地面积小;"三北"地区风能资源很丰富,但电力负荷却较小。这给风电的经济开发带来困难,大规模开发需要电网延伸的支撑。

(2)我国风能产业发展历程

我国风能资源丰富,风能产业属于重点支持的战略性新兴产业,发展速度较快。自 20 世纪 80 年代起,我国开始引进国外风电机组进行试验性应用。1986 年,第一座并网运行的风电场在山东荣成建成。1995 年,国家计委制定《新能源和可再生能源发展纲要》,将风能列为重点发展领域。进入 21 世纪,国家对风能产业的支持力度进一步加大。2003 年,国家发展改革委出台《风电特许权项目前期工作管理办法》,为风能产业发展提供了政策保障。2006 年,《中华人民共和国可再生能源法》(简称《可再生能源法》)实施,为可再生能源的发展奠定了法律基础。2007 年,国家发展改革委发布《可再生能源电价附加收入调配暂行办法》,建立风电价格补贴机制,风电正式进入大规模开发应用的阶段。如图 1-5、图 1-6 所示，2008—2020 年,我国风电累计装机容量从 1 200 万 kW 增长至 2.81 亿 kW,风力发电量从 131 亿 kW·h 增长至 4 665 亿 kW·h,风电装机容量和风力发电量均实现显著增长。截至 2020 年底,我国陆上风电累计装机容量达到 2.71 亿 kW、海上风电累计装机容量约 900 万 kW。总的来看,在政策的支持引导下,我国风能产业经历了从无到有、从弱到强的发展历程。

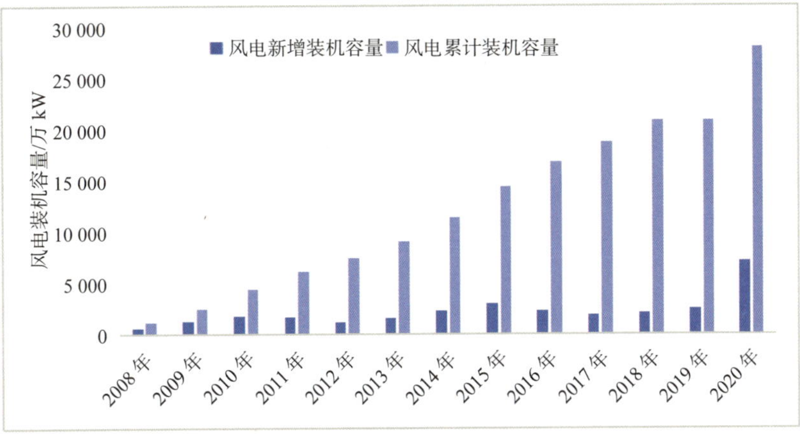

图 1-5　我国风电新增装机容量、累计装机容量情况(2008—2020 年)

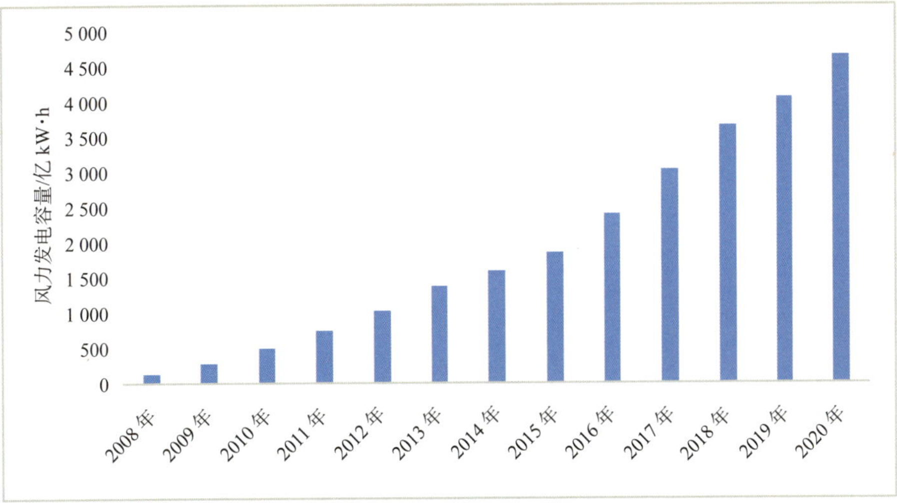

图 1-6　我国风力发电量情况(2008—2020 年)

（3）我国风能市场格局及区域分布

我国风能市场经过多年发展，已建立起相对完善的产业体系，并显现出鲜明的区域化布局特点。就市场格局而言，风电整机制造领域呈现出较高的市场集中度，主要整机制造商包括金风科技、远景能源、明阳智能、运达股份、上海电气等头部企业。与此同时，叶片、齿轮箱、发电机等关键零部件市场也呈现出较高的集中态势，主要供应商包括中材科技、时代新材、南高齿、湘电股份等实力厂商。

风电场的建设分布受风能资源禀赋、地理环境、经济发展状况和政策导向等多重因素的综合影响，展现出显著的地域差异性。目前，国内的风电场主要集中于"三北"和东部沿海地区。"三北"地区风能资源丰富、风速较高，适合建设大型风电基地，主要省份包括内蒙古、新疆、甘肃、河北、吉林、黑龙江等。东部沿海地区海上风能资源丰富，海上风电发展迅速，主要省份有江苏、福建、广东、浙江、山东等。西南、华中地区风能资源相对匮乏，风电开发规模较为有限，主要采取分散式风电发展模式，探索风电与其他能源形式的融合发展路径，如推进水风光一体化可再生能源基地建设。如图 1-7 所示，根据中国可再生能源学会风能专业委员会发布的《2020 年中国风电吊装容量统计简报》数据，2020 年，全国风电新增装机容量在六大区域中的分布比例为：华北占 26.9%、中南占 22.7%、西北占 21.4%、华东占 20.9%、西南占 4.6%、东北占 3.5%。

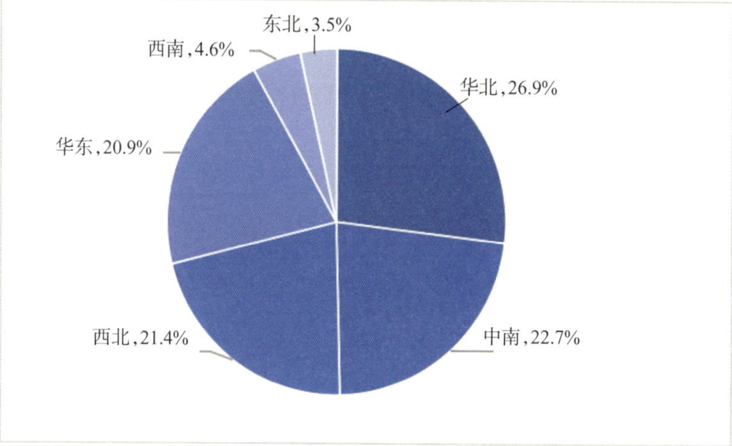

图 1-7　2020 年我国各区域风电新增装机容量占比情况

（4）行政管理与监管体制

1）政府主管部门

我国风电行业主管部门主要包括国家发展改革委、国家能源局。国家发展改革委管理国家能源局，同时两者有职责分工。国家能源局负责拟订能源发展战略、规划和政策，提出能源体制改革建议，改革建议由国家发展改革委审定或审核后报国务院。国家发展改革委负责能源规划与国家发展规划的衔接平衡。国家能源局按规定权限核准、审核能源投资项目，其中重大项目报国家发展改革委核准，或经国家发展改革委审核后报国务院核准。能源的中央财政性建设资金投资，由国家能源局汇总提出安排建议，报国家发展改革委审定后下达。

2）行业自律组织

风电行业存在多个自律组织。在全球范围内风电行业自律组织主要包括国际能源署（International Energy Agency，IEA）、国际可再生能源署（International Renewable Energy Agency，IRENA）、全球风能理事会（Global Wind Energy Council，GWEC）、欧洲风能协会（The European Wind Energy Association，EWEA）、美国风能协会（American Wind Energy Association，AWEA）等行业协会。我国风电行业自律组织主要有中国可再生能源学会风能专业委员会（Chinese Wind Energy Association，CWEA）、中国农业机械工业协会风力机械分会、全国风力机械标准化技术委员会等。

1.3.2　产业发展政策环境

我国风能产业的快速发展得益于产业政策的大力支持（表 1-3），国家先后颁布了《可再生能源法》《可再生能源中长期发展规划》《可再生能源发展“十三五”规划》等多项法律法规和政策，鼓励开发风能和光伏资源，对上网电价保护、强制并网、强制购电以及各项税收优惠政策做出明确规定，显著地提升了风电项目建设的经济可行性，推动了风电装机容量快速增长。但自“十二五”时期，少数地区出现弃风的现象，风电消纳矛盾逐渐显现，根据国家能源局统计的数据，2016—2019 年，全国弃风电量分别为 497 亿 kW·h、419 亿 kW·h、277 亿 kW·h 和 169 亿 kW·h，弃风率分别为 17%、12%、7%和 4%。

为解决消纳矛盾，推动风能产业向有序竞争转变，近几年政策导向逐步向推动竞价配置、平价上网的方向转变，补贴呈退坡趋势。自 2019 年以来，《国家发展改革委 国家能源局关于积极推进风电、光伏发电无补贴平价上网有关工作的通知》（发改能源〔2019〕19 号）、《国家发展改革委关于完善风电上网电价政策的通知》（发改价格〔2019〕882 号）等文件的颁布进一步推进平价上网项目的建设，并下调了风力发电的指导价，未来新核准备案的风力发电项目将通过竞争方式确定上网电价。同时，国家还加大了对海上风电开发的政策支持力度，“V 型 10 MW 级垂直轴海上风力发电机组”入围国家能源局“第一批能源领域首台（套）重大技术装备项目”。

从短期看，政策调整与市场预期的相应变化，催生了近年来的风电抢装潮，并推动陆上风电装机实现合理有序增长。从长期看，风电作为国家新能源产业的重要部分，实现平价上网是发展的必经之路，对产业的整体持续发展具有积极意义。

表 1-3 我国历年发布的风能产业相关政策概览

政策名称	发布时间
《可再生能源产业发展指导目录》	2005 年 11 月
《可再生能源发电价格和费用分摊管理试行办法》	2006 年 1 月
《可再生能源发电有关管理规定》	2006 年 1 月
《促进风电产业发展实施意见》	2006 年 11 月
《电网企业全额收购可再生能源电量监管办法》	2007 年 7 月
《可再生能源中长期发展规划》	2007 年 8 月
《国家发展改革委关于完善风力发电上网电价政策的通知》	2009 年 7 月
《海上风电开发建设管理暂行办法》	2010 年 1 月
《可再生能源电价附加补助资金管理暂行办法》	2012 年 3 月
《国家能源局关于加强风电并网和消纳工作有关要求的通知》	2012 年 4 月
《国家能源局关于加强风电项目核准计划管理有关工作的通知》	2014 年 1 月
《国家发展改革委关于海上风电上网电价政策的通知》	2014 年 6 月
《国家能源局关于进一步落实分布式光伏发电有关政策的通知》	2014 年 9 月
《中共中央 国务院关于进一步深化电力体制改革的若干意见》	2015 年 3 月
《国家发展改革委关于完善陆上风电光伏发电上网标杆电价政策的通知》	2015 年 12 月
《国家能源局关于建立可再生能源开发利用目标引导制度的指导意见》	2016 年 2 月
《可再生能源发电全额保障性收购管理办法》	2016 年 3 月
《风电发展“十三五”规划》	2016 年 11 月
《可再生能源发展“十三五”规划》	2016 年 12 月
《“十三五”节能减排综合工作方案》	2016 年 12 月
《能源发展“十三五”规划》	2016 年 12 月
《国家发展改革委关于调整光伏发电陆上风电标杆上网电价的通知》	2016 年 12 月
《能源生产和消费革命战略（2016—2030）》	2016 年 12 月
《国家能源局关于可再生能源发展“十三五”规划实施的指导意见》	2017 年 7 月
《清洁能源消纳行动计划（2018—2020 年）》	2018 年 10 月
《国家发展改革委 国家能源局关于积极推进风电、光伏发电无补贴平价上网有关工作的通知》	2019 年 1 月
《国家能源局关于完善风电供暖相关电力交易机制扩大风电供暖应用的通知》	2019 年 4 月
《国家发展改革委关于完善风电上网电价政策的通知》	2019 年 5 月
《国家能源局关于 2019 年风电、光伏发电项目建设有关事项的通知》	2019 年 5 月
《财政部 国家发展改革委 国家能源局关于促进非水可再生能源发电健康发展的若干意见》	2020 年 1 月
《可再生能源电价附加资金管理办法》	2020 年 1 月

续表

政策名称	发布时间
《国家能源局关于 2020 年风电、光伏发电项目建设有关事项的通知》	2020 年 3 月
《关于加快推进可再生能源发电补贴项目清单审核有关工作的通知》	2020 年 11 月

1.3.3 产业链全景分析

我国已形成了较为完整的风能产业链，可分为上游的材料及风电零部件制造商，中游的风电整机制造商以及下游的风电开发/运营、运维服务和设备提供商。

（1）上游

风能产业链上游包括材料、风电零部件制造商。材料方面，主要涉及 PVC（聚氯乙烯）泡沫、黏浆胶、巴沙木和增强纤维，总体来说，材料领域技术已十分成熟，产业波动主要受原材料成本、供应链影响。比如巴沙木和 PVC 泡沫均是叶片核心原材料，分别依赖于从厄瓜多尔、意大利进口，早前风能产业发展相对低迷时，材料价格走低，随着近几年风能产业快速发展，供给一度紧张。

风能产业零部件可分为三类。第一类是专用型零部件，即只能用于风力发电的零部件，比如叶片、齿轮箱、机舱罩、塔筒都属于这一类。第二类是专用性较强，但也能用于生产其他领域产品的零部件，如主轴、铸件、变流器。第三类是通用型零部件，主要是轴承和电机。

1）塔筒

国内塔筒主要制造商包括大金重工、泰胜风能、天能重工、天顺风能等。除了上述四家上市的民营专业化塔筒生产企业以外，粤水电、中船澄西（中国船舶旗下）、中国水利水电四局（中国电建旗下）、中车同力钢构、华电重工、江苏神山风电等众多企业亦从事塔筒的生产。近几年，国内风电呈现出明显的大容量、长叶片、高塔筒趋势，对塔筒企业的技术能力、供应能力提出更高要求，国内塔筒行业集中度正处于提升阶段。

2）叶片

叶片是风电部件中确定性最高、市场容量较大、赢利模式清晰的领域。国内叶片市场参与主体较多，主要的风电叶片制造商有中材集团、中复连众、天顺风能、时代新材、上海艾朗、重通成飞、艾尔姆风能、国电联合动力、东方风电、三一重能、洛阳双瑞、中科宇能、上海玻璃钢研究院、迪皮埃（TPI）、明阳智能等。整体来看，叶片行业竞争较为激烈，产能的建设周期较短。

3）齿轮箱

齿轮箱是风力发电机组中技术含量较高的部件之一，也是故障率比较高的部件之一，是我国风电技术水平提升的主要瓶颈。齿轮箱具有市场集中度较高的特点，根据GWEC发布的《全球风电齿轮箱供应链2019》，目前全球风电齿轮箱的年产能约为75 GW，排名前3的风电齿轮箱供应商为南京高速齿轮制造有限公司（以下简称"南高齿"）、采埃孚（ZF Friedrichshaten AG）、威能极（Winergy），它们的产能占全球齿轮箱产能的3/4左右。目前，我国齿轮箱制造企业已经具备自主研发能力，基本满足国内风能产业发展需求，并有部分企业正在研发8 MW、10 MW系列海上风电大兆瓦级齿轮箱。

4）铸件

国内风电铸件企业已逐步迈向全球供应链体系，形成了一批具备全球竞争力的风电零部件企业。目前，全球风电铸件主要产能集中在中国、欧洲和印度。国内铸件制造厂商有日月股份、永冠能源、吉鑫科技、江苏一汽铸造、华锐铸业、佳力科技等。

（2）中游

风能产业链中游以风电整机制造商为主，国内主要风电整机制造企业有金风科技、远景能源、明阳智能、国电联合动力、上海电气、运达风电、中船海装、东方电气等。

近几年我国风电整机产业格局集中度逐步加强，行业排名前10的风电整机企业的市场占有率逐年攀升，2015—2019年，排名前5的风电整机企业新增装机市场份额从58.3%增长至73.4%；排名前10的风电整机企业新增装机市场份额从81.2%增长至92.2%。根据《2019年中国风电吊装容量统计简报》，截至2019年底，全国累计装机容量达到2.36亿kW，其中九家整机制造企业的累计装机容量超过1 000万kW，市场份额合计占比达到77.7%；2019年全国新增装机容量排名前5的企业分别为金风科技、远景能源、明阳智能、运达风电和东方电气，这五家企业的市场份额合计占比达到73.4%。行业集中度的提高带来行业优质资源的集中，呈现出头部效应，在一定程度上加剧了头部市场参与者之间的竞争。

由于机组大型化是全行业公认的度电成本下降的核心路径，国内整机厂商均在加速对大容量机组的布局，单机容量正向5~10 MW迈进。海上风电方面，上海电气、远景能源、金风科技和明阳智能占据主要市场份额，均将海上风机主打产品布局在6 MW以上，上述四家企业的主要产业集中布局在广东汕头和阳江、江苏如东和大丰、福建福清。

根据《中国风电产业地图2019》，截至2019年国内风电整机企业陆上累计装机容量及市场份额、海上累计装机容量及市场份额分别如图1-8、图1-9所示[13]。目前，国内外主要厂商生产的风机单机功率均超过了6 MW，部分厂商推出了单机容量达到10 MW以上的风机，国内企业有明阳智能、上海电气、东方电气、国电联合动力，国外企业有维斯塔斯、通用电气、西门子歌美飒。

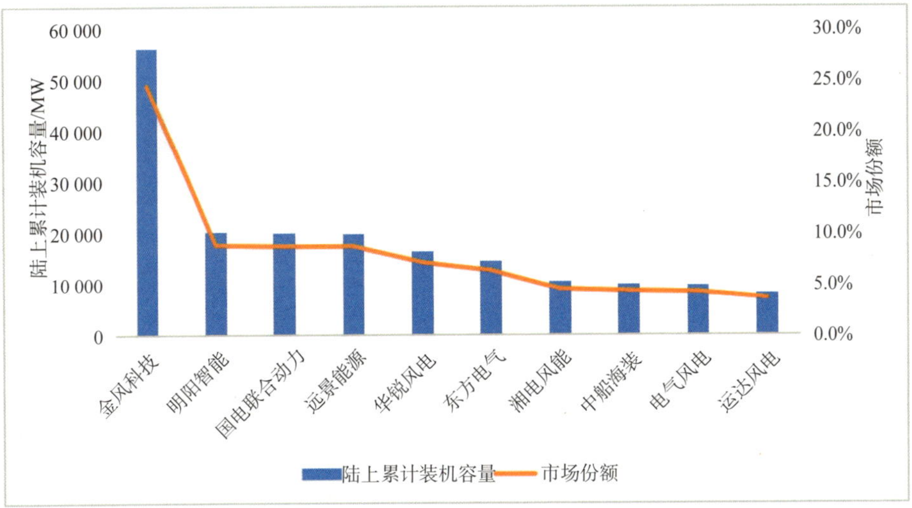

图 1-8　中国风电整机企业陆上累计装机容量及市场份额（截至 2019 年底）

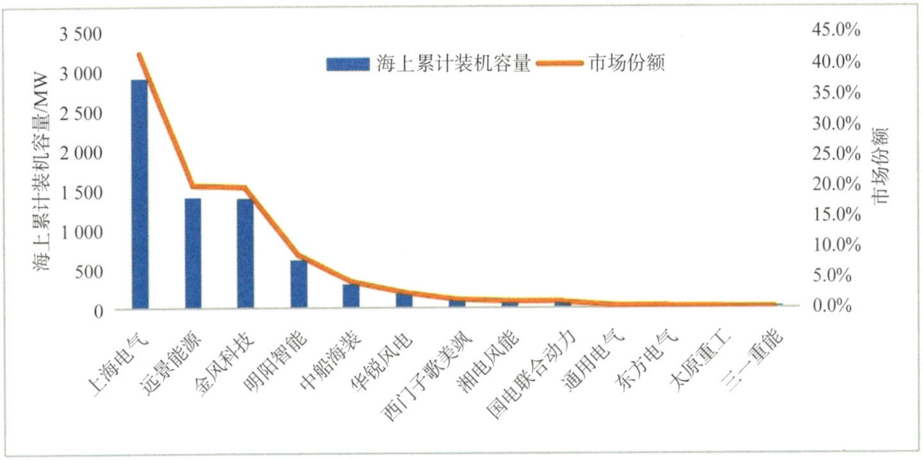

图 1-9　中国风电整机企业海上累计装机容量及市场份额（截至 2019 年底）

（3）下游

风能产业链下游以风电运营商为主。风电运营业务隶属于整个电力系统的发电环节，其核心竞争要素为风资源开发能力、资本金、债务融资能力和融资成本，而非技术、经验等。风电开发商多为专业的大型发电集团，或者其他资金实力雄厚的传统行业集团。

1.3.4　技术发展瓶颈分析

与欧美发达国家相比，我国风能产业发展历程较短，起步较晚，目前虽已实现了主要设备的国产化，但在一些关键核心技术领域，仍落后于欧美国家，主要涉及风力发电装备关键零部件、海上风电技术、风电机组智能故障诊断技术以及风能资源与环境评价技术。

（1）风力发电装备关键零部件

我国风力发电装备国产化进程较快，目前已形成包括叶片、塔筒、齿轮箱、发电机、变桨偏航系统和轮毂等在内的零部件生产体系，能够满足国内市场需求。但一些精密核心部件，如主轴承、主控系统具有较高技术壁垒，产品及相关知识产权仍被国外厂商垄断。在主轴承领域，日本恩梯恩株式会社（NTN Corporation，以下简称“恩梯恩”）、斯凯孚（SKF）、舍弗勒（Schaeffler）、日本精工株式会社（NSK）、捷太格特（JTEKT）等轴承行业头部企业是风电轴承产品的主要供应商[14]。在风电主控技术领域，主处理器芯片及软件大多由国外厂商供应，如倍福、巴赫曼，国内厂商设计的PLC（可编程逻辑控制器）产品在性能参数和质量方面仍有待提升，关键软硬件的核心技术尚未真正实现国产化替代[15]。

（2）海上风电技术

目前，我国海上风力发电机组研制、支撑技术等关键技术研发均落后于欧美，国内海上风电机组研发多与国外企业联合。一方面，我国企业的大容量风电机组整机设计能力与国外相比差距较大，海上风机对基础零部件的质量、工艺的稳定性和一致性要求较高，2021 年维斯塔斯率先推出了单机容量达到 15 MW 的海上风电机组，遥遥领先国内厂商[16]；另一方面，国内漂浮式海上风电基础平台设计发展较慢，目前主流海上风电机组平台技术方案 Spar 平台、半潜式平台、张力腿平台均由外国学者提出，在全球已建成或处于开发的漂浮式项目中，欧美占据了 3/4 以上。

（3）风电机组智能故障诊断技术

伴随着人工智能、大数据等新技术的发展，我国风电机组状态监控及智能故障诊断技术实现了较快发展，国内头部厂商，如远景能源、金风科技等均启动了数字化风电场建设，推出了有关数据采集及监视控制系统产品。但整体而言，产品的分析和诊断功能较弱，智能决策算法不够成熟，不能满足风电场实际运行的需求，主要表现为：基于数据驱动式的故障诊断训练时间较长；诊断结果准确度不高；多类别故障的诊断能力弱；等等。现有系统还不能实现对一些设备的有效监测[17]。

（4）风能资源与环境评价技术

风能资源与环境评价技术主要涉及风能资源评估和风电功率预测，相比欧美而言，我国在该领域的技术较为落后。一方面，我国没有自主研发风能资源评估软件或CFD（计算流体动力学）模型，而德国、丹麦和英国等国家均建有大型的风电仿真实验室，开发了很多成熟的商业软件，比如 WindSim、WAsP、WindPro、Site Wind 等，并垄断了知识产权[18]，虽然中国电力科学研究院、清华大学等国内机构也相继开发了一些风电功率预测系统，但系统性能较薄弱；另一方面，围绕风电功率预测，我国已建立了完善的风电预测体系，但在满足电网调度精细化管理方面仍存在不足，现有风电功率预测技术存在对气象数据融合深度不够、预测误差偏大等问题。

1.3.5 产业发展趋势分析

（1）风能产业发展面临的机遇

"双碳"目标下新能源发电受国家政策大力支持。如图 1-10 所示，2016—2020 年我国清洁能源消费量占能源消费总量的比重逐年上升，大规模风能开发利用既顺应了国际能源的发展趋势，也有助于促进我国能源消费向清洁、低碳、安全和可持续方向转变。过去几十年，政策支持贯穿我国风电发展之路，从解决风电消纳问题到提升我国自主开发设计制造大型风电机组和大型风电场的能力，再到保障风电上网电价水平，我国风能产业的快速发展得益于政策大力支持。未来，为实现"2030 年前实现碳达峰，在 2060 年前实现碳中和"的目标，能源发展只能从化石能源转向风电等非化石能源，从长期看，风能产业发展的政策环境利好，在政策引导下，风能产业的结构将不断优化，实现可持续发展。

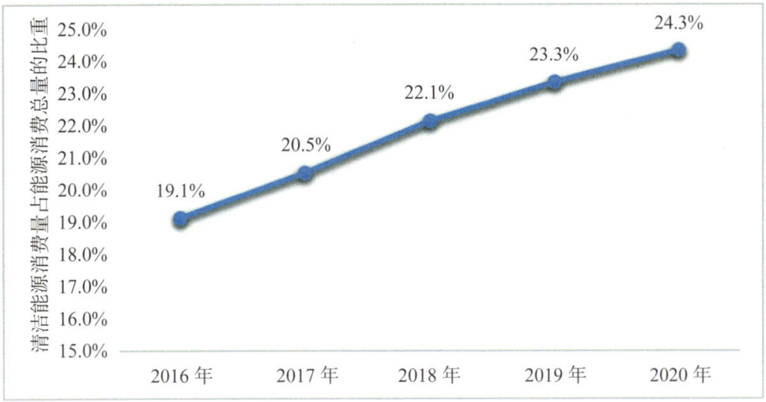

图 1-10 2016—2020 年我国清洁能源消费量占能源消费总量的比重

技术的不断创新引领产业规模化发展。我国在风能开发利用、装备研制等方面已取得显著成效，从上游零部件齿轮箱、发电机、叶片到风电机组整机设计制造、风电控制技术及风能资源评估技术等方面均取得关键技术的突破。一是风电机组功率和风轮直径都呈现逐年扩大之势，大兆瓦级风电机组的研发进程正在加快，风机单机容量的增加将有效提高风机的能源利用效率，降低度电成本，提升整个风电项目的投资回报率。风电设备的数字化、智能化、精细化设计将有效降低风电场运维成本。二是随着风电控制技术、风电优化调度技术、风电综合利用技术的研发加速，风电的利用效率再次大幅跃升。三是特高压技术叠加风电消纳政策有效缓解弃风问题，特高压为一种能进行远距离、大容量、低损耗电力运输的电网技术，能有效化解我国能源资源分布不均衡的情况，2020 年我国风能的平均弃风率为 3%，比 2016 年下降了 14 个百分点。总体而言，随着风能技术的不断提高，风能产业经济效益逐渐凸显，风能产业的市场规模必将进一步扩大。

全社会用电量增长有效推动风电需求。根据国家能源局的数据，2019 年和 2020 年，全社会用电量分别为 7.23 万亿 kW·h、7.51 万亿 kW·h，分别实现同比增长 4.5% 和 3.1%，“十三五”时期全社会用电量年均增长 5.7%。中国电力企业联合会（以下简称“中电联”）预测，2021 年全社会用电量将增长 6%~7%。统计机构预计，2025 年我国全社会用电量将达到 9.39 万亿 kW·h。全社会用电量的增长必将带动新能源产业发展。

（2）风能产业发展面临的挑战

风能资源和负荷中心呈逆向分布。我国风能资源主要分布在“三北”地区、东南部沿海地区以及青藏高原、云贵高原和华南山脊地区，而经济发达地域主要位于东部沿海。截至 2019 年底，我国“三北”地区风电累计装机容量占全国总量的 70%，但“三北”地区用电量仅占全国用电总量的 42%。风能资源储备和经济发展区域的错配下，电能消纳需要经过长距离传输，因此对电网的传输效率要求较高。

基础性研究不强，关键零部件和核心材料依赖海外供应。与国际风能利用技术先进的国家相比，我国风能技术水平总体处于跟跑阶段，基础性研究不强，原创新成果较少，没有形成与产业规模相匹配的具有世界影响力的国家级公共平台。虽然我国风机零部件基本实现国产化，叶片、齿轮箱、发电机等部件的制造能力已接近国际先进水平，可满足主流机型配套需求，但是主轴承、齿轮箱轴承、变流器核心部件、变桨系统核心部件等仍依赖进口，尤其是高端风电主轴承市场，长期被 SKF、FAG、罗特艾德等跨国巨头垄断。如图 1-11 所示，全球轴承市场份额占有率较高的厂商以国外企业居多。叶片芯材原材料巴沙木、PVC 泡沫，我国长期依赖从国外进口。全球 90%以上的巴沙木来自南美洲的厄瓜多尔；PVC 泡沫原板的两大供应商分别是瑞典的戴铂（DIAB）公司和意大利的 Maricell 公司。风电设备企业过于依赖现有经济增长方式，另辟蹊径进行技术升级改造的难度较大。我国在关键零部件和材料领域面临“卡脖子”难题，强烈制约了风能产业的可持续发展。

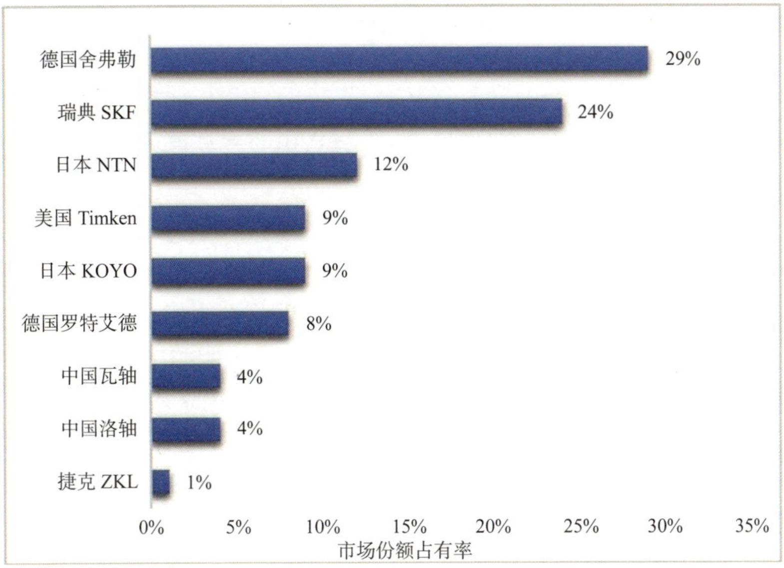

图 1-11　全球主要轴承厂商市场份额占有率

平价上网政策及可再生能源补贴滞后可能对企业赢利能力产生影响。过去我国对新能源实行基于规定上网电价和保障性收购小时数的全额保障性收购制度，企业的赢利受到政策保障。随着《国家发展改革委　国家能源局关于积极推进风电、光伏发电无补贴平价上网有关工作的通知》（发改能源〔2019〕19 号）、《国家发展改革委关于完善风电上网电价政策的通知》（发改价格〔2019〕882 号）等政策的出台，风电逐步进入平价上网阶段，未来新开发风电项目的补贴将逐步退坡，如风电项目建造成本未能明显下降，可能会对风电企业的赢利能力造成一定影响。此外，目前国家财政部发放可再生能源补贴的时间有所滞后，新投产的新能源发电项目从投产至实际取得补贴间隔的时间较长，对企业现金流可能造成不利影响。

（3）风能产业发展趋势

风能在调整能源结构、应对气候变化中发挥的作用将越发凸显。在“双碳”目标导向下，作为目前有望实现规模化开发利用的清洁能源，风能在未来能源结构中的占比将进一步增加，产业发展规模和发展速度将进一步提升。

风电机组大型化、数字化、智能化趋势将带动全产业链技术创新加速。风电单机容量大型化将有效提高风能资源利用效率，提升风电项目投资开发运营的整体经济性，降低度电成本，为平价上网奠定基础。目前，全球陆上风机功率已逐步迈入 4 MW、5 MW 时代；海上风机为了适应远海、深海环境，大型化趋势更加显著。而为有效解决大容量风电机组面临的可靠性、运行效率、工作寿命等问题，风电智能监控、风电机组智能运维和故障智能诊断等数字化智能化风力发电技术成为行业研究热点，不少整机厂商开始积极从风机产品提供向数字化风电服务提供转型，风能产业与数字化技术的融合已成为行业发展的主流趋势之一。此外，适用于不同风资源环境的精细化项目规划、定制化产品设计成为趋势。针对高温、低温、高海拔、高风速、中低风速、低风速、抗台风等不同环境特点进行差异化的产品设计，提供针对性更强的整体解决方案逐渐成为市场竞争力的重要构成部分。

陆上风电步入平稳发展阶段，海上风电开发逐步进入加速期。受政策影响，我国风电装机近两年迎来一波“抢装潮”，但随着补贴政策退坡和平价上网时代的到来，从长期看陆上风电发展趋于平稳，海上风电时长开发将迎来爆发期。从消纳能力看，我国海上风能资源储备集中在东部沿海经济发达地区，能源中心与负荷中心匹配。从规模效应看，陆上风电场的建造受环境影响较大，很难建立大规模基地形成规模效应，而海上风电场不占用陆地面积，可开发的海域广，经济优势得以凸显。从技术层面看，随着大兆瓦级海上风电机组的研发进程加快和海上吊装技术的不断成熟，海上风电开发的成本大幅下降，海上风电规模化开发的条件愈发成熟。

风能产业市场化进程将逐步推进，市场集中度将进一步增强。发挥新能源成本优势，利用市场化手段消纳新能源在国际上已成为共识。近年来，我国风能产业的技术和运营模式趋于成熟，风电在能源行业竞争中的优势愈发明显，推动竞价配置、平价上网成为主流政策导向和预期，市场化成为风电发展的必然趋势。在风电市场化进程中，整个风能产业将进入新发展阶段，市场竞争将从无序转向有序，单纯依靠规模化生产低价竞争等粗放经营模式将难以生存，行业体系和技术标准必将更加严格，技术迭代速度更快，未来的竞争将是资本、人才、技术创新能力等综合实力的竞争，是市场集中度加强的必然趋势，行业头部效应将越发显著。

数字技术赋能风电运维服务技术，产业链下游将迎来新增长点。我国目前已经面临大批风电机组陆续过保的情况，风电机组可利用率下降、齿轮箱漏油和叶片等易损零部件及更换造成的频繁停机现象严重，对风电场运维服务的需求日益增长。近年来随着对风电场的大规模开发建设，风电场智能化运维服务成为行业布局焦点之一，国内外对数字化风电场建设及其关键技术的研究十分活跃，主要风机厂商如远景能源、金风科技、明阳智能、运达风电、通用电气、西门子歌美飒、维斯塔斯等都开发了自己的数字化风电场数据及信息管理服务平台，通过大数据、云服务来提供风电场规划、风电功率预测、风资源评估等技术解决方案，以及实现风电机组、测风塔、升压站等设备的远程集中监控、远程机组在线状态监测、远程故障诊断与修复、机组健康管理及性能评估等功能。总体来说，随着我国风能产业的持续规模化扩张和数字技术的不断迭代发展，下游的风电场运维服务等后市场服务需求将逐步增加，风能产业链下游环节将迎来新的增长点。

风电综合利用产业发展前景可期。为满足风电大规模开发需求，风电制氢和供热、多能互补、分布式利用等风电综合利用技术是研究热点。2018 年 10 月，国家发展改革委、国家能源局印发《清洁能源消纳行动计划（2018—2020 年）》，提出“探索可再生能源富余电力转化为热能、冷能、氢能，实现可再生能源多途径就近高效利用”，为风能综合利用指明了方向。风光水气火储等不同电源具有时空互补特性，多能互补是提高可再生能源消纳能力的重要手段。分布式开发利用是风电除了大规模集中开发、远距离外送消纳外的另一种形式，微电网也是有效形式之一。但总体而言，风电综合利用技术研究尚处于起步阶段，均未进行大范围的商业化运行，未来随着关键核心技术的突破、电力市场机制建立健全、行业管理和技术标准的制定完善，风电高效利用将在促进风能产业可持续发展中发挥重要作用。

1.4 天津风能产业发展现状与趋势

1.4.1 产业发展基础

天津的风能产业起步于 2005 年，随着歌美飒、维斯塔斯和苏斯兰（Suzlon）三大国外风电企业相继入驻天津，国内风电龙头企业广东明阳公司和四川东方汽轮机有限公司也相继在天津投资建厂，天津市风能产业发展基础基本成型。近十年来，随着我国风能产业迅速崛起和滨海新区开发开放，良好的投资环境吸引了国内外风能行业头部企业和一批配套企业来津投资发展，天津市形成了以风电整机为龙头、零部件配套为支撑、风电服务业为基础的产业集群，成为全国重要的风能产业聚集地。

“十三五”时期，天津市立足全国先进制造研发基地的定位，制定出台了《天津市新能源产业发展三年行动计划（2018—2020 年）》，坚持陆上风电和海上风电并举，带动风机制造业快速发展，维斯塔斯、西门子歌美飒、东方电气等自主研发的大功率风机产品在国内外市场占有重要位置。大功率风机的关键技术不断取得创新，突破了 4 MW 以上陆上风机和 10 MW 以上海上风机的研发和生产，持续巩固了风电机组在低风速风场的竞争优势。截至 2020 年底，全市已建成投产大神堂风电工程，沙井子风电一期、二期、三期工程，蓟运河口风电工程，大神堂风电场完善工程，大港马棚口风电一期、二期、三期工程，汉沽洒金坨风电工程，滨海新区捷地减河风电工程，滨海新区小王庄风电一期、二期工程，滨海新区南港海上风电工程等风电项目，总装机 84.5 万 kW。

1.4.2 产业发展特点

整体上看，天津风能产业主要形成了以下特点。

一是风能发电装备全产业链基本形成。过去十年间，先后有 70 余家国内外风电行业知名大公司和一批相关配套企业落户天津，形成了以风电整机为龙头、零部件配套为支撑、风电服务业为基础的产业集群，成为全国重要的风电装备制造业聚集地。四川东方电气、广东明阳智能等一批从事整机和叶片、齿轮箱、风电材料制造的知名公司也抢滩天津。目前，天津市的风能产业已在全国风能行业形成了最完整的产业体系。

二是产业自主创新能力不足。天津早期吸引了一批全球风电设备制造领域的领先企业，技术成熟的外资企业的到来促进了天津风电装备产业的快速崛起。但与此同时，本土风电企业在技术上过度依赖国外引进的先进技术，在设备系统设计、集成技术和关键部件研发方面薄弱，拥有的自主知识产权较少。国外风电企业如歌美飒等公司在津所设的多为生产基地，而没有在津设立研发部门，加之这些公司在知识产权保护上实施总部管理，技术的专利申请由集团统一掌握，所以他们基本上没有以在津公司的名义申请的专利。总体来看，产业整体呈现大而不强的发展格局，整机企业多属“车间”性质，研发与服务、运行与维护环节薄弱。

三是产业链之间的深度协作不够，亟需强链补链。尽管天津风能产业已形成比较完整的产业链条，但风电机组的关键支持组件依然长期依赖进口或区域外部购买。许多自主开发风电设备关键部件的企业，对于无法自主生产的配套零部件，并不倾向于购买当地零部件。主要原因在于，与国内其他企业一样，天津零部件配套企业在技术上与国外企业存在较大差距，加上主机厂商对天津企业了解不够，为保证质量，不敢贸然选择本地配套企业。此外，诸如铸件、锻件等很多零部件的配套企业规模较小，与主机厂商对接时难以在技术要求、价格方面达成一致。齿轮箱轴承、主轴承、控制系统等几乎全部从国外进口。此外，巴沙木、PVC 泡沫、大功率晶闸管等关键原材料和元件供应链的稳定也影响产业的平稳发展。

四是专业性人才储备不足。风能是一门多学科交叉的综合性行业，涉及电气、机械、流体、材料等多个行业，对从业人员的理论知识、实践能力均有较高要求。构建完备的人才梯队是推动产业发展的基础，然而与北京、江苏等省市相比，天津风能产业领域人才储备严重不足，存在技术型人才短缺、技能专家人才不足、人才流动性大等问题。同时，企业对风电人才的培养体系也不够健全，天津风电企业规模较小，地域比较分散，无法形成稳定、系统性的培养模式，导致员工的技术能力无法得到有效提升。

五是支持风能产业发展的政策缺乏协调性、系统性。政策是贯穿风能产业发展的重要因素之一。从政策的设计和支持力度来看，以前的政策存在支持力度不够、政策实施不到位、政策缺乏稳定性和协调性等问题：由于权利和责任不够明确，实证研究不够全面细致，有的风电规划粗糙，缺乏远见和可预测性，有的文件缺乏可操作性，缺乏相应的配套政策，缺乏有针对性的金融、税收政策。从政策的实施效果看，天津风能产业对政府补贴、银行贷款的依赖程度过高，在市场化环境下缺乏独立发展的能力[19]。

1.4.3　产业发展趋势

2020 年 11 月，天津新能源产业累计增速达到 28.3%，预计包含锂离子电池、风电、太阳能、氢能在内的战略性新兴产业在“十四五”期间将保持年均 7%的增长速度，天津力争在 2025 年打造全国新能源产业高地。2021 年 4 月，天津市政府与国家电网公司签署《推进新型基础设施建设 打造能源革命先锋城市战略合作框架协议》，提出促进清洁能源发展，力争到 2025 年将可再生能源电量占全市用电量的比重提高到 18%，加快能源技术创新和产业升级，推动能源技术革命。2021 年 5 月，天津新能源产业（人才）联盟在滨海高新区成立。中长期看，新能源产业是天津市未来发展的重点领域之一，风能产业作为一种重要的清洁能源，必将发挥不可替代的作用，成为打造全国新能源产业高地的战略支撑。

未来天津风能产业重点发展方向与国内风能产业整体趋势相吻合，重点在于突破产业链重点环节的关键核心技术，夯实风能产业链发展基础。根据《天津市制造业高质量发展“十四五”规划》，未来天津风能产业发展方向一是坚持海上风电与陆上风电并举，集中式风电和分散式风电协同；二是围绕风电机组及关键零部件生产制造、风电场设计建设施工控制运维等重点环节，打造风电全产业链。从重点环节看，一是加强 4 MW 及以上大功率风电机组、10 MW 及以上大功率海上风电设备研发和产品推广；二是提升复合材料风电叶片、齿轮箱、控制系统等关键部件的自主化生产水平和配套能力，促进风电装备采购本地化。这与目前国内风能产业整体发展趋势相吻合。

1.5　滨海新区风能产业发展现状

1.5.1　产业发展基础

滨海新区是国家风电高新技术产业化基地，也是我国最大的风力发电设备生产基地之一。目前，区域已开发建设了汉沽大神堂风电场、大港沙井子风电场、大港马棚口风电场和蓟运河口风电场，区内拥有维斯塔斯、东方电气、明阳智能等多家风电龙头企业的生产基地，形成了从叶片、树脂材料、涂料到风机内部的发电机控制系统及风机电缆塔架等各个环节的全产业链布局。2020 年，滨海新区已投运并网的风电项目装机总容量为 766.4 MW，占电厂总装机容量的比重约为 7.8%，主要分布在杨家泊镇、寨上街、太平镇、小王庄镇等新区南北两端片区。近年来，滨海新区积极开发陆上风电，稳妥推进海上风电，技术创新和产业升级的步伐不断加快，区域风电装备制造产业正处于快速发展阶段。

1.5.2 区域政策环境

滨海新区风能产业的发展得益于区域良好的政策环境。自“十二五”以来，天津市和滨海新区出台了一系列政策举措，旨在优化能源结构，推动以风能产业为代表的绿色能源产业的发展。

2012 年 6 月，滨海新区政府发布《滨海新区能源发展第十二个五年规划》，提出到“十二五”末风力发电装机规模要达到 800MW，重点建设大神堂风电场完善工程和沙井子、大港独流减河风电项目。同年，天津市发展改革委《关于我市确认可再生能源电价附加企业、制定垃圾焚烧发电价格政策有关问题的通知》将大神堂、大港马棚口、大港沙井子、生态城蓟运河口风电场列入国家可再生能源电价补贴范围。

2016 年，《天津市国民经济和社会发展第十三个五年规划纲要》提出重点发展太阳能和风力发电设备，加强对风能的开发利用。同年，《天津市可再生能源发展“十三五”规划》提出，将滨海新区作为重点发展区域，重点推进北大港风电场等工程，到 2020 年，全市风电装机总规模达到 116 万 kW。

2017 年，《天津市电力体制改革综合试点方案》提出建立优先发电制度。落实可再生能源发电保障性收购制度，推进水能、风能、太阳能、生物质能等可再生能源和余热余压余气优先发电。

2018 年，天津市发布《天津市新能源产业发展三年行动计划（2018—2020 年）》，提出加强风力发电整机研发，着力推动制造流程和工艺智能化、清洁化。

2021 年，天津市发布《天津市制造业高质量发展“十四五”规划》，提出围绕风电机组及关键零部件生产制造、风电场设计建设施工控制运维等重点环节，打造风电全产业链。

从历年天津市和滨海新区出台的政策文件的主要内容看，政府对风能产业的政策支持力度不断加大，一方面从财政金融角度支持风电企业技术创新、人才引进培育，另一方面完善市场化交易规则，推动企业通过绿电交易实现新能源供电，为风能产业提供市场激励。此外，相关行业主管部门也制定监管机制，确保项目实施有效合规。

从滨海新区最新文件的规划部署看，未来新区在风能发电装备及零部件产业领域的着力点为：重点突破大容量永磁直驱风电发电机组、智能叶片应用等设备关键零部件核心技术，提升风电叶片、大功率发电机、齿轮箱、控制系统等风电设备关键零部件的自主化水平和配套能力，进一步强化整机制造优势。天津市和滨海新区历年出台的滨海新区区域风能产业相关政策见表 1-4。

表 1-4　滨海新区区域风能产业相关政策汇总

文件名称	年份	主要内容
《天津市滨海新区人民政府关于进一步加强滨海新区环境保护工作的意见》	2012 年	大力发展生物质能、风能、太阳能、浅层地温能等可再生能源，加强智能电网建设，努力打造全国清洁能源基地
《市发展改革委关于我市确认可再生能源电价附加企业、制定垃圾焚烧发电价格政策有关问题的通知 》	2012 年	将大神堂、大港马棚口、大港沙井子、生态城蓟运河口风电场列入国家可再生能源电价补贴范围
《滨海新区能源发展 2012 年第十二个五年规划》	2012 年	到“十二五”末风力发电，总装机规模达到 800 MW，重点建设大神堂风电场完善工程（12 MW）、沙井子二、三期风电项目（二期 49.5 MW、三期 49.5 MW），大港独流减河风电项目（49.5 MW）
《关于加强知识产权工作促进战略性新兴产业发展的实施意见》	2013 年	大力发展风电领域关键部件研发制造，通过消化吸收再创新掌握一批外围专利。建立绿色电池等产业知识产权联盟，在光伏发电集成技术、风电控制系统及检测技术、动力锂离子电池组设计等领域掌握一批核心技术专利
《市发展改革委关于调整发电企业上网电价的通知》	2015 年	电网企业与可再生能源发电企业结算电价标准，按照调整后的燃煤发电标杆上网电价执行
《天津市国民经济和社会发展第十三个五年规划纲要》	2016 年	重点发展储能电池、太阳能和风力发电设备、智能电网装置等，打造绿色能源产业基地。鼓励发展分布式能源，加强对太阳能、地热能、风能、生物质能开发利用，非化石能源比重超过 4%
《天津市可再生能源发展“十三五”规划》	2016 年	优化发展陆上风电，稳妥推进海上风电，将滨海新区作为重点发展区域，重点推进北大港风电场等工程，到 2020 年，全市风电装机总规模达到 116 万 kW
《天津市电力体制改革综合试点方案》	2017 年	建立优先发电制度。落实可再生能源发电保障性收购制度，推进水能、风能、太阳能、生物质能等可再生能源和余热余压余气优先发电
《天津市电力发展“十三五”规划》	2017 年	坚持集中开发与分散开发并举、就近消纳为主的原则优化风电布局，重点推进北大港风电场工程、大港沙井子风电场工程、大港大苏庄风电场工程等陆上风电项目，以及南港海上风电场工程和大港马棚口海上风电场工程等海上风电项目
《天津市新能源产业发展三年行动计划（2018—2020 年）》	2018 年	①加强风力发电整机研发。依托维斯塔斯风力技术（中国）有限公司、天津明阳风电设备有限公司等重点企业，着力推动制造流程和工艺智能化、清洁化升级，巩固 3 MW 级整机优势，加快大功率风电整机、海上风电整机，以及适用于高寒、高湿、风沙环境风电整机产品开发，积极抢占新兴市场。 ②提升关键部件研制。依托天津瑞能电气有限公司、天津华建天恒传动有限责任公司等重点企业，加快开发大功率发电机、齿轮箱、叶片、偏航变桨系统、冷却系统，以及大型铸锻件等关键部件。重点推进 2 MW 以上陆上风电机组开发，开发 5 MW 以上海上风电机组，研发 3 MW 以上风电叶片、发电机、齿轮箱等核心部件。 ③建设智能电站。支持平高电气风电光伏新能源智能电站一体化等项目，促进现代先进的数字信息技术、通信技术、互联网技术、云计算技术、大数据挖掘技术与新能源技术深度融合，通过对风电变流器、光伏逆变器、硬件控制系统、变流器控制程序、滤波控制系统等产品和技术的研发，形成智能一体化箱式变电站

续表

文件名称	年份	主要内容
《天津市分散式风电发展规划（2018—2025 年）》	2018 年	到 2025 年，分散式风电装机容量力争达到 78 万 kW
《京津冀绿色电力市场化交易规则（试行）》	2018 年	通过市场化交易机制促进风电等可再生能源的消纳。规定风电企业可以自愿参与绿电交易，市场化交易电量优先结算，保障小时数以外的发电量属于市场化交易电量，以市场交易价格进行结算
《关于进一步扩大进口的若干意见 》	2018 年	积极争取海关特殊监管区域外船舶、医疗器械、风电设备保税维修试点，推进高附加值、高技术含量、无污染产品的售后保税维修和全球保税维修业务
《天津港保税区支持海洋产业发展的若干政策》	2020 年	对包括海上风电设备在内的海工装备领域新设立的制造项目，自企业实际投产之日起或下一公历年度起 5 年内，给予 80%的企业发展金支持
《天津市制造业高质量发展“十四五”规划》	2021 年	①扩大锂离子电池产业优势，壮大风电产业规模，强化太阳能产业集成，加快氢能产业布局。到 2025 年，产业规模达到 1 200 亿元，年均增长 8%，打造全国新能源产业高地。 ②围绕风电机组及关键零部件生产制造、风电场设计建设施工控制运维等重点环节，打造风电全产业链。重点加强 4 MW 及以上大功率风电机组、10 MW 及以上大功率海上风电设备研发和产品推广，提升复合材料风电叶片、齿轮箱、控制系统等关键部件的自主化生产水平和配套能力，促进风电装备采购本地化
《天津市国民经济和社会发展第十四个五年规划和二〇三五年远景目标纲要》	2021 年	推动大功率风电、高转化率太阳能电池、高安全长寿命低成本储能、氢能等核心技术攻关。扩大风能、太阳能等可再生能源电力装机规模，完善可再生能源电力消纳保障机制
《天津电力“碳达峰、碳中和”先行示范区实施方案》	2021 年	积极推动新建风电、光伏等新能源项目按照一定比例配置储能装置，实现新能源发电功率波动平抑。开展新能源和蓄热、蓄冷、制氢相结合的工程示范，推动新能源生产、转化、储存、运输多环节融合，实现多途径利用

1.5.3 面临的主要问题

滨海新区风能产业与全市产业发展面临诸多共性问题。一是产业链自主创新能力薄弱，区内企业多为“车间”式的制造类企业，不掌握核心技术和自主知识产权。以风能产业领域有效发明专利数量、发明人数量为例，与江苏、广东、浙江等国内风电先进省份相比，天津市和滨海新区的专利授权规模整体偏小。二是专业性人才储备不足。风电设备研制是一项集空气动力、机械制造、电子控制等多学科为一体的综合性高新技术产业，对人才理论水平和实践经验要求较高。从需求侧看，滨海新区内的风电企业以生产型为主，对高端人才的需求量少；从供应侧看，人才多流向江苏、北京等风电头部企业聚集区域。三是风能产业服务体系不完善，风电技术标准、产品认证等基础比较薄弱。四是滨海新区对风能产业的政策设计缺乏自主性，主要以落实国家和市级政策为主，从而导致政策出台缺乏系统性、稳定性，导致政策实施效果不佳。

Chapter 2

第 2 章 研究方法

2.1 数据来源

2.1.1 专利文献数据库

本书使用的专利文献数据主要来自 IncoPat 专利数据库。IncoPat 专利数据库完整收录了全球 158 个国家、组织或地区共计 1.7 亿余件专利的信息，可检索的字段达到 400 多个，囊括专利诉讼、转让、许可、复审无效、通信标准声明、海关备案信息，每周更新四次全球的专利信息，可提供全面、准确、及时的专利情报。

2.1.2 非专利文献数据库

本书使用的非文献数据库包括 CNKI（中国知识资源总库）系列数据库、万方数据知识产权服务平台、百度搜索引擎、国家标准全文公开系统。

2.1.3 时间范围

本书涉及的专利数据的检索截止日期为 2021 年 6 月 30 日。

2.2 数据采集

2.2.1 技术分解

基于对风能产业充分的调研，综合专利分类法、行业分类法和学科分类法，考虑专利检索分析的可操作性，对风能产业进行技术分解。

风能产业总体检索。风能产业涉及风能获取系统、风电转换系统、电力传输系统、支撑系统、发电机组及叶片的运输与安装、风电场及风机运行维护等技术和应用，所以，风能产业整体检索式涵盖以上内容，建立总检索式。

风能产业重点技术分支检索。在充分了解技术主题发展状况的基础上，考虑滨海新区产业研究的实际需求，选取风能产业 9 个重点技术分支建立专利检索式，包括叶片、变桨系统、偏航系统、传动系统、支撑系统、发电机、变流系统、风电主控系统、海上风电技术。

2.2.2 检索策略

专利检索采用总—分—总的方式进行。总检索式采用了相对准确的表达方式，以保证数据的全面性和准确性；分检索式采用比较准确的表达方式，以保证整体数据的准确性。具体检索时，先进行 IPC（国际专利分类）号梳理，然后进行中英文关键词扩展，根据检索结果中存在的噪声，边检索、边去噪，并通过重点申请人的相关检索结果进行分类号以及关键词的扩充。

2.3 数据分析

2.3.1 数据处理方法

针对检索结果中存在噪声的情况，去除某些不相关的关键词以及分类号。针对分类号的准确度进行分类，对不同的分类号进行分别处理：针对较准确的分类号，限定较少的关键词进行处理；针对较为宽泛的分类号，限定较为精准的关键词进行处理。

2.3.2 查全率与查准率验证方法

本书查全率的验证方法是：选择重要申请人，一般为在该技术领域申请量中排名前 10 的申请人或者行业内普遍认可的重要申请人，以该申请人为输入检索其全部申请，通过确认其在本技术领域的申请文献量，形成母样本，在检索结果数据库中以申请人为输入检索其申请文献量，形成子样本，子样本/母样本 ×100%=查全率。

本书查准率的验证方法是：在结果数据库中随机选取一定数量的专利文献作为母样本，对母样本中的每项专利文献进行阅读，确定其与技术主题的相关性，与技术主题高度相关的专利文献形成子样本，子样本/母样本 ×100%=查准率。

2.4 术语定义

此处对本书中出现的以下术语，统一给出解释。

项：同一项发明可能在多个国家或地区提出专利申请。在进行专利申请量统计时，对于数据库中以一族（这里的“族”指的是同族专利中的“族”）数据的形式出现的一系列专利文献，记为“1 项”。一般情况下，专利申请的项数对应技术的数目。

件：在进行专利申请量统计时，如为了分析申请人在不同国家、地区或组织提出的专利申请的分布情况，将同族专利申请分别进行统计，所得到的结果对应申请的件数。1 项专利申请可能对应 1 件或多件专利申请。

专利被引频次：专利文献被后申请的其他专利文献引用的次数。

同族专利：同一项发明创造在多个国家申请专利而产生的一组内容相同或基本相同的专利文献出版物，为一个专利族或同族专利。从技术角度来看，属于同一专利族的多件专利申请可视为同一项技术。在本书中，对技术和专利技术原创国进行分析时对同族专利进行了合并统计，对专利在国家或地区的公开情况进行分析时对各件专利进行了单独统计。

同族数量：一件专利同时在多个国家或地区的专利局申请的数量。

全球申请：申请人在全球范围内的各国专利局的专利申请。

在华申请：申请人在中国国家知识产权局的专利申请。

国内申请：中国申请人在中国国家知识产权局的专利申请。

国外来华申请：外国申请人在中国国家知识产权局的专利申请。

国别归属规定：国别根据专利申请人的国籍予以确定。

日期规定：依照申请日确定每年的专利申请量。

Chapter 3

第 3 章 风能产业整体专利态势分析

近年来，随着绿能产业及“双碳”政策的驱动，风能产业不断发展，本章对风能产业的整体专利态势进行具体分析，专利申请量统计截止到 2021 年 6 月 30 日。

3.1　全球专利整体分析

3.1.1　申请量变化趋势分析

图 3-1 显示了自 1999 年至 2021 年（2021 年数据截至 6 月 30 日，下同）风能产业相关专利全球申请量的年度变化情况。可以看出，自 1999 年起，全球风能产业技术开始进入缓慢平稳的增长期。专利申请量从 2006 年开始，迅速增长，至 2012 年达到第一个峰值后，到 2014 年出现降低趋势，但自 2015 年又开始进入第二个快速增长期，至 2018 年达到最大值，专利申请量达到 9 650 件。上述变化趋势出现的原因是，自 2006 年开始，各国就开始对风能产业技术进行重点研究，从而出现了对风能产业技术相关专利的申请热潮。到 2020 年，虽然关于风能产业技术的专利申请量稍有下降，但其总申请量依然保持在 8 000 件以上，该技术仍然受到各国的普遍关注。

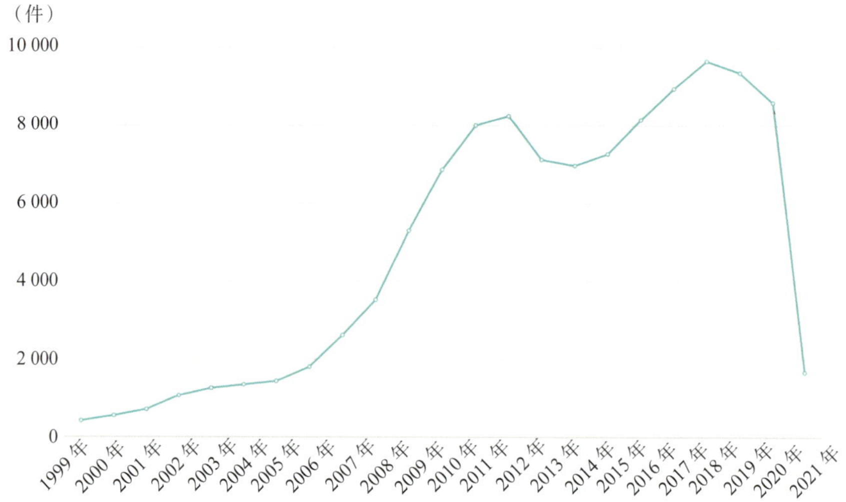

图 3-1　全球专利申请量年度变化

另外，从图 3-1 可以看出，2021 年专利申请量明显降低，这是由专利申请公开日晚于申请日造成的。

3.1.2 申请来源国分析

图 3-2 展示了 2007—2021 年全球风能产业技术相关专利的来源国申请量变化情况。可以看出，中国、美国、日本、德国、韩国为专利申请量最多的五个国家。2007—2019 年，中国的专利申请量保持着明显增长的趋势，2013 年专利申请量与 2012 年相比有所降低，此后又持续保持了增长态势。并且，中国的专利申请量从 2007 年开始就位居全球第 1，特别是从 2010 年开始，中国的专利申请量超过美国、日本、德国、韩国等其他国家专利申请量的总和，占据全球风能产业相关专利申请的“半壁江山”。

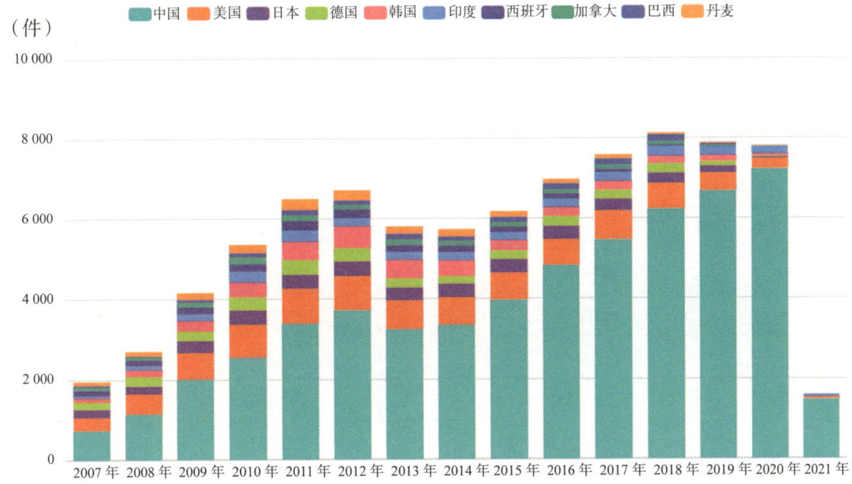

图 3-2 主要来源国申请量年度变化

反观其他国家的专利申请量，2007—2011 年美国专利申请量保持快速增长趋势，2012—2016 年专利申请量开始逐年下降，2017 年出现短暂增长后，2018 年又开始逐年下降；2007—2010 年日本专利申请量快速增长，2011—2015 年基本保持在稳定水平，2016—2019 年呈现逐年快速下降趋势；2007—2011 年，德国专利申请量快速增加，并在 2011 年达到了最大值，其后又快速下降，到 2014 年后进入平稳状态，2014—2018 年保持平稳缓慢增长，2019 年又快速下降；2007—2012 年韩国专利申请量呈现快速增长态势，并于 2012 年达到峰值，2012—2019 年专利申请量一直呈现逐年降低趋势。由以上风能产业专利来源国申请量的变化趋势可以看出，美国、日本、德国和韩国的风能产业发展较早，从 2007 年开始其风能产业的发展已经相对成熟，

2011 年至 2012 年左右专利申请量达到峰值，此后专利申请量总体逐年降低。而中国的智能产业发展相对较晚，2007—2019 年一直处于蓬勃发展的阶段，相关专利申请量保持快速增长。

3.1.3 重点申请人分析

表 3-1 为风能产业相关专利全球主要申请人分布情况。在专利申请量排名前 15 的申请人中，有 5 位中国申请人、3 位德国申请人、3 位丹麦申请人、2 位日本申请人、1 位美国申请人、1 位西班牙申请人。其中，德国申请人申请量总和最多，丹麦申请人申请量总和位居第 2，中国申请人申请量总和位居第 3，美国和日本申请人申请量总和分别位居第 4、第 5。在单个申请人中，丹麦维斯塔斯、美国通用电气、德国沃本、德国西门子在风能产业领域发展较早，专利申请量位居全球前 4，其专利涵盖风力发动机、电路系统、叶片制造、风电控制、风电装配等风能产业相关领域，风能产业发展较为全面。中国申请人申请量总和位居全球前列，布局领域也涵盖风能产业所有相关领域，可见，风能产业在中国也获得了蓬勃发展，中国本土技术创新主体在技术研发上取得了较大发展。

表 3-1　全球主要申请人分布情况

排名	申请人名称	专利申请量/件	所属国家或地区
1	维斯塔斯	4 547	丹麦
2	通用电气	4 382	美国
3	沃本	3 703	德国
4	西门子	2 512	德国
5	国家电网	2 161	中国
6	金风科技	1 950	中国
7	三菱公司	1 571	日本
8	LM	1 224	丹麦
9	森维	1 084	德国
10	日立公司	759	日本
11	国电联合动力	739	中国
12	西门子歌美飒	651	丹麦
13	华北电力大学	602	中国
14	歌美飒	589	西班牙
15	中国中车	552	中国

3.1.4 技术主体分布分析

由图 3-3 可以看出，全球风能产业技术专利申请涉及的技术领域较为集中。主要集中在风力发动机（F03D）、供电或配电的电路装置或系统（H02J）、交流电直流电转换及其控制或调节（H02M）、数量占比电机（H02K）、电动机发电机的控制或调节（H02P）等技术应用，这 5 项技术应用的专利数量合计超过 90%，其中风力发动机专利申请量位居首位，其专利申请量占比近 60%。其余技术应用涉及传动装置（F16H）、塑性状态材料的成型（B29C）、基础（E02D）、专门用途建筑物或构筑物（E04H）、船用设备（B63B）。

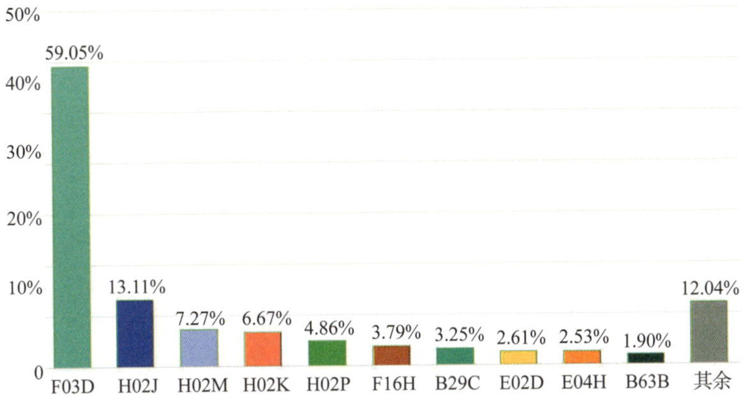

图 3-3 全球技术主体分布

由图 3-4 可知，在各技术领域中，中国、美国、日本、德国申请量领先。由图 3-5 可知，中国、美国、日本、德国风能产业相关技术的侧重点以及占比不同。中国风能产业专利申请主要涉及风力发动机（F03D）、供电或配电的电路装置或系统（H02J）、电机（H02K）、交流电直流电转换及其控制或调节（H02M）。美国风能产业专利申请主要涉及风力发动机（F03D）、供电或配电的电路装置或系统（H02J）、电动机发电机的控制或调节（H02P）、交流电直流电转换及其控制或调节（H02M）。日本风能产业专利申请与美国相似，主要涉及风力发动机（F03D）、交流电直流电转换及其控制或调节（H02M）、供电或配电的电路装置或系统（H02J）、电动机发电机的控制或调节（H02P）。德国风能产业专利申请主要集中于风力发动机（F03D）。由上述数据分析可知，专利申请量排名前 4 的国家对风力发动机、供电或配电的电路装置或系统、电动机发电机的控制或调节、交流电直流电转换及其控制或调节的技术及应用都比较重视。

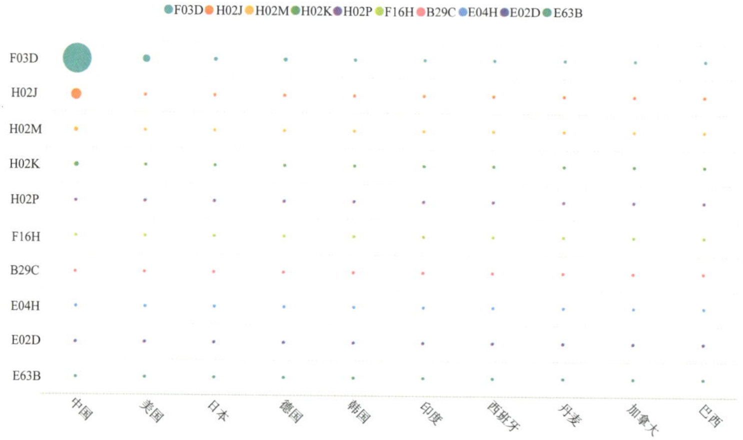

图 3-4　全球各国技术主体分布

由此可知，各国对风能产业相关技术应用虽然总体相似，但主要研究技术占比不尽相同。虽然中国的研究重点与其他三国差别不大，但在核心技术风力发动机上，其专利申请量占比不高，其他三国风力发动机技术专利申请量占比均在 60%以上，德国更是接近 75%，中国风力发动机技术专利申请量占比尚未超过 50%，技术还比较分散，可见风力发动机作为风能产业的核心技术，仍需要对其进一步加大研究投入。

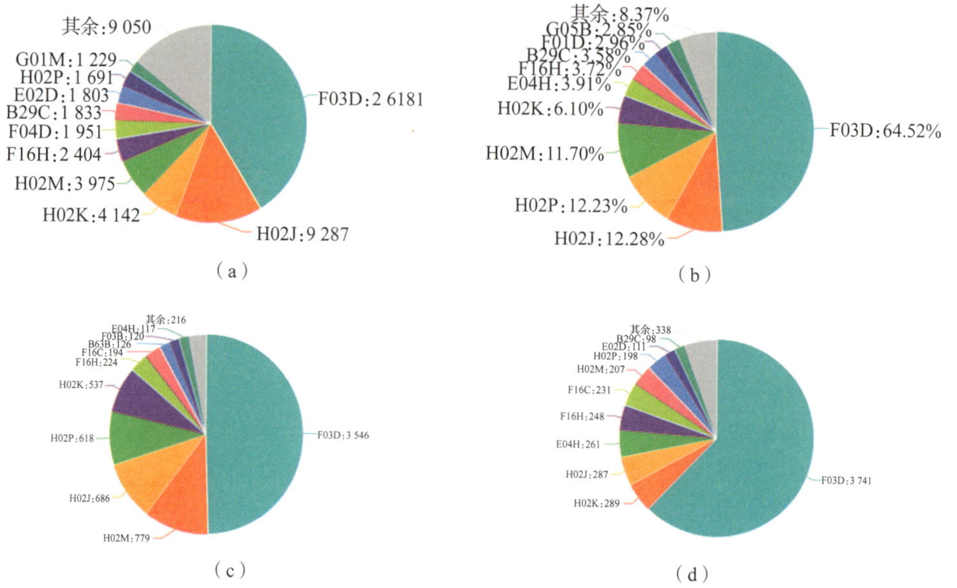

图 3-5　全球各国技术主体分布

(a)中国　(b)美国　(c)日本　(d)德国

3.2 我国专利整体分析

3.2.1 申请量变化趋势分析

图 3-6 显示了我国风能产业专利申请量的年度变化情况。可以看出,国内风能产业相关专利申请始于 1999 年,申请量共出现两个快速增长期。1999—2007 年,申请量一直缓慢稳定增长，2007 年申请量达到 716 件。从 2007 年开始进入第一个快速增长期,至 2012 年申请量达到第一个峰值,申请量为 3 622 件。2013 年的申请量较 2012 年的申请量有所降低。从 2014 年开始进入第二个快速增长期,到 2020 年申请量达到最大值 7 114 件。2021 年前半年的申请量为 1 451 件,较 2019 年和 2020 年的申请量有较大幅度减少,但由于图 3-6 中的数据未包括 2021 年已经申请但未公开的专利,所以 2021 年的数据不具备实际参考价值。通过对我国风能产业领域专利申请量年度变化的分析可知,国内风能产业领域技术的专利申请量持续上升,说明国内近年来对风能产业的研究一直处于快速发展阶段,反映出国内对风能产业研究的热情持续高涨。而且可以预测,随着“双碳”政策在全球及国内“加码”实施,对绿能的需求不断高涨,在接下来的一段时间内,对风能产业的研究并不会减少,申请量仍将保持较高的水平。

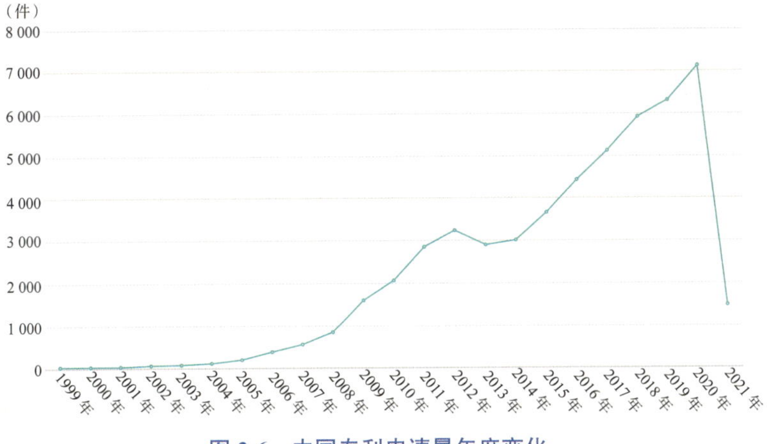

图 3-6　中国专利申请量年度变化

3.2.2 申请地区分布分析

由图 3-7 可知,中国风能产业技术专利在我国各省市地区的申请分布情况,江苏、北京、广东、浙江地区申请量最多，是我国风能产业技术专利的核心地区，上述 4 个省市的专利申请量占总量的 64.66%，已超过全国申请量的一半。从上述统计资料可见，各省市地区在风能技术上的研发投入有较大差异，这是由地区性经济差异导致的，沿海经济发达地区的专利申请量较多。天津的申请量在我国排名第 7，占总申请量的 5.32%，由此可见，天津的风能产业技术有待进一步研究，有追赶先发省份的空间。同时，天津的专利申请量不及北京的 1/3，借助毗邻北京的地理优势，可以借鉴北京对风能产业相关技术的研究。

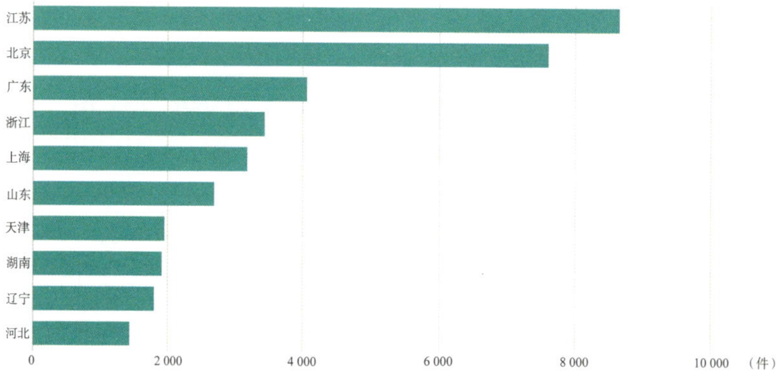

图 3-7　全国各省市地区的申请量分布

由图 3-8 可知，排名前 4 的省市关于风能产业的重点研究技术及占比不尽相同，江苏主要涉及风力发动机（F03D）、供电或配电的电路装置或系统（H02J）、电机（H02K）、传动装置（F16H）；北京主要涉及风力发动机（F03D）、供电或配电的电路装置或系统（H02J）；广东主要涉及风力发动机（F03D）、供电或配电的电路装置或系统（H02J）、交流电直流电转换及其控制或调节（H02M）、电机（H02K）；浙江主要涉及风力发动机（F03D）、供电或配电的电路装置或系统（H02J）、电机（H02K）、交流电直流电转换及其控制或调节（H02M）。除主要专注于风力发动机（F03D）外，各省市在技术研究上的侧重点有所不同，江苏在 H02J、H02K、F16H 领域的研究比较平均，北京在 H02J 领域的研究占据较大比重，广东、浙江则在 H02J 领域相较其他两个领域占比稍大。以上差别可能是各省市的南北差异或地区差异导致的。天津可借鉴北京对风能产业相关技术的研究，吸取北京优势技术及应用加以突破。

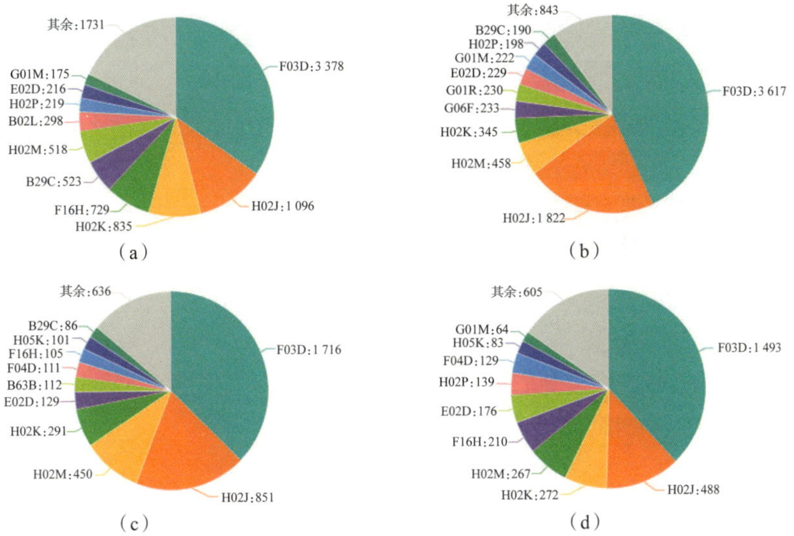

图 3-8 江苏、北京、广东和浙江的技术主体分布

(a)江苏 (b)北京 (c)广东 (d)浙江

3.2.3 重点申请人分析

图 3-9 反映了我国风能产业技术专利申请的前 10 位申请人的情况。由图 3-9 可知,前 10 位中仅有通用电气、维斯塔斯、西门子 3 家外国企业。可见,目前国内智能产业的创新主体仍以我国本土企业及大专院校为主。其中,国家电网申请量位居第 1,且申请量保持较大优势,申请量为 2 671 件,占前 10 位申请人专利申请份额的 25.22%,这主要是因为国家电网作为国家知识产权示范企业,其自身的专利申请数量基数很大,且其在新能源、智能电网、输变电控制等风能产业相关领域处于优势地位,其研发实力大大领先于其他竞争企业。金风科技作为国内风能领域的领军企业,在风能产业中同样占有较大比重,申请量为 1 606 件,占前 10 位申请人专利申请份额的 15.16%。中国中车和明阳智能在前 10 位申请人中分别位居第 5、第 7,专利申请量分别为 853 件、638 件,占比分别达到 8.05%、6.02%。还有一位申请人为国内著名高校华北电力大学,这说明我国风能产业尚有不少技术处于研发探索阶段,具备进一步向产业转化的潜力。虽然从国内主要专利申请人情况可以看出目前国内智能产业的创新主体为我国本土企业及大专院校,但是也应当注意到,我国的风能产业起步较晚,市场化还不成熟,应当在西方发达国家进入中国市场之前尽快完成风能产业中重点领域的专利布局,防范风险。

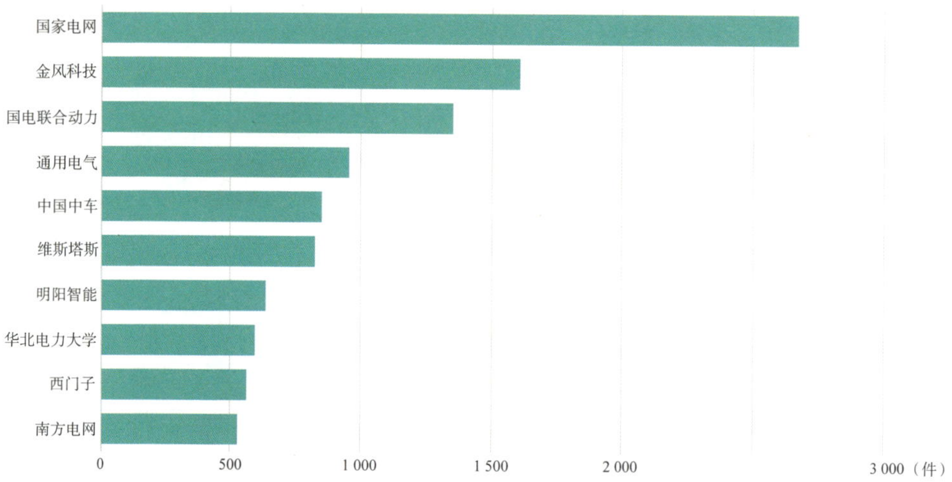

图 3-9 主要专利申请人的中国专利申请量

3.2.4 申请人类型分析

由图 3-10 可知，不同类型的申请人专利申请量的比重也具有较大的差异。在中国，风能产业专利申请人以企业为主，占 69.45%，大专院校及个人各占 17.71%、11.53%，科研单位占比 1.13%。产业内的专利申请人属性构成在一定程度上反映了技术或产业发展的成熟程度。企业申请专利比重较大，表明风能产业整体上发展得已经较为成熟，产业化程度较高，产业中大部分技术已经过了研究开发的探索阶段，企业已经处于创新主体的地位。与此同时，大专院校和个人申请也占据一定比重，这说明在风能产业中，行业涉及面广，其中部分技术领域还处于发展的初级阶段，相关产业技术还停留在科研阶段，具备进一步向产业转化的潜力。

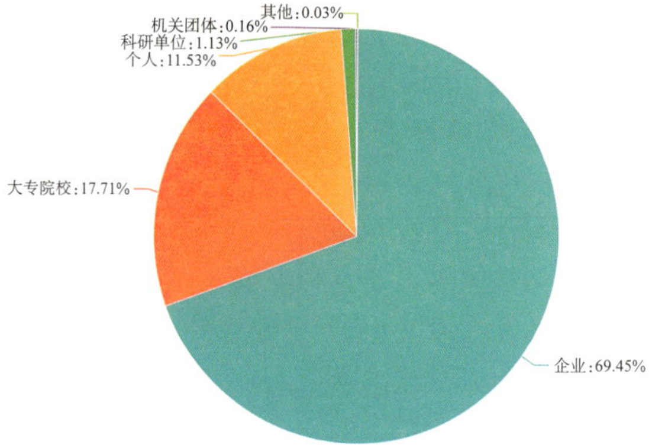

图 3-10 国内申请人类型分布①

① 因采用四舍五入法取值存在误差，所以各项占比总和不等于 100%。后续文字中类似问题不再专门解释。

3.2.5　技术主体分布分析

对风能产业的研究一直是国内专利研究技术的重点。由图 3-11 可以看出，全国对风能产业专利技术的研究主要集中在风力发动机（F03D）领域，占比 46.24%，其他相对集中的技术领域包括供电或配电的电路装置或系统（H02J）、电机（H02K）、交流电直流电转换及其控制或调节（H02M）、传动装置（F16H），占比分别为 16.54%、7.44%、7.08%、4.15%，其余技术领域比较分散，与风能产业相关的均有涉及。

图 3-11　全国技术主体分布

由图 3-12 可以看出，近年来风力发动机（F03D）、供电或配电的电路装置或系统（H02J）、电机（H02K）、交流电直流电转换及其控制或调节（H02M）、传动装置 F16H 等相关技术 2002—2020 年的专利申请量呈现上升趋势，尤其风力发动机（F03D）技术从 2006 年开始申请量增长趋势明显，到 2011 年申请量达到第一个高峰。到 2020 年，5 项技术的申请量均达到最高值，分别为 3 121 件、1 156 件、322 件、441 件以及 359 件。2021 年的申请量呈下降趋势，是由于图 3-12 中的数据未包括 2021 年已经申请但未公开的专利，所以 2021 年的申请量数据不具备实际参考价值。可见，全国对以上技术涉及的风能产业技术研究比较深入，且受到全国各行各业的关注。可以预知，在接下来的一段时间内，对风能产业的研究是全国的持续研究重点。

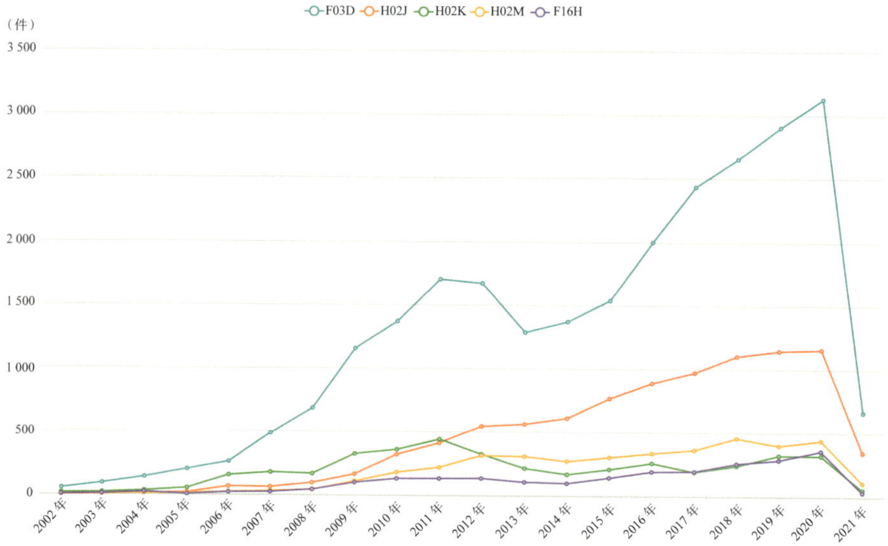

图 3-12　全国重点技术主体申请趋势

3.2.6　专利申请类型分析

由图 3-13 可以看出，国内风能产业领域专利申请类型主要集中在两类，即发明专利申请和实用新型专利申请。按照年份趋势来看，发明专利申请量所占比重整体高于实用新型专利申请量。2019 年，发明专利申请量占比为 57.41%，实用新型专利申请量占比为 41.77%。

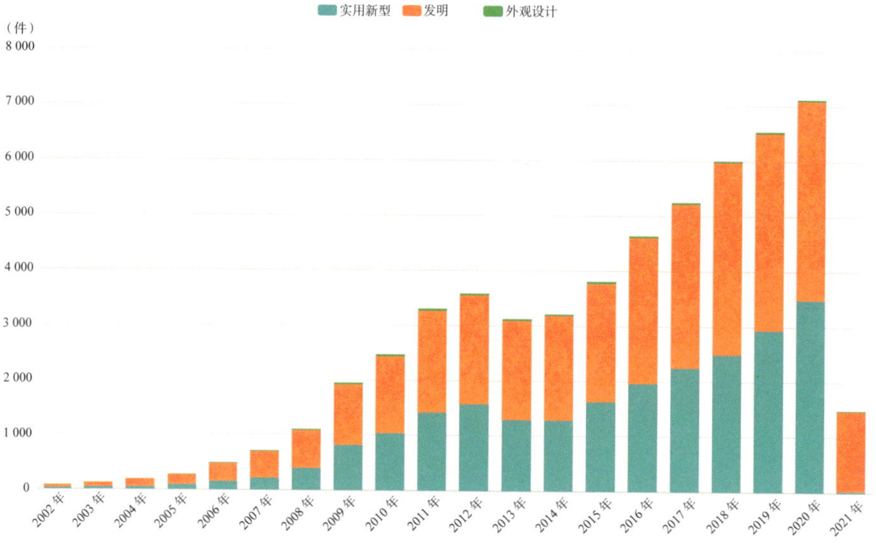

图 3-13　国内专利申请类型分布

3.2.7　专利申请法律状态分析

图 3-14 显示了国内专利申请的法律状态情况，我国风能产业领域的专利申请，授权 25 306 件，占比为 45.39%，未缴年费的占 18.11%，处于实质审查的占 16.54%，撤回的占 9.31%，驳回的占 5.52%。由此可见，风能产业领域中专利申请的授权比重较大，这说明在风能产业中创新性发明较多，同时也表明国内对风能产业的技术研究达到了一定水平。

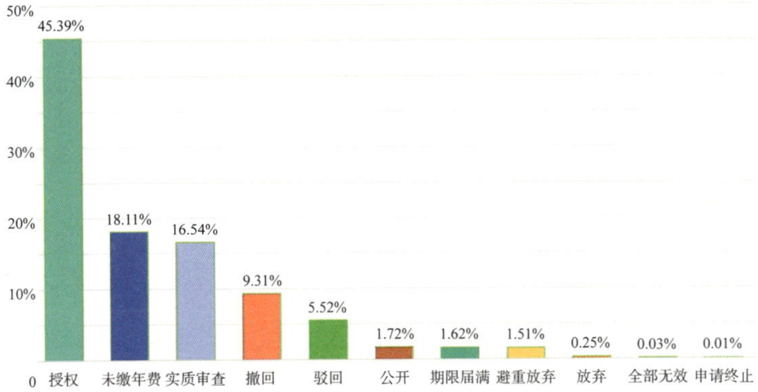

图 3-14　国内专利申请的法律状态

3.3　滨海新区专利整体分析

3.3.1　申请量变化趋势分析

由图 3-15 可以看出，滨海新区风能产业相关专利申请始于 2006 年，当年专利申请量为 26 件，申请人主要为天津市新源电气科技有限公司，专利领域主要涉及风电机及其励磁控制系统。从 2010 年开始专利申请量基本呈现快速增长趋势，至 2016 年达到第一个峰值，申请量达到 86 件，至 2018 年又呈现降低趋势，2018 年以后专利申请量又快速增长，至 2020 年达到最大值 136 件。2021 年由于专利申请公开滞后，部分专利申请量尚未统计，故数量值很低。

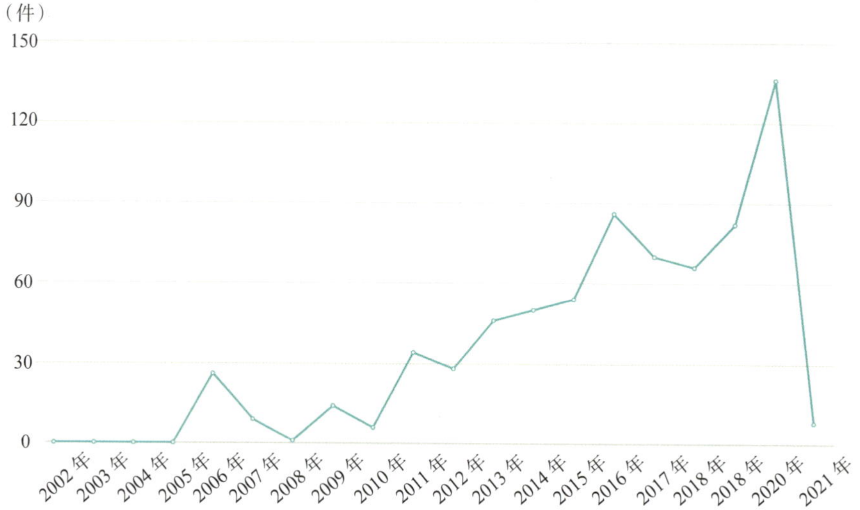

图 3-15　滨海新区专利申请量年度变化

3.3.2　重点申请人分析

如图 3-16 所示，通过分析近 20 年来滨海新区风能产业相关专利申请量可知，申请量排在前列的分别是天津瑞源电气有限公司（以下简称瑞源电气）、东方电气（天津）风电叶片工程有限公司（以下简称东方电气）、天津市新源电气科技有限公司（以下简称新源电气）、中科国风科技有限公司（以下简称中科国风）、中交集团、天津市义腾金属制品有限公司（以下简称义腾金属）、天津超算科技有限公司（以下简称超算科技）、天津津能风电有限公司（以下简称津能风电）、天津港及天津中天汇能科技有限公司（以下简称中天汇能）。

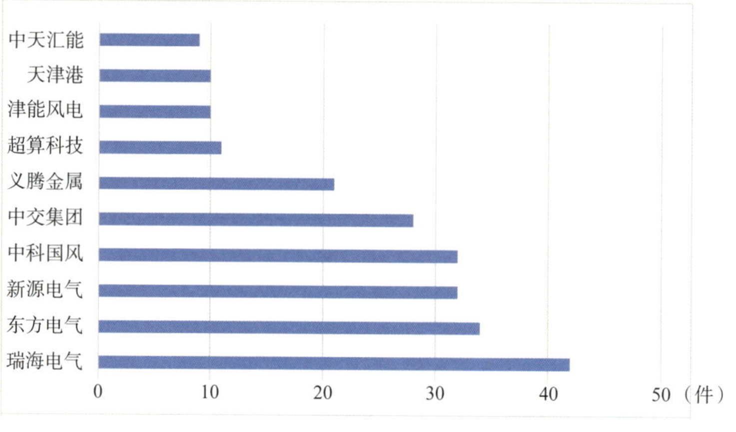

图 3-16　近 20 年滨海新区风能产业重点申请人专利申请量

如图 3-17 所示，申请总量靠前的申请人在各个年份的申请量也不相同，瑞源电气于 2013 年开始进行专利申请，此后保持缓慢增长趋势，至 2020 年专利申请量达到最大值。东方电气于 2010 年开始进行专利申请，2012 年申请量达到第一个峰值，此后有所下降，2019 年达到第二个峰值。新源电气专利申请布局最早，其专利申请始于 2006 年，当年专利申请量达到最大值，2007 年专利申请量降低，2007 年之后再未申请专利。中科国风于 2017 年开始进行专利申请，之后专利申请量与 2017 年近似。中交集团于 2016 年开始进行专利申请，之后专利申请量保持平稳，2020 年专利申请量达到最大值。

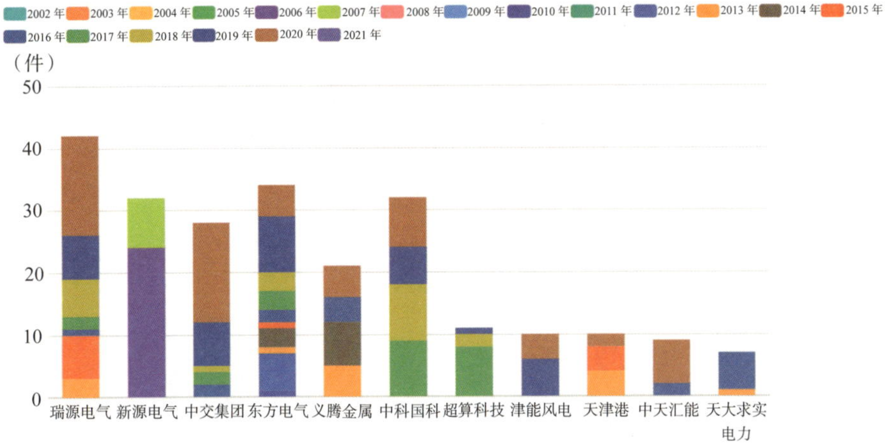

图 3-17　重点申请人专利申请情况

此外，如图 3-18 所示，各个申请人所聚焦的技术领域也不同：瑞源电气聚焦于风力发动机（F03D）领域；新源电气聚焦于风力发动机（F03D）、电机（H02K）及电动机发电机的控制或调节（H02P）；中交集团聚焦于基础（E02D）；东方电气聚焦于塑性状态材料的成型（B29C），还涉及特殊制品（B29L）；中科国风主要聚焦于风力发动机（F03D）。

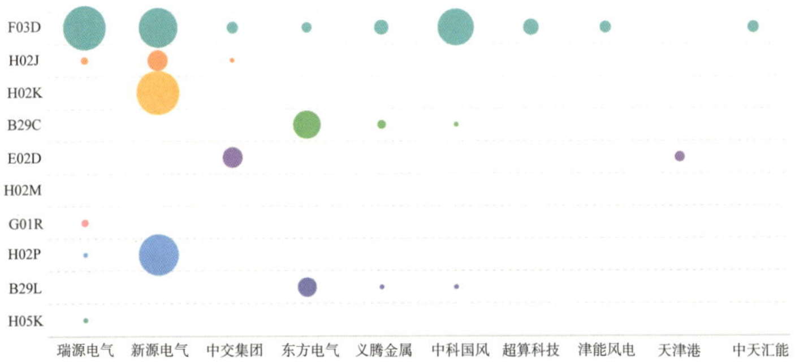

图 3-18　重点申请人的技术主体构成

3.3.3 申请人类型分析

如图 3-19 所示，申请人中企业类申请人最多，占比达 94.97%；其次为个人，占比达 3.21%；其余的为大专院校、科研单位、机关团体。

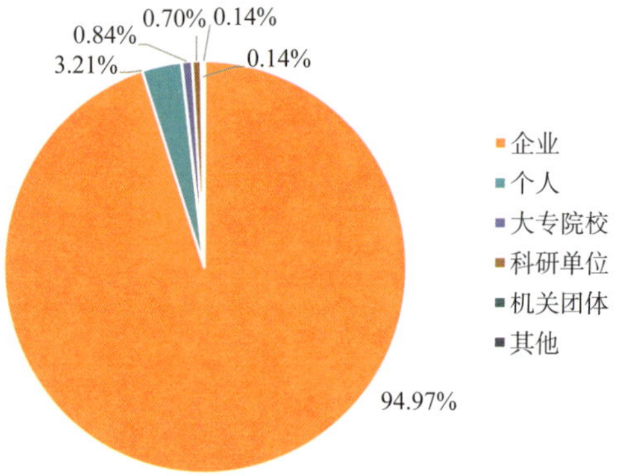

图 3-19 申请人类型

3.3.4 技术主体分布分析

如图 3-20 所示，在风能产业相关专利申请中，涉及的技术领域主要集中在风力发动机（F03D），占比为 44.07%。其余主要领域涉及供电或配电的电路装置或系统（H02J）、电机（H02K）、塑性状态材料的成型（B29C）、基础（E02D）及交流电直流电转换及其控制或调节（H02M）等。

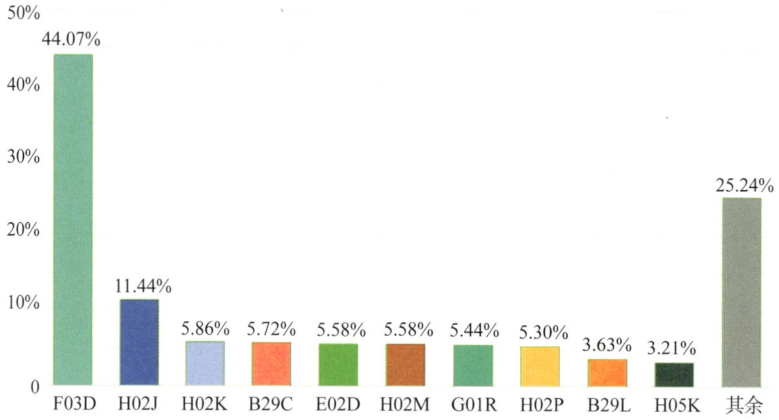

图 3-20 滨海新区技术主体分布

进一步分析风能产业相关专利技术主体，如图 3-21 所示，其主要聚焦于变频系统、变桨系统、机舱罩、海上风电、叶片延长节领域，这些均是风能产业应用较为广泛的技术。

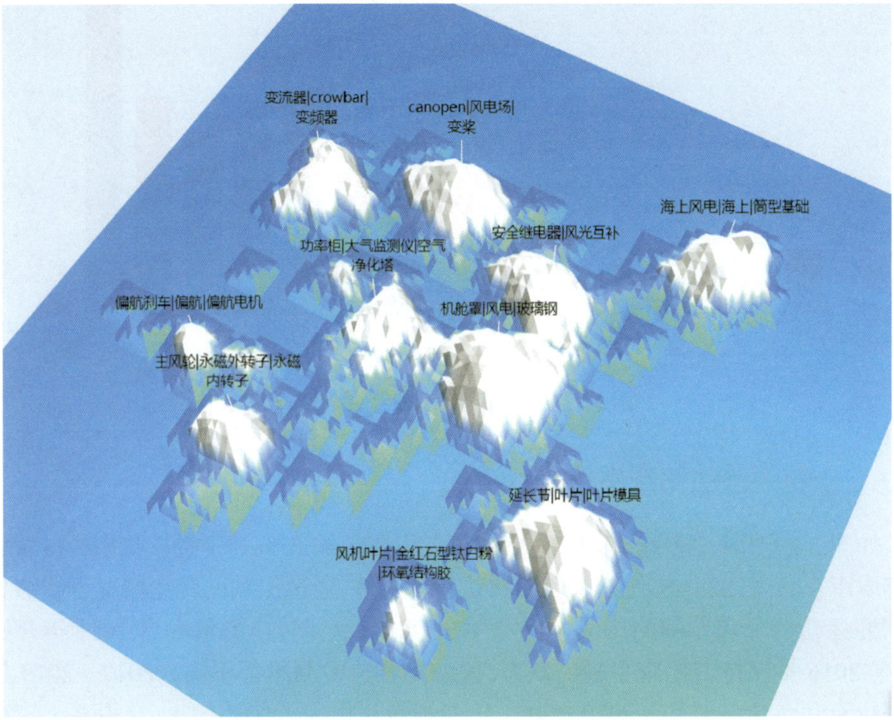

图 3-21　滨海新区技术主体聚焦程度

3.3.5　专利申请类型分析

如图 3-22 所示，通过分析近 15 年风能产业相关专利申请类型可知，申请类型主要为实用新型专利和发明专利，二者中实用新型占比约为 60%，发明占比约为 40%。实用新型专利申请量总体比重稍高于发明专利申请量，外观设计专利在个别年份偶有申请。

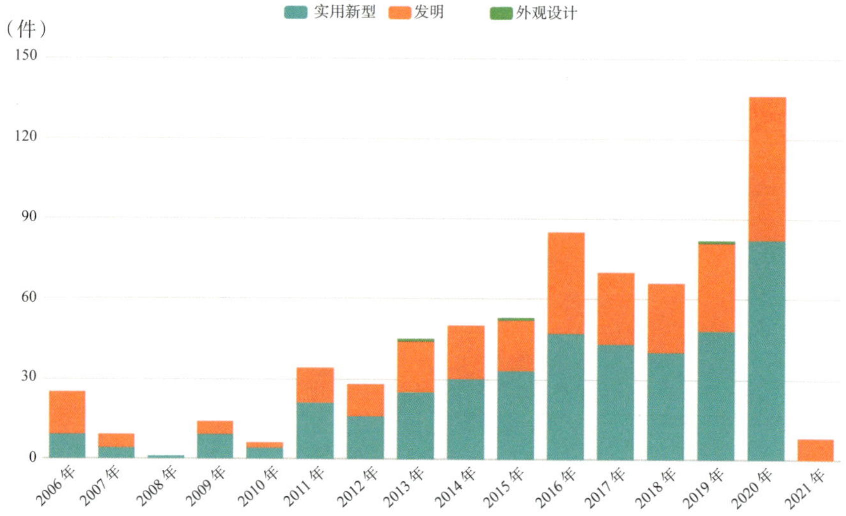

图 3-22　滨海新区专利申请类型分析

3.3.6　专利申请法律状态分析

如图 3-23 所示，风能产业相关专利申请目前有 44.77%处于授权状态，15.06%处于实质审查状态，22.04%处于未缴年费状态。此外，通过专利的转让情况也能够看出专利的运营情况和专利的价值。由图 3-24 可知，专利转让的情况自 2011 年开始出现，至 2016 年保持着比较平稳的状态，但是年转让专利量都不高，2017—2019 年未再进行专利转让。但是，2020—2021 年专利转让出现了快速增长，这得益于滨海新区专利运营服务体系建设，专利运营情况开始活跃，2021 年上半年专利转让数量达到近年最大值。

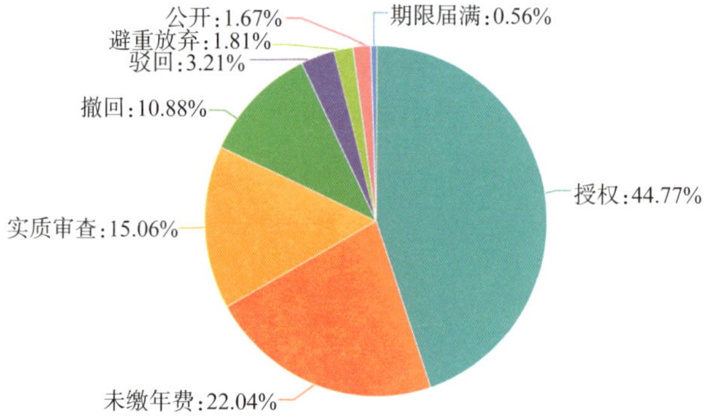

图 3-23　滨海新区专利申请当前法律状态

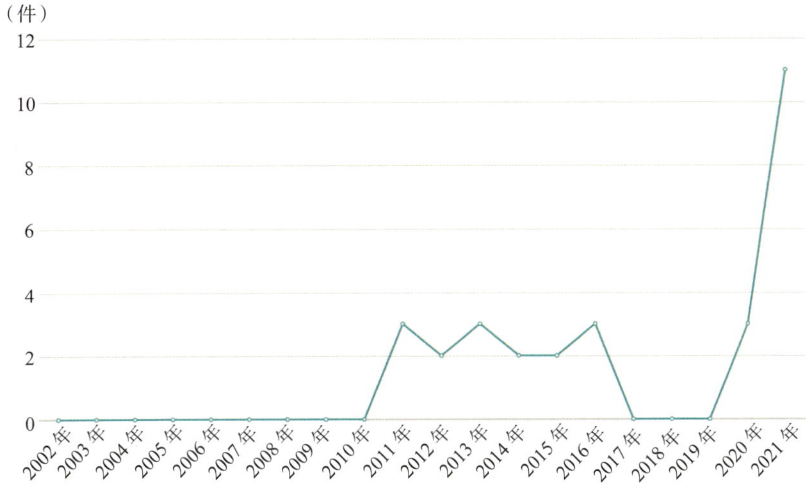

图 3-24　滨海新区专利转让趋势

3.4　本章小结

关于风能产业，全球、全国、天津市及滨海新区的专利态势特点总结如下。

①全球风能产业专利申请趋势与全国专利申请趋势基本一致，专利申请量均从 2006 年左右开始快速增长，在 2012 年达到第一个峰值，经过短暂下降后，在 2014 年又进入第二个高速增长期，并且根据目前的增长态势预计将来技术仍有较大发展空间。滨海新区专利申请量与全国专利申请量有所差别，其从 2006 年开始基本处于曲折增长状态，到 2020 年专利申请量达到最大，但在全国专利申请量第一个增长期中，滨海新区专利申请量未出现明显增长，在全国第二个增长期中，滨海新区基本与全国趋势一致，也进入了增长期，这说明 2012 年滨海新区风能产业相关企业开始重视专利布局申请，企业的引进发展带动专利申请量的提升。

②风能产业发展近 20 年里，中国、美国、日本、德国、韩国专利申请量最多，中国的风能产业快速发展期基本与全球主要国家一致，全球前 15 位主要申请人中中国申请人有 5 位，申请人数量位居全球第 1，但在专利申请量总和上，中国排名全球第 3，不如德国和丹麦。

③天津的专利申请量在全国省市中排在第 7 位，申请量占全国总申请量的 5.32%。全国重点申请人排名前 10 位中有 3 位为外国申请人，其余申请人中有 2 位为高校申请人，说明风能产业尚有部分技术处于研发探索阶段，具备进一步向产业转化的潜力。滨海新区作为天津制造业的重点发展地区，该区域企业的知识产权意识

需要进一步提升,企业对风能产业的研究需要引进人才,比如通过知识产权宣讲、高校与企业知识产权联动、与相关产业研究院进行项目合作等方式带动滨海新区风能产业发展。

④在全球风能产业专利申请中,涉及的技术领域主要集中在风力发动机、供电或配电的电路装置或系统、交流电直流电转换及其控制或调节、电机、电动机发电机的控制或调节等技术及应用。各国对风能产业相关技术有不同程度的侧重。中国风能产业的研究重点涉及风力发动机、供电或配电的电路装置或系统、电机、交流电直流电转换及其控制或调节,其技术涉及范围与全球主要国家相差不大,但各技术占比与其他国家不尽相同。在占比最大的风力发动机领域,中国专利占比不及其他国家,这表明中国在风力发动机领域仍有发展空间,需要加大投入研发。

⑤滨海新区的技术领域主要集中在风力发动机、供电或配电的电路装置或系统、电机、塑性状态材料的成型、基础及交流电直流电转换及其控制或调节,专利布局领域与全国较为一致,但专利申请量不足。对此,本土企业需要持续加大研发投入,加快专利布局,另外需要引进风能产业相关企业,同时加大对企业相关人员的培训。

⑥滨海新区中瑞源电气、东方电气、中交集团是风能产业中发展较为迅速的企业,在风力发动机、风电主控系统、电机、基础、叶片制造等领域的技术都比较突出。滨海新区的相关企业可以与其合作加强风能产业技术的研究和投入,一方面扩大滨海新区风能产业相关技术的研究范围,另一方面提升滨海新区已有技术研究的深度。

Chapter 4

第 4 章 专利对产业发展的影响力和控制力

专利是产业发展态势的重要指标，以专利数据为核心，深度融合产业、科技、政策等多类数据资源的专利导航研究，是梳理区域产业发展脉络、解析产业结构、研判发展定位、明晰未来发展路径的重要方法。产业专利导航研究的第一阶段是基于各类数据资源，寻找产业发展和专利数据之间的关系，揭示专利控制力在产业发展历程中的重要意义，寻找具有专利控制力的创新主体和市场主体，为下一步分析产业发展方向奠定基础。基于对风能产业发展情况和产业整体专利态势的分析，本章选取风能产业中九个重点技术分支，如表 4-1 所示，包括叶片、变桨系统、偏航系统、传动系统、支撑系统、风力发电机、变流系统、风电主控系统、海上风电技术，从技术迭代、政策演进、产业链结构、地域分布四个维度探究专利布局与产业发展的关系，揭示专利在产业中的影响力和控制力，从技术、产品、市场等角度论证专利控制力已成为提升风能产业竞争力的关键因素。

表 4-1　风能产业各技术分支及其定义

技术分支	定义
叶片	风电机组接收风能的最主要部件，是风电机组中最基础和最关键的部件
变桨系统	风电机组控制系统的核心部分之一。变桨控制技术是通过调节桨叶的节距角，改变气流对桨叶的攻角，进而控制风轮捕获的气动转矩和气动功率[20]
偏航系统	又称对风装置，其作用在于当风向变化时，使风轮快速平稳地对准风向，以使风轮获得最大的风能[21]
传动系统	传动系统的重要部件包括齿轮箱、主轴轴承等。齿轮箱主要指将风轮在风力作用下产生的动能传递给发电机并使其达到相应转速的传动装置，齿轮箱也被称为增速箱，总体结构一般由箱体、传动机构、支撑结构、润滑系统和其他附件组成[22]。主轴轴承是连接风轮和齿轮箱的传动轴，主轴轴承属于传动系统部件之一，位于风力机主轴上，是吸收风力作用载荷和传递载荷的主要部件，也是风力发电设备中较薄弱的环节[23]
支撑系统	支撑系统涉及机舱、塔筒、连接构件、基础等。机舱主要指保护传动系统、发电机以及控制装置等部件的装置，机舱通常由重量轻、强度高、耐腐蚀的玻璃钢制作，以防止雨、潮气、雾、风沙等外界环境的侵蚀[24]。机舱上一般还装有散热器、加热器。塔筒是机舱和风轮的支撑结构，用于承受机组的重量、风载荷及各种动载荷，并将这些载荷传递到基础，是保证整个机组稳定运行的重要组成部分[25]。塔筒主要有钢筋混凝土结构、桁架结构和钢筒结构

续表

技术分支	定义
风力发电机	由风力驱动并将风力机输出的机械能转换成电能的机械设备，主要分为异步发电机、同步发电机和双馈发电机。异步发电机有笼型异步发电机、绕线转子异步发电机。同步发电机有电励磁同步发电机、永磁同步发电机和复合励磁同步发电机。双馈发电机同时具有异步发电机和同步发电机的特征
变流系统	稳定风力发电机输出电压和频率的设备，根据变流器接入风力发电系统方式的不同，变流系统可分为全功率变流系统和部分功率变流系统
风电主控系统	风电主控系统承担着风机监控、自动调节、实现最大风能捕获以及保证良好的电网兼容性等重要任务，主要由监控系统、主控系统和变频系统组成[26]
海上风电技术	主要包括海上风电设备安装运输技术、海上风电机组基础结构设计和施工技术、海上输电技术

4.1 基于技术迭代视角的产业发展与专利布局互动关系

市场需求和政策激励是推动风能产业技术发展的主要驱动力，而风能专利的布局则与技术发展如影随形，动态反映了产业技术的发展历程和演变趋势。图 4-1、图 4-2 分别展示了全球风能领域专利申请态势和风电新增装机容量变化情况。可以看到，全球风能产业技术发展基本经历了萌芽示范期、快速发展期、调整期和成熟期四个阶段，全球专利申请量和申请人数量的变化趋势也与技术发展的四个阶段的特征基本吻合，从专利布局的角度也能印证全球风能技术发展历程。

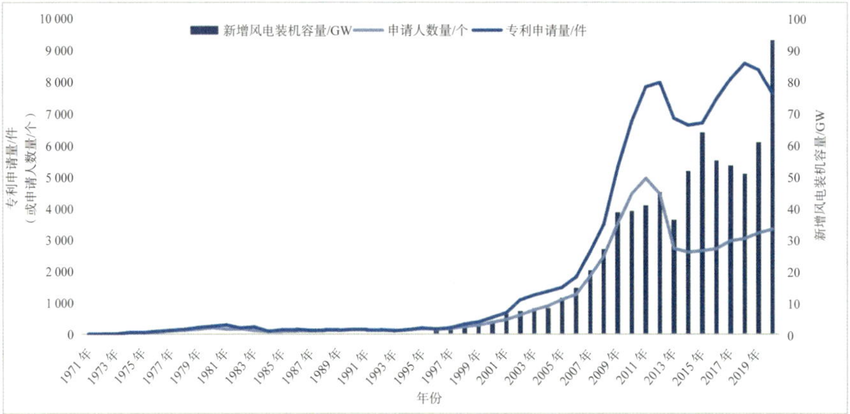

图 4-1 全球风能领域专利申请态势

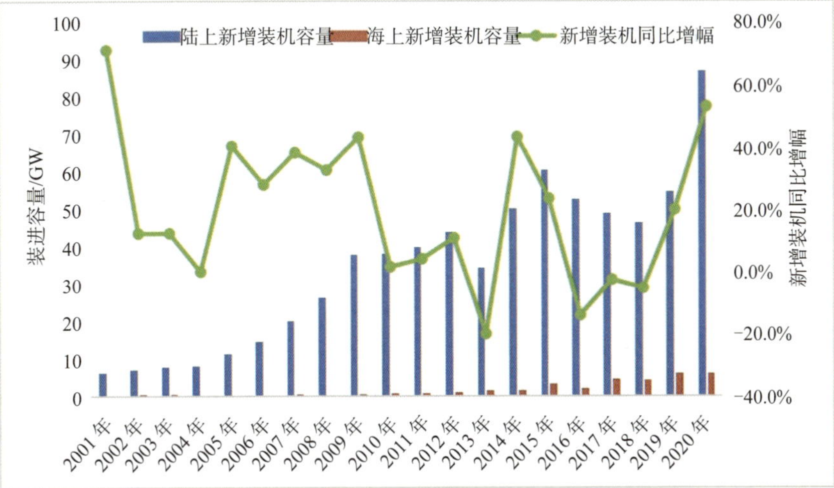

图 4-2　2001—2020 年全球风电新增装机容量变化情况

萌芽示范期的技术发展与专利布局（1970—1989 年）。这一时期处于技术导入阶段，尤其是 20 世纪 70 年代初期，技术尚处于萌芽示范期，专利年申请量不足 100 件，多以原理性的基础专利为主，当时风力发电技术只应用于一些小型充电设备。1973 年石油危机爆发之后，全球专利申请量和申请人数量出现小幅增长，年专利申请量基本维持在 100~400 件，但整体而言仍处于较低数量水平。这一阶段产业技术发展主要得益于航空航天技术和树脂纤维增强技术，前者推动了风电叶片气动翼型设计，后者使得叶片长度、强度大幅提升，此时专利布局的焦点集中在叶片翼型设计，变桨、偏航、变频控制，以及树脂纤维增强材料的叶片制造工艺。例如，1976 年联合技术相继提交关于叶片桨距角控制、风力涡轮机多模态控制的专利申请；1985 年维斯塔斯生产出首台变桨距风机；1994 年维斯塔斯研发出 600 kW 风机；1995 年通用电气开始布局专利。20 世纪 90 年代后期风力发电功率从 200 kW 增加至 700 kW，叶片长度从 12 m 增加至 22 m，但整体而言风电相关技术研发和产业化运用仍面临诸多瓶颈，风力发电机组尚未进入规模化商业应用阶段。

快速发展期的技术发展与专利布局（1990—2009 年）。20 世纪 90 年代，计算机技术快速发展，CAD（计算机辅助设计）、CAE（计算机辅助工程）、CFD（计算流体力学）技术应用于风电机组数值仿真设计，快速推动了风电叶片翼型设计、尾流研究，并使风电场内微观选址、发电量评估更加精准，大幅提升了风电机组的发电效率，风力发电技术进入商业化应用阶段。2000 年以后，全球产业技术创新进入活跃期，专利申请量和申请人数量呈现快速增长态势。2002 年沃本公司成功安装首台 4.5 MW 风力发电样机；2003 年维斯塔斯提交 98 件专利申请，涉及风电并网、叶片防雷、塔筒建造、叶片预制成型等多个领域；2004 年通用电气申请低电压穿越技术专利；同年，西门子研发出无齿轮同步发电机。风电机组技术呈现出从定速到变速、定桨到变桨、百千瓦到兆瓦级、有齿轮到无齿轮的变化趋势，此时专利布局主要围绕大尺寸叶片结构材料改进、制造工艺优化，风电控制系统和并网技术，以及轴承、发电机、齿轮等配套设备研制。在政策和技术创新的双重激励下，风能产业迎来快速发展阶段，全球风能市场快速扩大，介入企业数量激增，技术创新活动密集，风力发电技术进入商业化应用阶段，兆瓦级风力发电机组成为主流产品，全球风电装机容量和风力发电总量逐年快速增长，新增装机容量年均增长率维持在 20%左右。

调整期（2010—2015 年）。2010—2015 年，全球专利申请量、申请人数量及新增装机容量均出现小幅回落，但整体维持在较高水平。一方面是因为风电开发成本下降空间有限，另一方面是由于部分国家、地区出现风电消纳矛盾，为推动风电有序发展，开始调整新能源政策，对风电发展总量进行控制，风能产业进入短暂调整阶段。在政策收缩背景下，创新主体对风电技术的研发投入也有所减少，专利布局活动也相对减少，全球风能市场逐步转向低风速和海上风场的风能开发，创新主体主要围绕低风速地区大型叶片设计、制造与运维，风电机组传动技术，风电机组并网控制技术开展专利布局。但总体来说，这一阶段全球专利申请量、申请人数量以及风电新增装机容量仍处于高位。

成熟期（2016 年至今），全球专利申请量、申请人数量增长速度放缓，但总量维持在较高水平，年均专利申请量在 8 000 余件，年均申请人数量在 3 000 余位，市场主要创新主体数量和技术研发活动趋于稳定，随着陆上风电建设进入平台期，海上风电装机快速增长，全球风能产业链发展逐步成熟，风电机组进入规模化商业运用阶段，西门子歌美飒、维斯塔斯和通用电气均推出了 10 MW 级以上的海上机组和 6 MW 级以上的陆上机组。随着产业技术发展日趋成熟，为降低度电成本、提高机组运行寿命、改善风电波动性，研制大型化、智能化、电网友好型的风电机组成为趋势，以碳纤维、热塑性材料、新型高分子聚合物为代表的新材料技术，以图像识别、数字孪生为代表的智能化技术，以氢能源为代表的新能源技术，成为风电技术变革的主要推动力。主要创新主体开始围绕海上风电技术，叶片大型化轻量化设计，风电机组智能监控、运维、故障诊断和预警，以及风电储能应用开展专利布局，通用电气、维斯塔斯等风电巨头在碳纤维、海上浮式风机领域布局了大量核心专利。

4.2 基于政策演变视角的产业发展与专利布局互动关系

从全球范围看，风能产业仍属于政策驱动型产业。图 4-3 展示了不同时期全球主要国家出台的风能产业相关政策，结合图 4-4、图 4-5 和图 4-6 多个国家在风能领域的专利申请趋势，可以发现，这些国家的专利布局活动与政策的实施推动紧密相关，各国风能领域专利申请变化趋势在一定程度上能够反映政策的支持力度，专利布局一方面支撑产业发展，另一方面也反映政策演进的趋势。具体从两个角度进行分析。

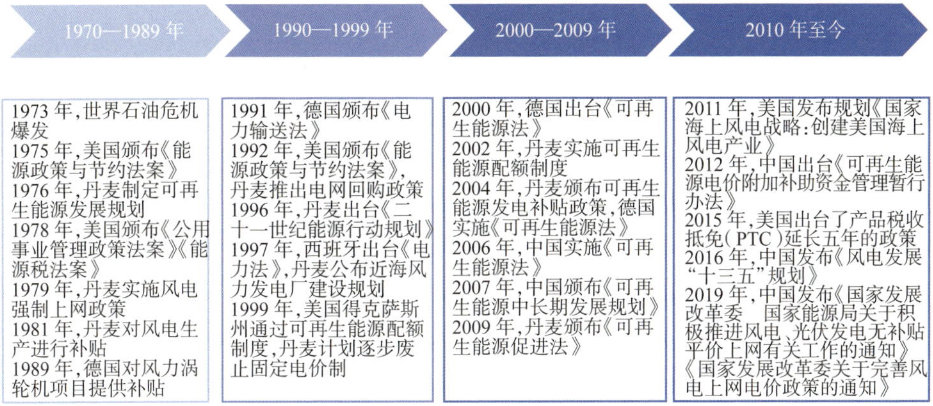

图 4-3　不同时期主要国家出台的重要风能产业政策

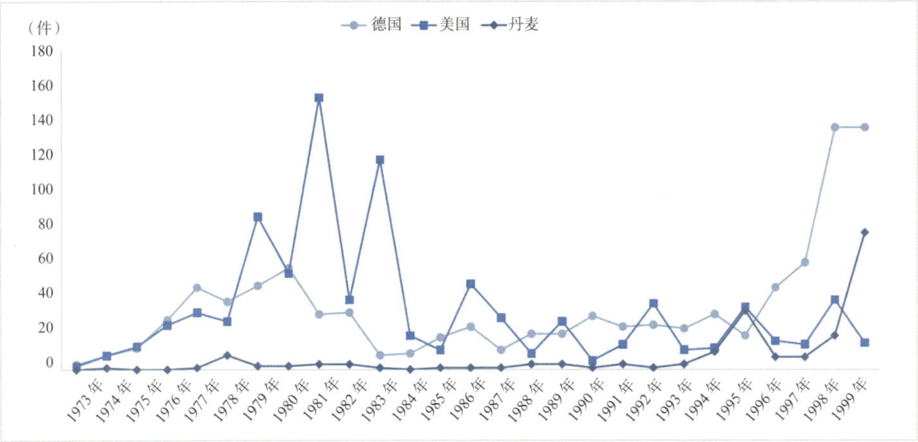

图 4-4　1973—1999 年德国、美国、丹麦专利申请趋势

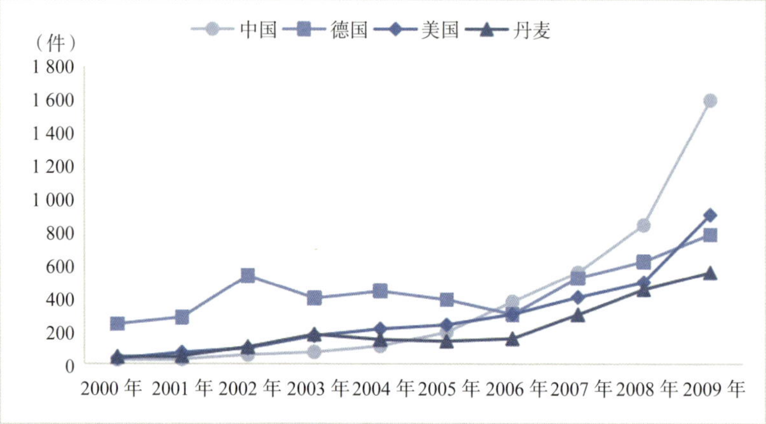

图 4-5　2000—2009 年德国、美国、丹麦、中国专利申请趋势

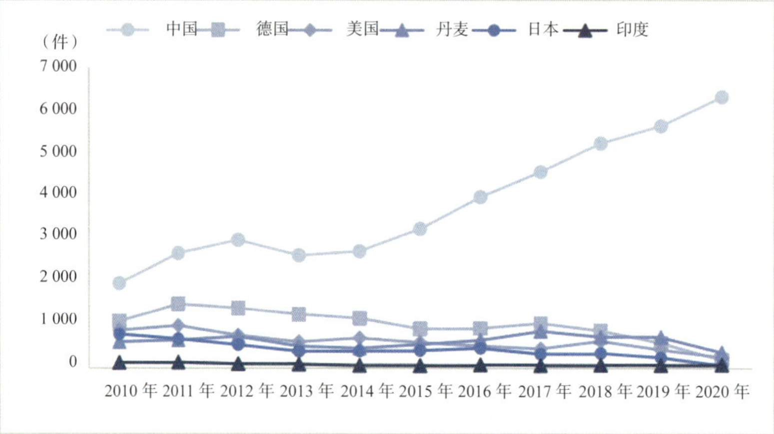

图 4-6　2010—2020 年德国、美国、丹麦、中国、日本、印度专利申请趋势

一是从各国政策演进历程看，基于产业发展的不同阶段，各国风能产业政策基本经历了探索起步、全面推进、优化调整三个阶段，相应地也影响了创新主体的专利布局活动。在产业发展萌芽示范期，政策制定处于探索起步阶段，政府侧重于资助技术研发和推广示范，专利申请活动逐渐活跃，但由于介入市场的主体不多，所以专利申请人和专利申请量不多；在产业快速发展期，主要政策目标是推动风能产业化开发并解决风电市场问题，专利申请人和专利申请量均出现大幅增长；在产业的平稳发展期，政策制定进入优化调整阶段，政府侧重于提升产业发展质量和放大溢出效应，市场主体专利申请活动趋于平稳。

二是从全球产业发展时间历程看，各国专利活动受产业政策影响较大，不同时期主要专利申请人来源国是对风能产业政策激励力度较大的国家，具体从三个阶段分析全球各国专利布局活动与政策的互动关系。

（1）产业萌芽示范期的政策实施与专利布局（1973—1999 年）

1973 年石油危机爆发之后，欧美等发达国家为优化能源结构开始密集出台政策，推动大型商用风力发电机组的研制。美国相继颁布《能源政策与节约法案》《公共事业管理政策法案》，德国、西班牙分别颁布《电力输送法》和《电力法》，丹麦制定了可再生能源发展规划[27-28]。受政策激励，上述国家创新主体围绕风电机组的研发活动日趋活跃，相关专利申请逐步增多。从申请趋势看，早期美国对风能产业政策支持力度较大，其产业发展领先全球，美国的专利申请量也远超丹麦和德国。20 世纪 80 年代中后期，美国的风能产业政策出现波动，德国和丹麦通过率先实施电网回购政策以及持续稳定的补贴优惠政策后来居上，两国的专利申请量大幅上升并超过美国，尤其是德国在 20 世纪 90 年代后期快速崛起，成为全球风能产业领军国家，其风能技术专利申请量也位居全球首位。

（2）产业快速发展期的政策实施与专利布局（2000—2009 年）

这一时期，欧美风能产业领军国家加大了对风机产业化的政策支持力度，同时中国、印度等国也开始探索制定政策支持风能产业发展，全球风能产业迎来快速发展期，风能领域的专利申请量和专利申请人数量增长态势强劲，年均复合增长率超过 30%。此时，一方面德国、美国、丹麦持续深化激励政策，例如丹麦废除了固定电价制度并实施可再生能源配额制度，德国实施了生态税改革，美国出台了风机制造税收抵免政策[29-30]，凭借持续、健全、完善的产业政策，三国的产业发展保持着全球领先地位，尤其是在 2005 年前，三国的专利申请总量占全球风能领域专利申请总量的 54.7%；另一方面，中国、印度等国家开始效仿欧美，探索制定公共政策支持风能产业发展，2006 年中国实施《可再生能源法》，极大推动了中国风能产业发展，中国专利申请量自此跃居全球第一，中国也逐步成为全球最大的风能市场[31-32]。

（3）产业平稳发展期的政策实施与专利布局（2010 年至今）

全球风能产业在经历了近十年的快速增长后，发展速度逐步放缓，且随着各国风电装机规模不断扩大，原有的补贴政策逐渐难以为继，同时受国际金融危机和产业调整影响，部分国家和地区政策出现波动，开始削减或调整对可再生能源的补贴，多国开始采用上网电价竞标方式对风电进行补贴，推动风电参与电力市场竞争。政策预期不明朗的情况下，创新主体的研发强度也有所下降，中国、美国等国的专利申请量都出现减少的趋势。但经过短暂调整，各国对风能产业的支持政策持续向好，尤其是加大了对海上风电开发的支持力度，全球风能市场逐步复苏，市场主体创新活动日益活跃，全球风能领域专利申请量开始回升。

4.3 基于产业链结构视角的产业发展与专利布局互动关系

产业各细分技术领域专利布局情况和与产业结构紧密相关。风能产业属于技术主导型产业，是以风电这一最终产品的生产形式为中心，以风力发电机整机设备及其零部件制造为基础的产业链。产业链中附加值高、回报率高的环节，会吸引较多企业进入，是市场主体竞争最激烈的环节，而围绕关键核心技术和产品开展专利布局，则是主要竞争方式。因此，产业各技术分支专利布局情况，一定程度上可反映产业链结构分布和市场主体的重点关注领域。

图 4-7 展示了全球和中国风能产业各技术分支专利申请量的占比情况。从全球看，风电主控系统（30.6%）和叶片（22.3%）占比最高，其次为支撑系统（13.0%）、变流系统（8.7%）、风力发电机（7.1%）和传动系统（6.9%），海上风电（4.9%）、变桨系统（4.3%）和偏航系统（2.2%）占比较小。从产业发展实际出发，风电主控系统和叶片作为风机的核心组成部分，赢利模式清晰，是目前发展较快的热点领域，创新主体的专利布局力度大，专利密集程度高，技术迭代快，产业发展比较成熟；变桨系统、偏航系统占风机的成本较低，参与竞争的市场主体数量较少，专利密集程度较低；海上风电技术仍处于起步阶段，产业发展尚不成熟，相关专利申请量目前处于低位。

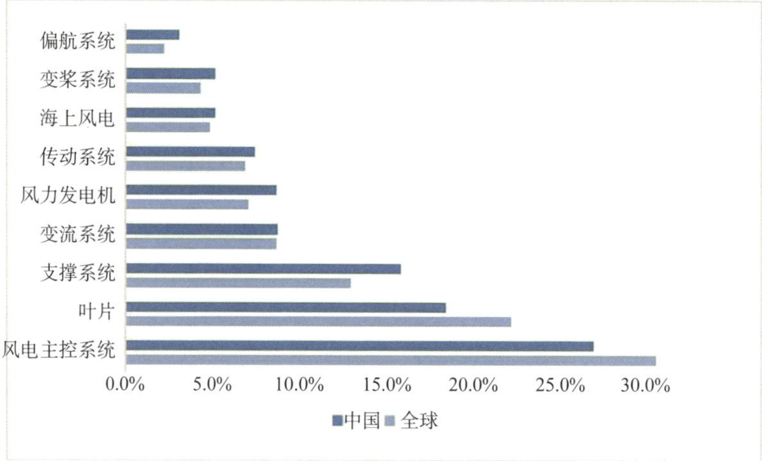

图 4-7　全球及中国风能产业各技术分支专利申请量占比情况

我国风能产业各技术分支专利布局情况与全球情况类似，风电主控系统（27.0%）和叶片（18.5%）占比最高，但略低于全球水平，其他各技术分支按比重大小排序依次为：支撑系统（15.9%）、变流系统（8.8%）、风力发电机（8.7%）、传动系统（7.5%）、变桨系统（5.2%）、海上风电（5.2%）、偏航系统（3.1%），均略高于全球水平。六大区域（华东、华北、中南、西南、西北、东北）的专利布局情况亦如此（如表 4-2 所示），叶片、风电主控系统领域专利密集程度最高，偏航系统、变桨系统领域专利布局较少。

表 4-2　我国六大区域风能产业各技术分支专利申请情况

地区	偏航系统	变桨系统	风电主控系统	变流系统	风力发电机	叶片	海上风电	支撑系统	传动系统
华东	2.60%	4.80%	24.00%	8.70%	9.10%	18.70%	6.20%	16.90%	9.00%
华北	3.20%	6.20%	31.30%	7.90%	5.80%	19.00%	4.70%	16.50%	5.40%
中南	3.50%	4.20%	24.80%	11.60%	8.80%	18.60%	6.20%	15.80%	6.40%
西南	3.80%	6.90%	32.30%	6.50%	7.20%	14.00%	2.10%	16.20%	11.00%
西北	4.00%	5.00%	30.00%	8.20%	6.40%	19.20%	3.10%	18.30%	5.80%
东北	3.90%	6.00%	27.60%	7.50%	8.50%	18.30%	4.10%	13.70%	10.50%

申请人聚集情况从某种程度上可反映市场集中度情况，因此，进一步分析风能产业各重点技术分支申请人聚集情况。风能产业各重点技术分支全球及我国申请人集中度如图 4-8 所示。

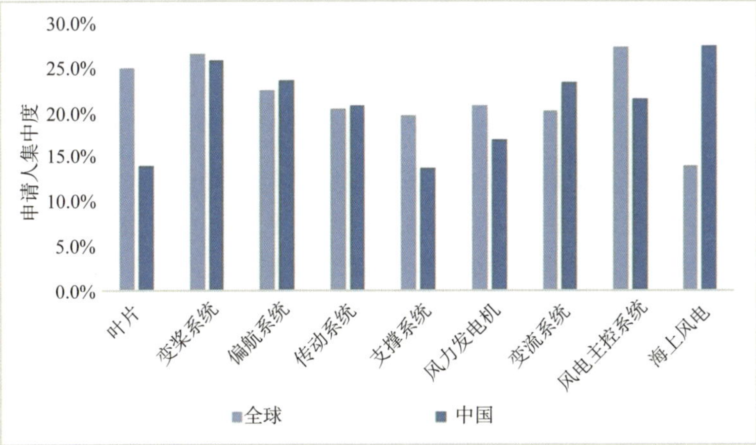

图 4-8　全球及我国风能产业各重点技术分支申请人集中度

全球风能产业各重点技术分支的申请人集中度基本为 20%~30%，集中度最高的是风电主控系统（27.4%）。各技术分支申请人集中度不高，表明在风能产业各细分领域，市场竞争比较激烈，有大量企业申请专利，产业尚未形成明显垄断效应，且申请人集中度较低有利于新进入企业开展专利布局、抢占市场。对各技术分支进行比较，叶片、风电主控系统和支撑系统领域专利申请量占比高，专利申请人集中度也较高，是行业龙头企业进行技术产品研发和市场布局的重点。这与产业发展实际也相吻合，叶片、支撑系统约占整个风电机组总成本的 50%，风电主控系统则对大型风电机组运行的稳定性、安全性至关重要。虽然变桨系统、偏航系统、传动系统、变流系统领域相关专利申请量较少，但申请人集中度也较高，均在 20%以上，说明在部分较为小众技术分支领域，行业集聚度也较高，技术准入门槛高。我国在变桨系统、偏航系统、传动系统等技术分支领域，申请人集中度情况与全球类似，但在部分技术分支上存在差异。以叶片为例，我国叶片领域申请人集中度为 14%，低于全球的 25%，风电主控系统和支撑系统的申请人集中度也明显低于全球水平，但海上风电、变流系统领域申请人集中度高于全球水平。

从整体看，专利数据与全球和我国风能产业链结构及趋势十分吻合。我国风能产业链已基本成熟，形成了包括叶片、塔筒、风电主控系统、发电机、齿轮箱等在内的零部件产业体系，主要核心部件已基本实现国产化和产业化，尤其是风电主控系统、叶片的技术迭代速度最快，创新主体的专利布局力度大，这与当下全球产业发展趋势也相符合。

4.4 基于地域分布视角的产业发展与专利布局互动关系

4.4.1 全球风能产业地域分布与专利布局的关联度

全球风能产业专利地域的分布情况既能反映全球风能目标市场分布状况，也能反映风能领域各国及地区的技术创新实力。从近 20 年全球五大区域风能领域相关专利数据（图 4-9）看，风能领域中国专利申请量占比达到 66.4%，其次为美国（12.1%）、欧洲（10.0%），日本和韩国紧随其后。从专利申请人国别看，如图 4-10 所示，中国、德国、美国、丹麦、日本为风能领域主要专利申请人来源国，近 20 年，中国申请人专利申请量占五国总量的 51.0%，德国和美国分别占 16.8%和 10.7%。

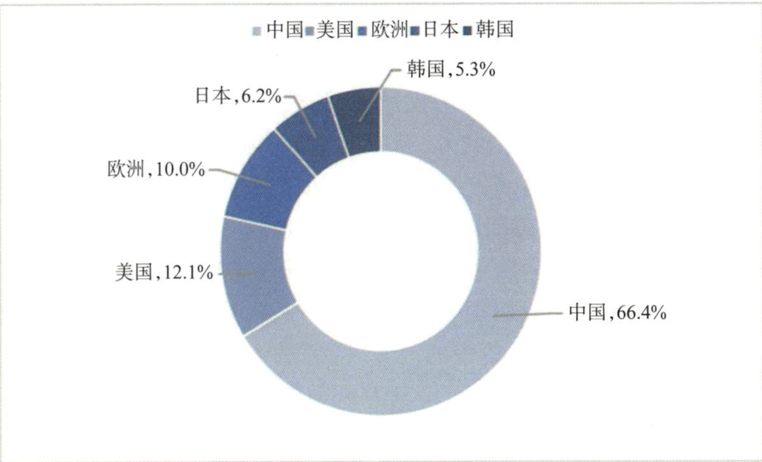

图4-9　近20年全球风能产业专利申请地域分布

图4-10　主要国家风能产业专利申请趋势

总体来看,专利数据与全球风能产业的市场分布和竞争格局相匹配,中国、美国、欧洲是全球风能产业专利布局的主要目标市场,其风能市场份额也位居全球前列。2021年,中国、美国风电新增装机容量分别占全球总量的50.91%和14%。中国、美国、德国、丹麦作为全球领先的风能产业大国,建立了完整的风能产业体系,尤其在风电设备研发制造领域拥有雄厚的技术实力。

4.4.2　我国风能产业地域分布与专利布局的关联度

我国风能产业呈区域集群化发展趋势,按风电装机区域分布可分为华北、西北、华东、东北、西南、中南六大区域,其中华北、西北、华东地区风电装机容量位居前列,2021年这三区域的风电装机容量占全国风电装机总量的比重分别为26.9%、22.8%

和 19.6%。从重点企业分布看，产业链龙头企业主要集中在北京、上海、浙江、广东、江苏等省市，其中北京有华锐风电、国电联合动力、三一重能、中国中车（中车风电），上海有上海电气、远景能源，浙江有华仪风能、运达风电，广东有明阳智能，江苏有天顺风电、中复联众、国电南瑞等。此外，新疆的金风科技、四川的东方电气、湖南的湘电股份、宁夏的宁夏银星、山西的太原重工也是风电头部企业。

专利数据与产业区域分布情况基本吻合。如图 4-11 所示，华东、华北地区专利申请总量位居前列，上述区域中的江苏、北京、广东等省市的专利申请量领先全国其他省份。华东、华北地区既是我国风能资源利用率高、风能产业发展较好的地带，也是产业链中龙头企业、科研院所集中的区域，特别是华东地区，优越的风能资源条件、密集的创新资源和成熟的产业链条，使其专利数量远超其他区域。如图 4-12 所示，从六大区域的专利申请变化趋势看，“十五”时期各区域产业发展速度接近。2006 年是个重要分水岭，自《可再生能源法》实施，分区域电价、费用分摊、优先并网等政策措施出台，华东地区风能产业率先迎来高速增长，2008 年全国单体规模最大的风电项目江苏如东风电项目一期建成投产，2010 年上海东海大桥 10 万 kW 海上风电示范项目完成验收。这一时期，华东区域专利申请量年均增长率达到 168%，与其他区域的发展差距骤然拉大。近几年，华东地区专利申请量始终稳居第一，华北、中南地区属于第二梯队，西北、东北、西南地区属于第三梯队。专利数据表明，专利与区域产业竞争格局存在较强关联度，即专利在产业中具有一定控制力。

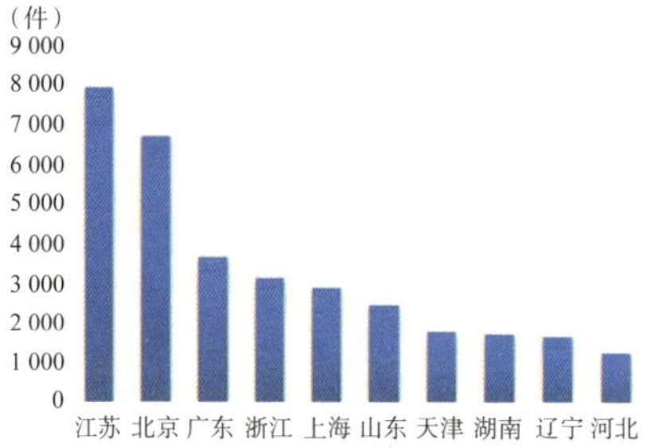

（a）

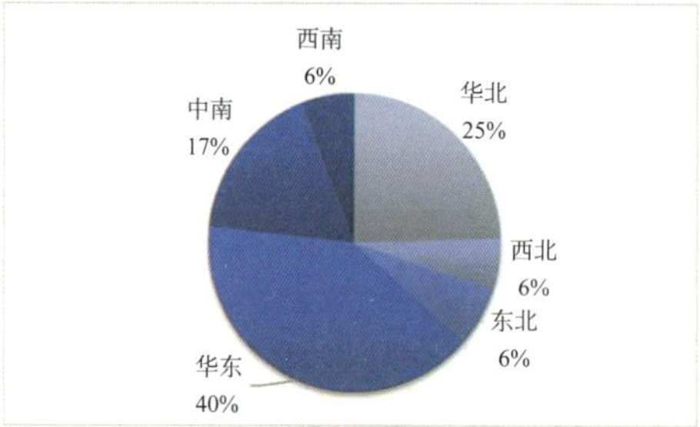

（b）

图 4-11　我国主要区域和省市风能产业专利申请情况

（a）各省市专利申请量　（b）六大区域专利申请量占比

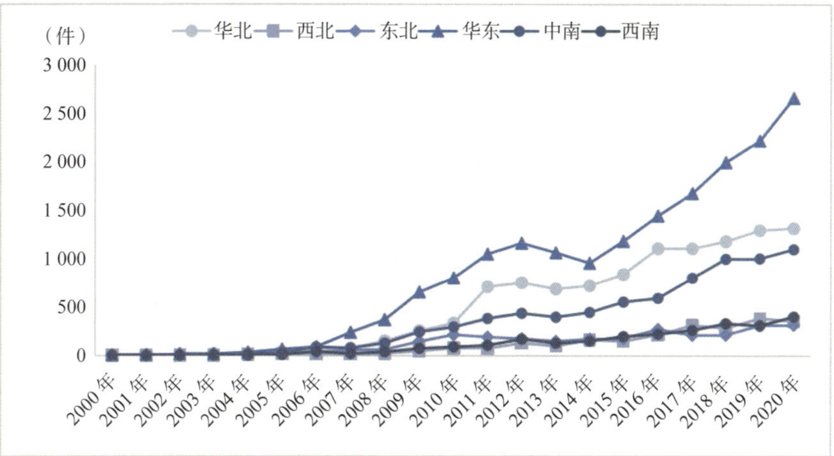

图 4-12　我国六大区域风能产业专利申请趋势（2000—2020 年）

进一步对六大产业区域的相关专利申请在各技术分支的占比进行分析，由表 4-3 可知，六大区域均侧重于在风电主控系统、叶片、支撑系统领域进行专利布局，上述三个领域的专利申请量占区域申请总量的比重超过了 50%。将华东、华北、中南三个区域进行比较，华东地区在风力发电机、海上风电、传动系统投入的研究较多，华北地区侧重于风电主控系统、变桨系统的研究，对海上风电的研发略显不足，中南地区侧重于对变流系统、偏航系统和海上风电的研究。西南、西北属于内陆地区，在海上风电方面的研发投入较少，西南地区侧重于风电主控系统和传动系统的研究，西北地区侧重于叶片的研究，东北地区侧重于传动系统和海上风电的研究。

表 4-3　我国六大风能产业区域在各技术分支的专利布局

区域	偏航系统	变桨系统	风电主控系统	变流系统	风力发电机	叶片	海上风电	支撑系统	传动系统
华东	2.60%	4.80%	24.00%	8.70%	9.10%	18.70%	6.20%	16.90%	9.00%
华北	3.20%	6.20%	31.30%	7.90%	5.80%	19.00%	4.70%	16.50%	5.40%
中南	3.50%	4.20%	24.80%	11.60%	8.80%	18.60%	6.20%	15.80%	6.40%
西南	3.80%	6.90%	32.30%	6.50%	7.20%	14.00%	2.10%	16.20%	11.00%
西北	4.00%	5.00%	30.00%	8.20%	6.40%	19.20%	3.10%	18.30%	5.80%
东北	3.90%	6.00%	27.60%	7.50%	8.50%	18.30%	4.10%	13.70%	10.50%

统计六大区域在各技术分支上的专利申请活跃度，以表征其技术研发方向和布局重点，其中活跃度用近 5 年专利申请量占近 10 年专利申请量的百分比表达。如表

4-4 所示，整体看，华北、西南、西北地区专利活跃度较高，东北地区次之，华东地区专利活跃度最低。近 5 年，华北、西南、西北、东北区域专利申请量较“十二五”时期有了明显增长，产业各技术分支创新活跃度高，区域产业发展进入了快速增长阶段。华东区域专利活跃度虽低，但专利申请总量大，长期稳居第一，这表明华东区域产业发展已较为成熟，产业技术创新经历了爆发期，目前进入平稳发展阶段。从具体技术分支看，六大区域均在叶片、风电主控系统、支撑系统、偏航系统、变桨系统 5 个领域表现出高活跃度，但偏航系统、变桨系统属于小众分支，专利申请量较少。同时，各区域在不同技术分支上的活跃度也存在差异。在偏航系统、变桨系统、风电主控系统、变流系统领域，华北地区活跃度最高；在风力发电机领域，西北地区活跃度最高，华东地区活跃度最低；在叶片领域，华北、西北和中南地区活跃度较高；在海上风电、支撑系统、传动系统领域，除了华东地区，其他区域活跃度均较高。

表 4-4　我国六大产业区域各技术分支的专利申请活跃度

区域	叶片	风电主控系统	变桨系统	变流系统	风力发电机	偏航系统	海上风电	支撑系统	传动系统
华东	35.10%	39.50%	43.10%	28.10%	11.80%	46.20%	26.80%	38.40%	21.50%
华北	67.00%	71.60%	71.10%	78.70%	43.70%	85.30%	74.80%	71.60%	66.20%
中南	56.80%	51.80%	49.80%	51.50%	37.20%	51.80%	62.10%	63.40%	58.40%
西南	49.90%	52.60%	41.00%	45.90%	33.00%	61.20%	65.00%	71.20%	65.60%
西北	63.10%	59.10%	60.50%	45.90%	52.10%	72.10%	51.50%	65.40%	61.80%
东北	53.20%	41.80%	40.10%	51.50%	23.90%	51.40%	62.60%	52.20%	49.00%

4.5　产业竞争中的专利控制力

专利控制力是指通过专利实现对关键核心技术，继而对重要产品，最终对一定范围市场的控制力度，是一个具有强弱区分的概念。对具有专利控制力的国家/地区、市场主体、创新主体进行分析，有助于明晰产业和技术的发展趋势，为研判产业发展方向奠定基础。

4.5.1　主要国家/地区的专利控制力

如表 4-5 所示，从主要国家在风能产业各技术分支的专利布局结构看，中国、美国、德国、丹麦等国家在风能产业各技术领域具有较强的专利控制力，但各国在不同领域的控制力存在差异。中国在专利数量上处于绝对领先优势，但在风电主控系统、叶片等核心技术领域的专利布局比重有待提升，技术创新仍处于追赶阶段。相比之下，美国、德国、丹麦等发达国家虽在数量上处于劣势，但其专利布局结构更优，尤其在风电主控系统、叶片等核心技术领域的专利布局比重较高。具体而言，美国在叶片、风电主控领域的专利布局比重分别比我国高出 4.9 和 9.7 个百分点。德国在风电主控系统、叶片、传动系统领域的专利布局比重分别比我国高出 6.3、5.8 和 1.3 个百分点。而丹麦在风电主控系统、叶片领域的专利布局比重分别比我国高出 11.4 和 13.9 个百分点。此外，日本和韩国在风电主控系统领域的专利布局也分别领先我国 8.4 和 4.6 个百分点。

表 4-5　主要国家在各技术分支的专利申请分布情况

技术领域	中国	德国	美国	丹麦	日本	韩国
风电主控系统	27.20%	33.50%	36.90%	38.60%	35.60%	31.80%
叶片	18.60%	24.40%	23.50%	32.50%	15.40%	24.20%
支撑系统	16.20%	15.30%	8.20%	11.70%	6.30%	10.10%
变流系统	8.90%	5.00%	11.30%	1.80%	15.80%	10.50%
风力发电机	8.10%	6.20%	5.10%	3.10%	12.20%	3.60%
传动系统	7.60%	8.90%	4.30%	3.30%	7.40%	2.90%
海上风电	5.10%	2.70%	4.10%	2.20%	2.80%	10.90%
变桨系统	5.30%	3.00%	4.50%	4.70%	3.30%	4.10%
偏航系统	3.10%	1.00%	2.10%	2.10%	1.10%	2.00%

除了通过对核心技术开展专利布局外，以美国、德国、丹麦为首的发达国家十分重视对海外目标市场的专利布局，通过专利控制力抢占海外市场。主要国家的专利申请地域分布情况如图 4-13 所示，横坐标为专利申请目标市场，纵坐标为专利技术来源国（技出输出国）。从全球风能产业技术输出国和目标市场的数量比例看，中国、美国、欧洲是主要目标市场，中国、美国、德国、丹麦、日本是主要的技术来源国。各国/地区的技术流动情况存在差异，一定程度上反映其技术输出能力。美国、德国、丹麦、日本海外专利布局范围较广，技术输出能力较强，通过 PCT（《专利合作条约》）途径向世界知识产权组织和欧洲专利局提交了大量专利申请，为未来选择目标市场预留了考虑时间。比如德国在中国、美国、欧洲专利局、世界知识产权组织提交的专利申请均达到了其本国专利申请总量的 1/3 以上。相比而言，中国海外专利布局意识较弱，技术输出较少，中国申请人在美国、欧洲、日本、韩国等提交的专利申请总量不到本国专利申请总量的 3%，尤其是在日本、德国和韩国，专利申请量不足百件。

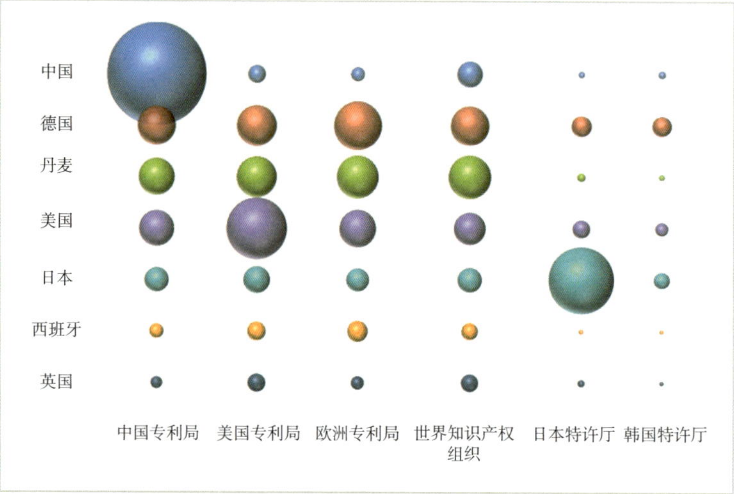

图 4-13　专利申请地域分布情况

4.5.2　重点企业的专利控制力

企业作为产业创新的重要主体，是专利申请的主要力量，是国家或地区产业实力的重要体现和支撑。挖掘风能领域重点企业申请人，分析企业的专利控制力，对准确把握当前产业竞争态势，尤其是技术和产品的创新态势，具有重要意义。

首先分析在全球风能产业重点技术领域专利申请量排名靠前的企业申请人。如图 4-14 所示，全球排名前 20 的企业申请人中，中国有 7 家企业，分别为金风科技、国家电网、国电联合动力、中国中车、明阳智能、南高齿和华锐风电；德国有 3 家企业，分别为 Enercon、Senvion 和 Nordex；日本有 3 家企业，分别为三菱、日立和东芝；美国有 2 家企业，分别为通用电气和联合技术；丹麦有 3 家企业，分别为维斯塔斯、LM 和西门子歌美飒；此外，还包括韩国的三星和瑞士的 ABB。整体看，欧洲和中国是全球风能产业发展较好的区域，在风电头部企业数量上有优势。

从企业申请专利申请量看，维斯塔斯（丹麦）、通用电气（美国）、西门子歌美飒（丹麦）、Enercon（德国）在专利申请量上拥有绝对优势，也体现出这 4 家风电巨头强大的研发实力和产业领先优势。这 4 家欧美企业在全球布局了大量专利，对产业发展拥有一定的主导能力，对其他企业，尤其是中国企业在全球风能市场格局竞争中形成了一定的专利壁垒。总体来说，主要企业专利申请情况与当下风能产业竞争格局基本吻合。

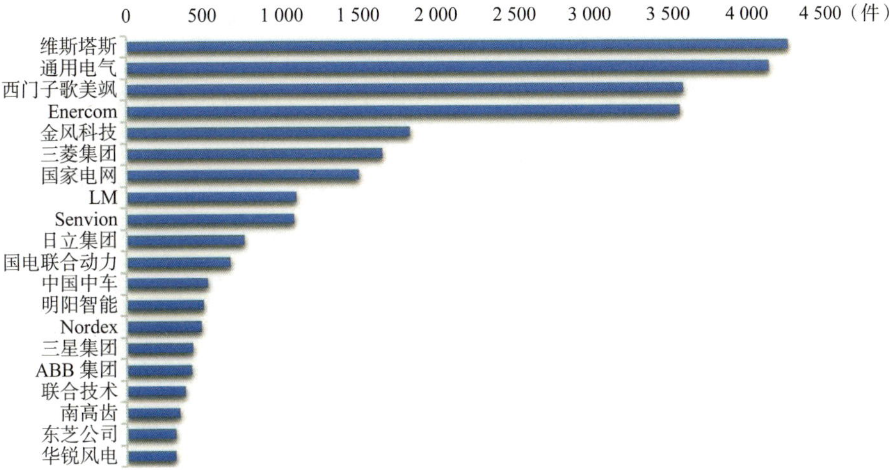

图 4-14　全球风能产业专利申请量排名前 20 的企业

进一步分析全球风电重点企业在各技术分支的专利申请量占比情况，如图 4-15 所示，从各技术分支专利申请量占全球申请总量的比重看，维斯塔斯、通用电气、Enercon 和西门子歌美飒位居前列，展现出这 4 家风电跨国巨头企业对产业的强大专利控制力，专利申请的占比情况与企业在市场竞争中的地位匹配，尤其是风电主控系统和叶片领域。在风电主控系统领域，这 4 家企业的专利申请量占全球申请总量的比重分别达到了 7.2%、5.6%、4.9%和 4.1%，我国的金风科技和国家电网分别为 2.4%和 2.6%；在叶片领域，4 家企业的专利申请占比分别为 5.5%、5.4%、4.2%和 4.5%，金风科技和国家电网分别为 0.9%和 0.2%。可见，在全球风电主控系统和叶片领域的专利竞争格局中，我国企业与这 4 家头部企业相比，处于劣势地位，对产业的专利控制力较弱。4 家企业横向比较，也存在专利控制力的强弱对比。在风电主控系统、叶片、变桨系统、偏航系统 4 个领域，维斯塔斯的专利申请比重最高；在变流系统领域，通用电气的专利申请比重达到 4.5%；在支撑系统领域，Enercon 的专利申请比重达到 6.5%，领先其他企业；西门子歌美飒在风力发电机、传动系统、海上风电领域专利申请量的占比分别为 5.8%、3.3%、1.6%，均位居全球首位。

根据企业各技术分支的专利申请量占其申请总量的比重，分析全球风能领域重点企业的专利布局情况。如图 4-16 所示，作为全球风电整机设备头部企业，维斯塔斯、西门子歌美飒、通用电气、Enercon 围绕各技术分支领域，以风电主控系统、叶片为重点，开展了全方位大规模的专利布局，这四家企业在风电主控系统领域的专利申请量占自身申请总量的比重分别为 46.9%、32.8%、39.3%和 36.3%，在叶片领域的专利申请比重分别为 26.0%、26.3%、27.6%和 22.7%，这两个领域的占比远超其他技术分支。风电主控系统和叶片作为风电机组的核心设备，技术迭代快，附加值高，且赢利模式清晰，是目前产业技术研发和专利布局的重点，行业头部企业的研发重点集中在叶片、风电主控系统等风电机组的核心部件，其专利布局策略是围绕核心部件布局专利围墙，建立市场竞争壁垒。除叶片和风电主控系统外，围绕变流系统、风力发电机、变桨系统、传动系统等其他分支领域，维斯塔斯、通用电气等风电巨头企业的专利布局力度也较大，从目前的行业发展趋势看，通过企业重组、并购等模式，行业人才、资金等各类资源均在向头部企业集中，通过强化自主配套能力，能进一步降低成本，并从整机系统角度对风机部件进行优化设计，提高风机运行效率及可靠性，最终提升产品核心竞争力和赢利能力。因此，风电头部企业不仅重视叶片、风电主控系统等核心部件的研发，还不断强化包括叶片、变桨系统、电气控制系统、风力发电机、轴承等配套部件的研发、设计和制造能力，其专利布局覆盖的技术领域也更广，整体实力更强。

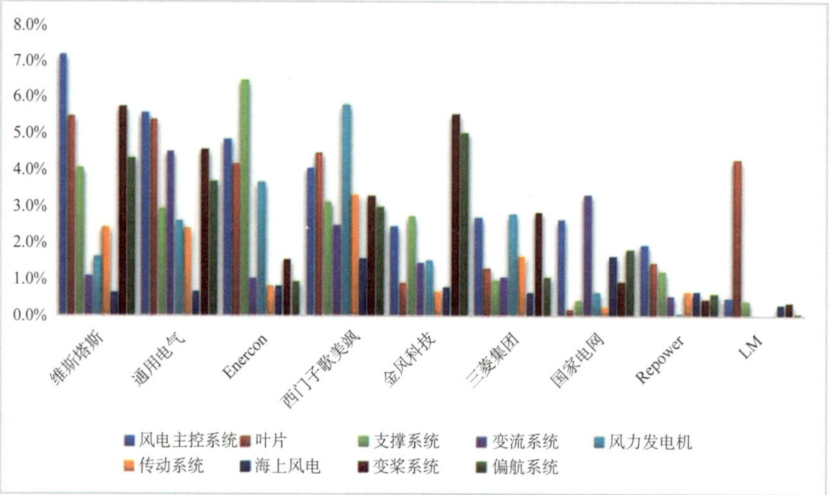

图 4-15　重点企业各技术分支专利申请量占全球总量的比重情况

专利是保障企业创新成果在海外市场得到法律保障的重要途径，也是企业参与国际市场竞争的重要工具。中国是全球最大的风能市场，也是风电跨国巨头企业专利布局的重点国家。如图 4-17 所示，从主要企业申请人在我国的专利布局情况看，排名前 6 的企业中有 3 家欧美企业，分别是维斯塔斯、通用电气和西门子歌美飒，这 3 家企业也是较早进军我国风能市场的跨国企业。维斯塔斯和通用电气均是在 2006 年左右开始正式进入中国市场，但早在 2003 年，他们就开始加大了在中国市场的专利布局力度。如图 4-18、图 4-19 所示，2003 年，维斯塔斯和通用电气在中国的专利申请量占其全球申请总量的比重分别增长至 16.4%和 16.9%，同比分别增长了 7、4.9 个百分点，此后虽个别年份有波动，但这 2 家企业的中国专利申请比重始终维持在较高水平。从专利布局的技术领域分布看，3 家欧美企业围绕风电主控系统、叶片、支撑系统、变流系统、传动系统、风力发电机等核心技术领域均布局了大量中国专利，尤其在叶片、风电主控系统、风力发电机、传动系统等领域，与中国企业形成了专利对抗。在叶片领域，维斯塔斯的中国有效专利量比金风科技高出 40%，通用电气与金风科技则基本持平。总体来说，维斯塔斯、通用电气和西门子歌美飒在进入中国市场时就进行了前瞻性的专利布局，在叶片、风电主控系统、风力发电机、传动系统等核心技术领域，对我国企业构成了较强的专利壁垒，并在国内市场竞争中拥有一定的专利控制力。

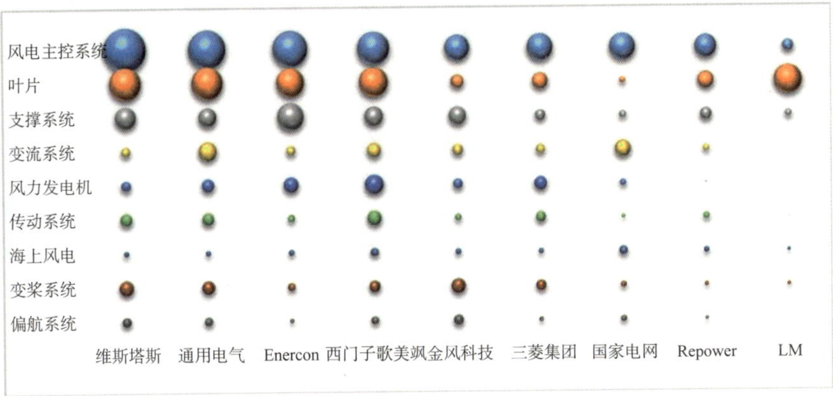

图 4-16　重点企业各技术分支专利申请的构成情况

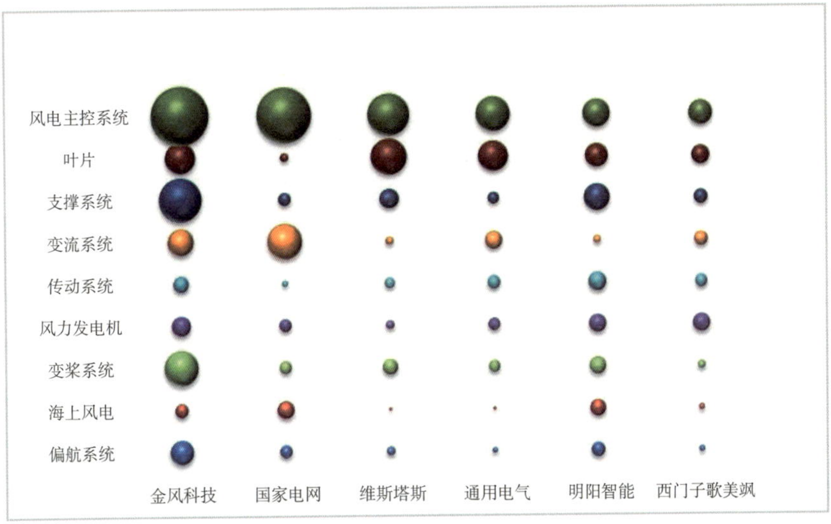

图 4-17　重点企业在中国的专利技术布局情况

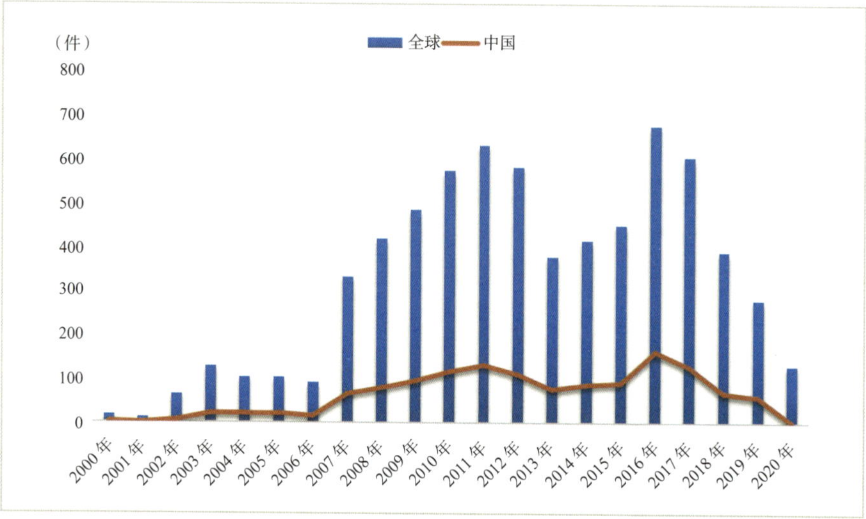

图 4-18　维斯塔斯在全球和中国的专利申请趋势(2000—2020 年)

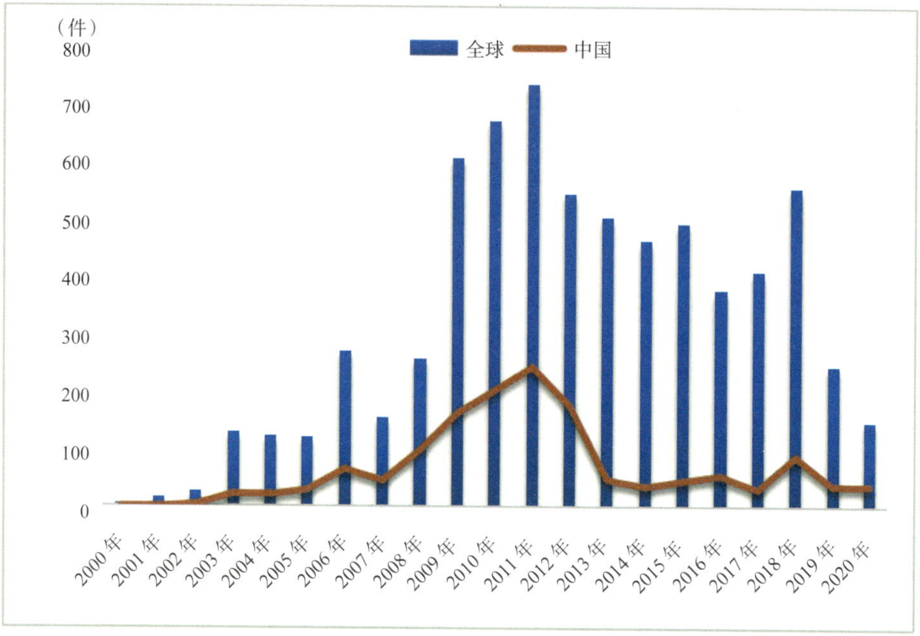

图 4-19　通用电气在全球和中国的专利申请趋势(2000—2020 年)

4.6　各技术分支重点企业申请人分析

4.6.1　风电主控系统领域企业申请人分析

前一节分析了风能产业领域全球及中国综合实力排名靠前的企业，但企业的技术优势领域存在差异，因此有必要进一步对各技术分支排名前 10 的全球和中国申请人进行具体分析。

如表 4-6 所示，在风电主控系统领域，全球排名前 10 的申请人中，维斯塔斯、通用电气和 Enercon 拥有较强实力，位列前 3 名；我国的国家电网、金风科技、国电联合动力分别位列第 4、第 6、第 10；此外，还包括日本的三菱、日立和德国的 Repower、西门子。中国申请人中，高校和科研单位占比达 30%，尤其是中国电力科学研究院和华北电力大学，研发实力位居前列；企业申请人中，华锐风电、运达风电、明阳智能具有较强的研发实力。

进一步基于 IncoPat 系统“合享价值度”模型，综合考虑行业常见的重要技术指标（如技术稳定性、技术先进性、保护范围等 20 多个技术指标），将专利价值度划分为 1~10 级，等级越高，专利价值度越高。图 4-20 展示了主要企业在风电主控系统领域的专利价值度分布情况，从整体看，维斯塔斯、通用电气、Enercon 等头部企业的专利布局质量更高，价值度高的专利量占比较高，相比之下，国内企业存在较大差距。以价值度 10 级为例，维斯塔斯、通用电气、Enercon、西门子专利价值度达到 10 级的专利量占自身专利申请总量的比重分别为 45.6%、70.7%、62.6%和 63.8%，而国家电网、金风科技分别为 3.3%和 20.3%，这表明我国企业专利布局的质量还有待提升。

表 4-6　风电主控系统领域全球及中国申请人专利申请情况

全球申请人	专利申请量/件	中国申请人	专利申请量/件
维斯塔斯	2 329	国家电网	948
通用电气	1 739	金风科技	895
Enercon	1 545	国电联合动力	293
国家电网	948	中国电科院	278
三菱公司	938	华北电力大学	264
金风科技	895	华锐风电	154
西门子	839	运达风电	150
Repower	562	明阳智能	148
日立集团	343	清华大学	124
国电联合动力	293	华能清能院	109

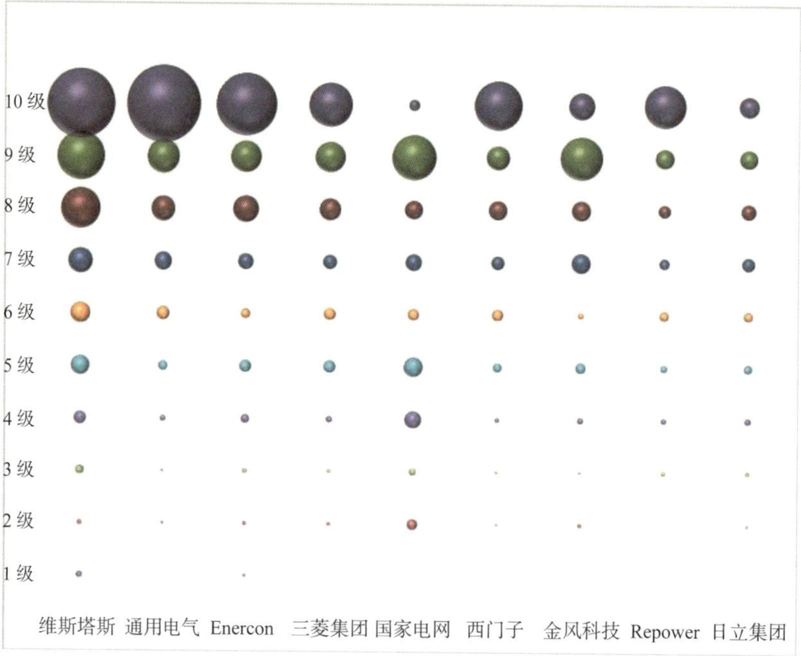

图 4-20　主要企业风电主控系统领域专利价值度分布情况

总体来看，在全球风电主控系统市场竞争格局中，维斯塔斯、通用电气、Enercon、西门子凭借其技术积累和不断创新，展现了强大的专利控制力；金风科技、国家电网等国内企业在专利布局方面，虽然实现了量的大幅提升，但专利质量和价值有待提升，只有通过布局高质量的专利，才能建立对产业技术真正的专利控制，从而在市场竞争中突破国外头部企业的围堵。

4.6.2　叶片领域企业申请人分析

如表 4-7 所示，在风电叶片领域，全球排名前 7 的申请人均为海外企业，其中欧洲企业申请量占 85.7%，说明在叶片领域欧洲国家拥有强大的研发实力，尤其是丹麦和德国。我国的金风科技和中材集团分别位列第 8 和第 10，两家企业的专利总量仅为维斯塔斯的 29.5%。从中国排名前 10 的申请人来看，除了金风科技、国电联合动力、明阳智能等国内领先的风电设备制造商，还包括风电叶片制造领域的龙头企业，如中材集团、中复连众、洛阳双瑞、吉林重通。从排名靠前的企业叶片领域相关专利的专利价值度构成情况看，如图 4-21 所示，维斯塔斯、通用电气、LM、Enercon、西门子专利价值度达到 10 级的专利占比分别为 42.8%、57.2%、60.8%、56.9%、53.8%，远高于国内头部企业金风科技、中材集团、国电联合动力和中国中车。

总体而言，我国在风电叶片领域与欧美国家相比仍存在较大技术差距。一方面是由于我国的风电设备自主研发起步较晚，早期的风电机组依赖国外进口，相关专利积累较少；另一方面说明叶片作为风电机组的关键部件，是欧美国家展开专利布局的重点，部分核心技术仍然被国外风电巨头垄断，对我国企业形成了一定的专利壁垒甚至是技术壁垒。

表 4-7　风电叶片技术领域全球及中国申请人专利申请情况

全球申请人	专利申请量/件	中国申请人	专利申请量/件
维斯塔斯	1 372	金风科技	239
通用电气	1 371	中材集团	166
西门子歌美飒	1 091	中国中车	149
Enercon	998	国电联合动力	228
LM	989	明阳智能	123
Repower	334	中国科学院工程热物理研究所	101
三菱集团	333	中复连众	83
金风科技	239	华北电力大学	63
Nordex	178	洛阳双瑞	63
中材集团	166	吉林重通	59

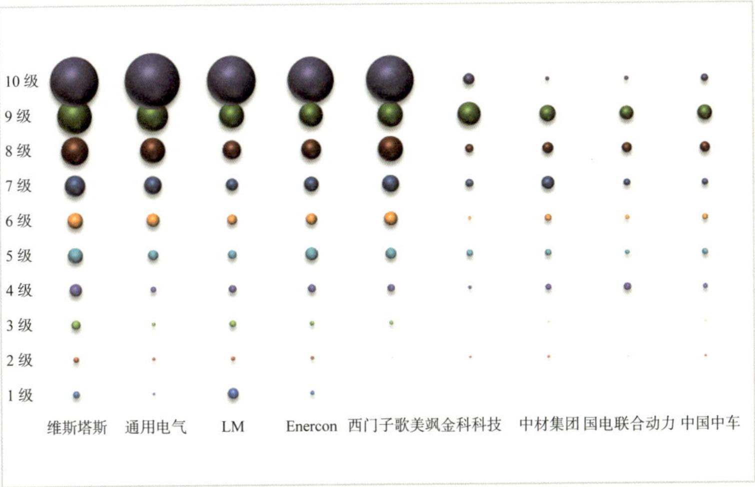

图 4-21　主要企业风电叶片技术领域专利价值度分布情况

4.6.3 支撑系统领域企业申请人分析

如表 4-8 所示，在支撑系统领域，全球排名前 10 的申请人中，国外企业占比 70%，其中 Enercon 超过维斯塔斯跃居第 1，中国企业金风科技位居第 3。相比于风电主控系统和叶片，国外风电巨头对支撑系统的专利布局相对较少，比如维斯塔斯仅有 572 件，是其风电主控系统专利申请量的 24.5%，叶片专利申请量的 41.7%。这表明相对于叶片和风电主控系统，支撑系统虽然占整体风电设备造价成本较高，但技术附加值较低，较难形成专利壁垒。中国排名前 10 的申请人中，除了金风科技、明阳智能、国电联合动力等头部风电设备制造商，还包括中国冶金科工集团有限公司（简称中冶集团）、优利康达（天津）科技有限公司（简称优利康达），这两家企业主要专注于风能产业下游的施工安装和运营维护业务，此外，中国电建集团华东勘测设计研究院（简称华东勘测院）、重庆大学也储备了一些专利。整体而言，在支撑系统领域，除去排名前 3 的企业，其他企业专利申请量差距不大，也反映该领域市场竞争不太激烈。

表 4-8 支撑系统领域全球及中国申请人专利申请情况

全球申请人	专利申请量/件	中国申请人	专利申请量/件
Enercon	847	金风科技	429
维斯塔斯	572	明阳智能	259
金风科技	429	国电联合动力	134
通用电气	423	运达风电	75
西门子歌美飒	362	中国中车	73
明阳智能	259	中冶集团	70
Repower	144	国家电网	65
三菱集团	141	华东勘测院	61
国电联合动力	134	优利康达	59
Nordex	88	重庆大学	56

4.6.4 其他技术分支领域企业申请人分析

与叶片、支撑系统不同，变流系统、风电发电机和传动系统属于专用性较强，但也可运用在其他领域的风电设备零部件，比如生产变流器的公司也会同时生产光伏逆变器，发电机除了在风电领域，也可运用到火电、核电、光热发电领域。因此这三个技术分支，主要专利申请人以电力电气相关细分领域优势企业为主，而不再是传统的风电设备制造商。如表 4-9 所示，在变流系统领域，全球排名前 10 的申请人中，通用电气实力最强，其次为国家电网和 ABB，日立、东芝是日本电力系统领域的头部企业，阿尔斯通、SMA 是法国知名电气设备企业。排名前 10 的中国申请人中，有 3 所高校，分别是上海交通大学、南京航空航天大学、浙江大学，这 3 所高校的专利申请总量占比达 20.9%。阳光电源是国内领先的风能变流器企业，也是国内最大的光伏逆变器制造商。天津瑞能电气有限公司（简称天津瑞能电气）、北京天诚同创电气有限公司（简称北京天诚同创）则是专注于风力发电机组配套电气控制系统的企业。

表 4-9　变流系统领域全球及中国申请人专利申请情况

全球申请人	专利申请量/件	中国申请人	专利申请量/件
通用电气	465	国家电网	333
国家电网	333	金风科技	151
ABB	262	阳光电源	111
西门子	208	上海交通大学	85
日立集团	189	天津瑞能电气	82
东芝公司	154	南方电网	81
金风科技	151	南京航空航天大学	81
阿尔斯通	130	华为公司	80
SMA	114	北京天诚同创	77
阳光电源	111	浙江大学	75

如表 4-10 所示，在风力发电机领域，全球申请人中西门子公司专利申请量最高，其次为 Enercon、三菱公司和通用电气。全球排名前 10 的专利申请人中，中国申请人有 3 位，包括 2 家企业、1 所高校。三菱公司、日立公司、铃木汽车、维斯塔斯的技术研发也较强，储备了一批专利。从中国申请人看，中国中车、金风科技、东南大学、南京航空航天大学和国电联合动力属于第一梯队，专利申请量均在百件左右。从申请人类型构成看，高校科研院所居多，5 家高校的专利量占比为 45.1%，表明在风力发电机领域，我国企业研发实力有待进一步提高，有必要加强与高校的产学研合作，促进成果转化。

表 4-10　风电发电机领域全球及中国申请人专利申请情况

全球申请人	专利申请量/件	中国申请人	专利申请量/件
西门子	401	中国中车	124
Enercon	286	金风科技	123
三菱集团	215	东南大学	113
通用电气	202	南京航空航天大学	101
日立集团	157	国电联合动力	101
中国中车	124	浙江大学	62
金风科技	123	国家电网	54
维斯塔斯	120	华中科技大学	52
东南大学	113	明阳智能	51
铃木汽车	104	沈阳工业大学	44

如表 4-11 所示，在传动系统领域，全球排名前 10 的申请人中，有德国企业 4 家、中国企业 2 家、日本企业 2 家、美国企业 1 家、丹麦企业 1 家。其中，恩梯恩、舍弗勒、采埃孚是全球知名的轴承制造商，南高齿是齿轮箱领域的龙头企业。中国申请人方面，排名前 10 的申请人全部为企业，其中南高齿的专利申请量占比为 33.5%，是明阳智能的 2.9 倍，可见在传动系统领域，南高齿已形成了一定程度的技术垄断，占据了国内主要市场份额。

表 4-11　传动系统领域全球及中国申请人专利申请情况

全球申请人	专利申请量/件	中国申请人	专利申请量/件
采埃孚	328	南高齿	303
南高齿	303	明阳智能	105
通用电气	185	中国中车	87
维斯塔斯	183	重庆望江工业有限公司	79
西门子歌美飒	173	国电联合动力	66
恩梯恩	165	南京安维士传动技术股份有限公司	61
三菱集团	133	南京高精传动设备制造集团有限公司	58
舍弗勒	131	金风科技	55
博世公司	97	重庆齿轮箱有限责任公司	50
中国中车	87	三一重工	39

如表 4-12 所示，在海上风电领域，中国申请人申请了较多专利。全球排名前 10 的申请人中，中国申请人有 8 位，其中天津大学、中交集团、国家电网位列前 3，国外申请人为西门子和三星集团。排名前 10 的中国专利申请人中，有 4 所高校、1 家科研院所和 5 家企业。整体来说，我国在海上风电领域拥有较强的研发实力。

表 4-12　海上风电领域全球及中国申请人专利申请情况

全球申请人	专利申请量/件	中国申请人	专利申请量/件
采埃孚	328	南高齿	303
南高齿	303	明阳智能	105
通用电气	185	中国中车	87
维斯塔斯	183	重庆望江工业有限公司	79
西门子歌美飒	173	国电联合动力	66
恩梯恩	165	南京安维士传动技术股份有限公司	61
三菱集团	133	南京高精传动设备制造集团有限公司	58
舍弗勒	131	金风科技	55
明阳智能	105	重庆齿轮箱有限责任公司	50
博世公司	97	三一重工	39

如表 4-13 所示，变桨系统领域，全球排名前 10 的申请人中，有中国企业 4 家、美国企业 2 家、德国企业 2 家、丹麦企业 1 家、日本企业 1 家。这表明我国在变桨系统领域拥有较强的技术研发实力，尤其是金风科技，以 285 件申请专利位居全球第 1。我国申请人中，苏州能健电气有限公司专利申请量仅次于金风科技，超过了国电联合动力和明阳智能，其他 6 家企业分别为国家电网、许继集团、华锐风电、运达风电、固安华电和华创风能。

表 4-13　变桨系统领域全球及中国申请人专利申请情况

全球申请人	专利申请量/件	中国申请人	专利申请量/件
金风科技	285	金风科技	285
维斯塔斯	257	苏州能健电气有限公司	102
通用电气	209	国电联合动力	68
三菱集团	134	明阳智能	59
西门子	105	国家电网	46

续表

全球申请人	专利申请量/件	中国申请人	专利申请量/件
苏州能健电气有限公司	102	许继集团	46
联合技术	95	华锐风电	43
国电联合动力	68	运达风电	38
明阳智能	59	固安华电	34
Enercon	55	华创风能	29

如表 4-14 所示，偏航系统领域，全球排名前 10 的申请人中，中国企业有 6 家，丹麦、美国、德国、日本企业各有 1 家。金风科技专利申请量位居全球第 2，其次为维斯塔斯和通用电气。与变桨系统类似，中国企业在偏航系统领域也拥有较强的研发实力，超过了海外企业。从中国申请人看，金风科技的专利申请量占比为 32.9%，国家电网、明阳智能、湘电股份、南高齿、国电联合动力的专利申请量为 30 余件，运达风电、中船海装、曲阜师范大学、许继集团的专利申请量在 20 件左右。

表 4-14 偏航系统领域全球及中国申请人专利申请情况

全球申请人	专利申请量/件	中国申请人	专利申请量/件
金风科技	135	金风科技	135
维斯塔斯	107	国家电网	49
通用电气	95	明阳智能	37
西门子	57	湘电股份	34
国家电网	49	南高齿	33
明阳智能	37	国电联合动力	33
湘电股份	34	运达风电	27
南高齿	33	中船海装	23
国电联合动力	33	曲阜师范大学	20
三菱集团	29	许继集团	19

4.7 本章小结

本章主要分析了全球风能产业与专利布局的互动关系，具体从技术迭代、政策演进、产业链结构、地域分布四个维度探究专利布局与风能产业发展的关联度，揭示了专利在风能产业发展中的影响力和控制力，为下一章分析全球风能产业发展方向奠定分析基础。

从技术迭代维度看，全球风能领域专利布局态势演变动态反映了产业技术的发展历程，二者互相印证。自 20 世纪 70 年代至今，全球风能产业技术发展基本经历了萌芽示范、快速发展、调整优化和成熟发展四个阶段，不同时期的专利申请量、申请人数量以及技术主题的变化趋势与技术发展阶段特征基本吻合。在产业技术萌芽示范期（1970—1989 年），大型风电机组研发处于起步阶段，专利申请量和申请人数量整体处于较低水平，得益于航空航天技术和树脂纤维增强技术的推动，此时专利布局的重点集中在叶片翼型设计、变桨偏航控制以及树脂纤维增强材料的制造工艺。在产业技术快速发展期（1990—2009 年），全球风能产业技术创新进入活跃期，CAE、CFD 等计算机数值仿真技术被广泛应用于风电机组研制设计，快速推动了大型风电叶片翼型设计、尾流研究，风力发电技术进入商业化应用阶段，全球风能技术领域专利申请量和申请人数量呈现快速增长态势，尤其是企业申请人数量激增，产业进入快速发展阶段。2010 年之后，全球风能产业技术发展逐步进入调整阶段，规模化商业化大型风电机组投入运营，陆上风电技术发展趋于成熟，海上风电技术迎来快速发展期，市场竞争格局趋于稳定，全球专利申请量、申请人数量增长速度放缓，部分年份出现波动下降，但总量整体维持在较高水平，以碳纤维、热塑性材料为代表的新材料技术，以图像识别、数字孪生为代表的智能化技术成为驱动风能技术变革的主要推动力，主要创新主体围绕大型风电叶片设计制造、数字化风电技术、海上风电技术加快了专利布局。

从政策演进维度看，风能产业属于政策驱动型产业，全球主要国家的风能技术专利布局活动与该国的政策环境紧密相关，各国的专利申请态势在一定程度上能够反映该国风能产业政策支持情况。整体而言，各国风能产业政策基本经历了探索起步、全面推进、优化调整三个阶段，这极大影响了企业等创新主体的专利布局活动。在探索起步期，政策侧重于资助风能技术研发和推广示范，市场主体介入不多，这一阶段的专利申请量和申请人数量出现小幅增长，但整体处于较低水平。在全面推进期，政策着力推动风电市场化，更多市场主体介入风电技术研发，专利申请人和专利申请量出现大幅增长。而当产业发展步入平稳期，相关政策制定进入深化调整阶段，政策重点侧重于引导产业健康有序发展，专利申请活动趋于平稳。

从产业链结构看，风能产业各技术分支专利布局与产业链结构具有一定的对应关系。作为技术主导型产业，风能产业链中附加值高、回报率高的环节，会吸引较多企业围绕相关核心技术开展专利布局活动，属于专利密集型技术分支。全球及我国专利数据均显示，风电主控系统和叶片领域专利申请量占比最高，二者作为风机的核心组成部分，赢利模式清晰，技术迭代较快，是企业创新主体专利布局的重点。同时，产业各技术分支申请人集中度与市场竞争格局具有显著关联度，当下风电市场份额呈现向行业头部企业聚集的趋势，而诸如叶片、风电主控系统等风电核心部件的专利技术也被头部企业掌握，因此叶片、风电主控系统等领域专利申请人集中度也较高。此外，各技术分支的专利布局情况也能反映区域产业链发展程度，我国申请人在叶片、风电主控系统等技术分支均布局了一定专利，覆盖了风能产业链上游零部件、中游的整机制造和下游的运维施工，布局结构与全球基本一致，从专利层面验证了我国风能产业链发展已趋于成熟，尤其是叶片、塔筒等核心部件已基本实现国产化。

从地域分布看，专利数据与全球风能产业的市场分布和竞争格局相匹配。中国、美国、欧洲风能市场份额位居全球前列，也是创新主体开展专利布局的主要目标市场。专利数据也反映了我国风能产业呈区域集群化发展趋势，目前我国已基本形成了华北、西北、华东、东北、西南和中南六大风能产业集聚区域，上述地区也是我国风能相关专利主要来源区域。其中，华东、华北地区专利申请量位居前列，尤其是江苏、北京、广东三省市。华东、华北地区是我国风能产业链龙头企业集聚区域，优越的风能资源条件、密集的创新资源和成熟的产业链条，使该区域的专利申请量远超其他区域。

产业竞争中的专利控制力方面，主要分析主要国家和重点企业在风能各技术分支的专利控制力。从主要国家来看，中国、美国、德国、丹麦等国对风能产业具有较强的专利控制力，但不同技术分支领域的专利控制力存在差异。我国虽然在专利量上具有绝对领先优势，但在风电主控系统、叶片等核心技术领域的专利布局比重低于美国、德国和丹麦，专利布局结构有待优化。丹麦、美国在风电主控系统、叶片领域的专利布局比重较高，德国在传动系统、风电主控领域的专利布局比重较高。此外，从技术输出能力看，美国、德国、丹麦和日本海外专利布局范围较广，相较而言，我国风电企业海外专利布局较少，技术输出能力较弱。将重点企业进行横向比较，维斯塔斯、通用电气、西门子歌美飒、Enercon 对全球风能产业具有较强的专利控制力，通过围绕风能核心技术、产品布局大量专利构建了强大的市场竞争先发优势，对同行业企业，尤其是我国风电领军企业，如金风科技、国电联合动力、明阳智能等，形成了较强的专利壁垒。此外，这 4 家风电头部企业在风能不同技术分支上也存在专利控制力强弱对比，维斯塔斯在风电主控系统、叶片、变桨系统领域的专利控制力较强，通用电气是变流系统，西门子歌美飒是风力发电机、传动系统以及海上风电，Enercon 为支撑系统。

Chapter 5

第 5 章 专利与产业发展方向

专利申请的情况可以反映产业结构情况，因而专利申请占比的变化情况可以反映产业结构的调整方向，当专利申请占比升高时，该方向是产业研发主体的关注热点，也是产业结构的调整方向。

本章从全球产业结构调整方向、主要国家/地区产业结构调整方向、龙头企业产业结构调整方向三个方面出发，分析风能产业的重点领域及未来的发展方向。

5.1 全球产业结构调整方向

为了解全球产业结构调整方向，将风能产业上、中、下游涉及的关键技术分支的专利分成三个时间段，研究分析其产业结构调整情况，了解风能产业的重点领域及未来的发展方向，各技术发展趋势如图 5-1 所示。

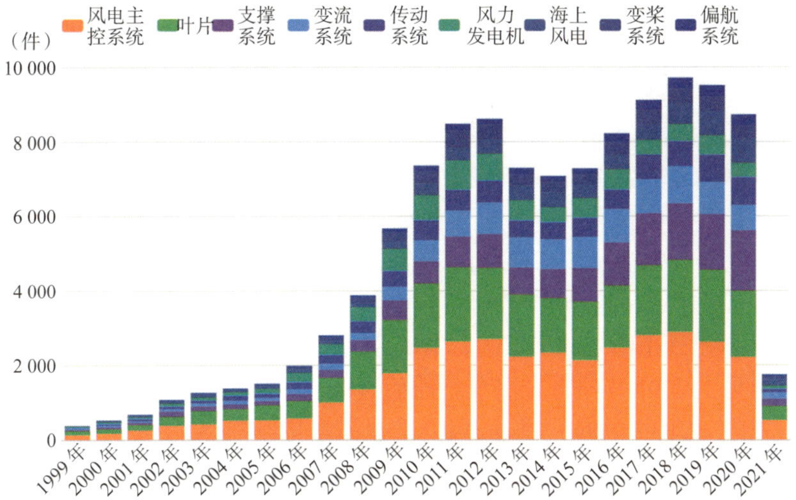

图 5-1　全球风能产业关键技术分支发展趋势

分析风能产业相关专利申请的全球分布情况，其主要集中于中国、美国、欧洲、日本和德国，中国、美国、欧洲专利局（简称欧专局）、世界知识产权组织、日本、德国的产业发展趋势如图 5-2 所示。

由图 5-1 和图 5-2 可以看出，风能产业重要技术分支可以划分为三个阶段。第一阶段（1999—2005 年）为缓慢增长阶段，在此阶段，全球主要专利申请量以国外为主，主要集中在美国、日本等国家，中国专利申请量较少，专利申请则主要集中于风电主控系统及叶片领域。

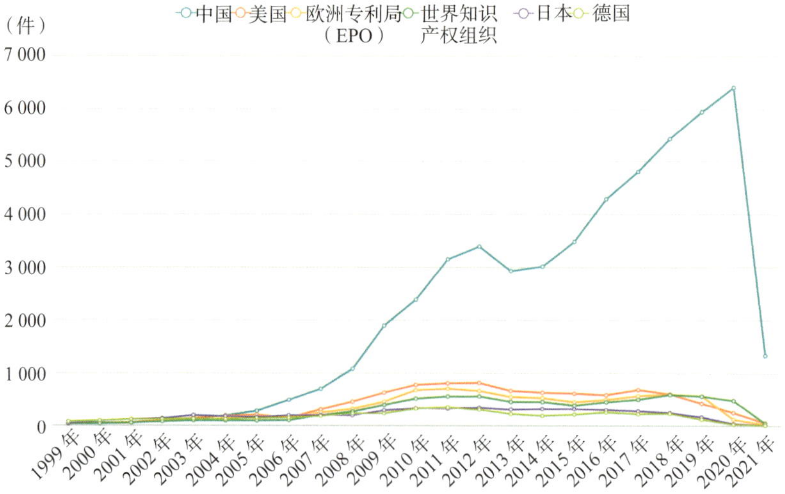

图 5-2　中国、美国、欧洲专利局、世界知识产权组织、日本、德国风能产业专利申请趋势

第二阶段（2006—2012 年）为快速增长阶段，申请量出现高速增长，主要得益于中国专利申请量的高速增长，2005 年 11 月国家发展改革委发布《可再生能源产业发展指导目录》，2006 年国家发展改革委发布《可再生能源发电价格和费用分摊管理试行办法》《可再生能源发电有关管理规定》《促进风电产业发展实施意见》，与风能产业相关的法律政策的出台快速推动了风能产业技术创新主体的研发投入，此阶段主要技术分支的专利申请量均呈现较快较高增长。

第三阶段（2013—2020 年）为调整再增长阶段，此阶段的特征表现为 2013 年、2014 年申请量出现下滑，2015 年之后申请量又呈现快速增长趋势。专利申请量下滑的原因可能是受 2008 年全球金融危机滞后效应的影响，而之后由于能源危机的持续加剧和“双碳”政策的“加码”推动，风能产业需求持续旺盛，主要关键技术专利申请量不断增长，各国争相布局。2020—2021 年的统计数据由于部分专利尚未公开，无法全面统计，并不代表申请量下降。此阶段关键技术分支中，支撑系统、变流系统、传动系统领域的专利申请量相对较多，而风电主控系统、叶片领域的专利申请量基本保持稳定状态。

综合来看，在风能产业中，风电主控系统和叶片始终是研发的重点，从近些年持续增长的趋势来看，支撑系统、传动系统、海上风电是发展的热点。

5.2　主要国家/地区产业结构调整方向

通过研究风能产业各国/地区在各技术分支上专利布局的数量变化情况，可以反映主要国家/地区产业结构调整的方向。

由图 5-3 可以看出，各国/地区均在风电主控系统、叶片领域拥有较多的专利布局，同时中国在各关键技术分支上的专利申请量比较突出，布局了大量专利，在专利量上具有较明显的优势。美国是除中国外专利申请量最高的国家，美国在风电主控系统、叶片、变流系统、风力发电机这些分支技术上比较突出。欧洲专利局在风电主控系统、叶片、支撑系统、传动系统领域的优势较明显。日本在变流系统、风力发电机领域的优势较明显。德国在叶片、传动系统领域的优势较为明显。

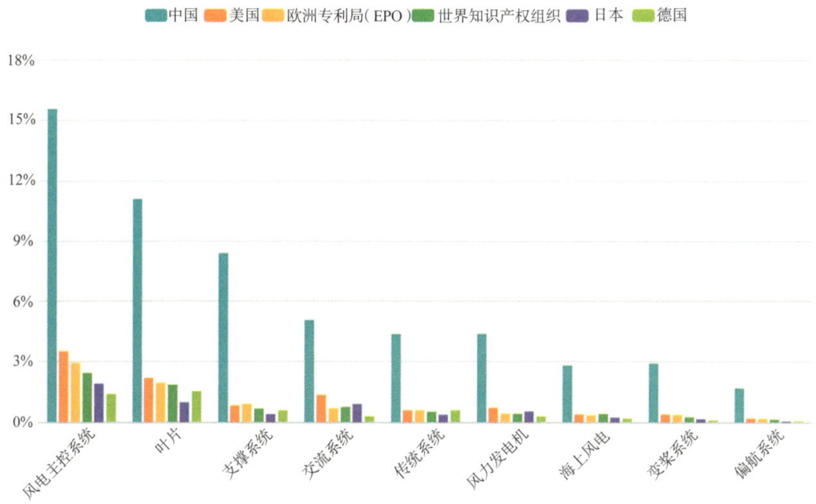

图 5-3　中国、美国、欧洲专利局、世界知识产权组织、日本、德国产业结构布局

分析中国、美国、欧洲专利局、日本、德国、世界知识产权组织的风能产业的专利申请趋势，就能对风能产业的发展及各技术分支的发展变化情况有所了解。

从图 5-4 可以看出，中国在各个分支的专利布局中，风电主控系统整体比较稳定且占比最高，1999—2021 年其占比基本接近 30%；叶片占比也较稳定，但占比略有降低，占比平均约为 22%；支撑系统、海上风电占比逐渐升高，这与近几年大力发展海上风能产业有关；变流系统占比也略有提升，说明风电电网调节技术研发日趋活跃；风力发电机占比逐渐降低，这与风力发电机分支技术日益成熟有关。

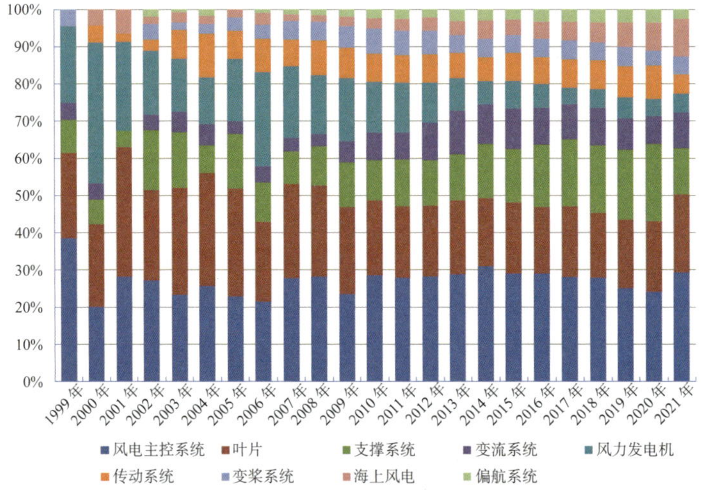

图 5-4　中国各分支专利申请量占比变化情况

从图 5-5 可以看出，1999—2003 年，美国风电主控系统申请量快速增长，占比迅速攀升至 40%左右；增长次快的是叶片分支，占比增长至 20%左右。2004—2020 年，风电主控系统分支的专利申请量占比有所降低，但基本保持在 30%左右；叶片分支申请量在保持稳定的同时有所增长，占比基本维持在 23%左右。支撑系统、变流系统、传动系统占比在稳定中略有增长。与中国类似，美国的风力发电机分支申请量占比逐渐降低。

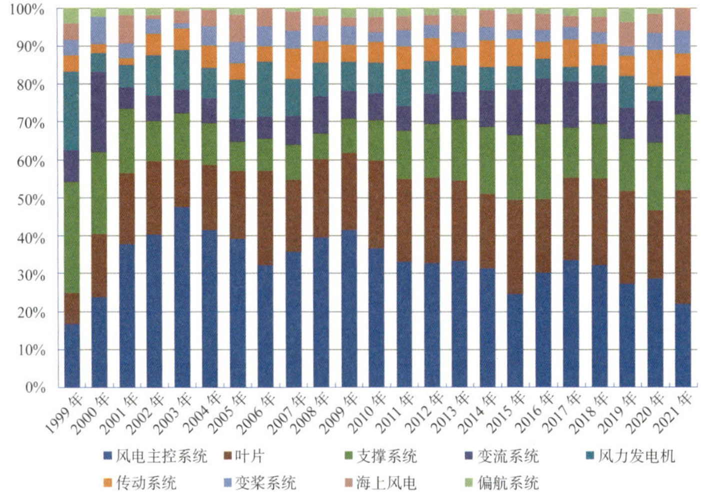

图 5-5　美国各分支专利申请量占比变化情况

从图 5-6 可以看出，欧洲专利局近 20 年专利申请趋势与中国、美国不同，其风电主控系统专利申请量在 1999—2021 年基本稳定，接近 40%；叶片专利申请量 2008 年后的占比略高于 2008 年之前，基本维持在 25%左右；支撑系统和变流系统的专利申请量占比在 2006 年之后也略有增长；但海上风电和风力发电机的专利申请量占比有所降低。

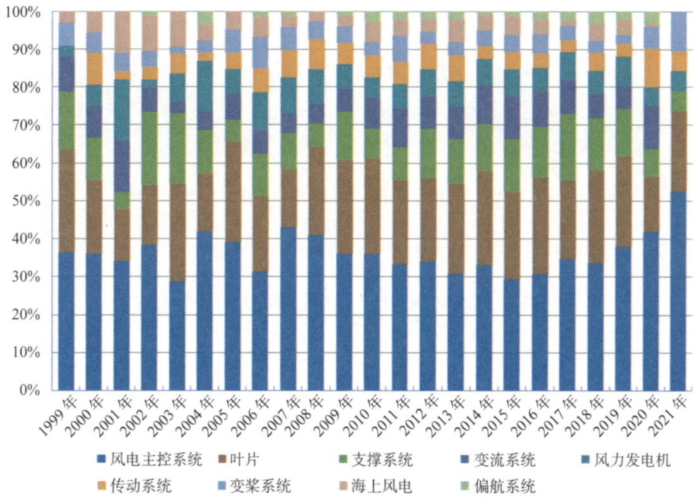

图 5-6　欧洲专利局各分支专利申请量占比变化情况

从图 5-7 可以看出，日本近 20 年的专利申请趋势与欧专局较为相似，风电主控系统专利申请量从 1999 年开始就占据较大比重，1999—2009 年占比基本接近 40%，2010 年之后申请量有所降低，其占比基本保持在 30%左右。叶片专利申请量占比从 2012 年后也有降低，基本维持在 15%左右。支撑系统、变流系统和变桨系统专利申请量占比有所增长。不同于其他国家，日本风力发电机分支的专利申请量一直保持稳定，没有出现明显降低，而传动系统专利申请量降低，这表明日本主要分支聚焦点与其他国家不同。

从图 5-8 可以看出，德国技术分支中风电主控系统专利申请量与叶片专利申请量占比相差不大。1999—2004 年，风电主控系统专利申请量占比要高于叶片专利申请量占比，但自 2005 年之后，整体来看叶片专利申请量占比要高于风电主控系统专利申请量占比，叶片占比整体接近 30%，风电主控系统占比基本为 20%~25%，近年占比逐渐降低，基本保持在 20%左右。其余分支的专利申请量占比基本保持稳定，风力发电机专利申请量没有明显降低。

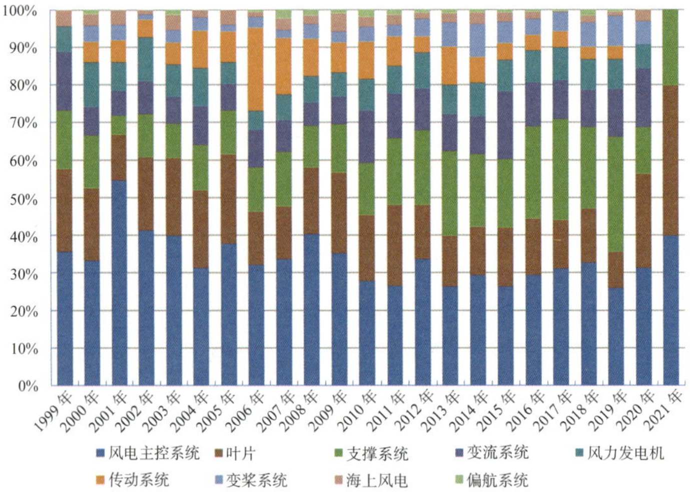

图 5-7　日本各分支专利申请量占比变化情况

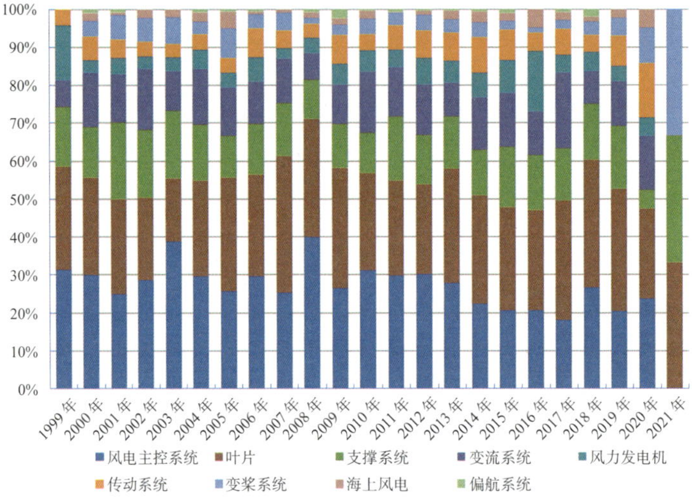

图 5-8　德国各分支专利申请量变化情况

综合来看，各国/地区均在风电主控系统和叶片领域布局了较多专利，都将其视为研究重点。中国、美国、欧专局和日本申请的专利中，风电主控系统占比最高，其中美国和欧专局专利维持在 30%以上，中国和日本基本维持在 30%以下。德国的叶片分支专利申请量占比最高，可见德国更注重叶片分支专利布局。同时中国、美国在支撑系统、变流系统、海上风电分支专利申请量占比逐渐增多，随着海上风电的大力发展，两国加大了在相关领域的布局。关于风力发电机分支专利，中国、美国的申请量占比逐渐降低，其他国家的占比仍保持一定程度的稳定，没有出现明显降低的情况。

5.3　龙头企业产业结构调整方向

企业是产业转型升级的主体，龙头企业的技术发展方向往往引领着一个行业的发展，研究龙头企业技术的发展方向，对了解产业未来的发展方向具有重要的指导意义。

在风能产业领域，维斯塔斯、通用电气、沃本公司、西门子是全球专利申请量排名前 4 的公司，金风科技是国内专利申请量排名第 1 的公司，上述公司具有较强的技术实力，并且在各个技术分支均有布局，属于该领域内的龙头企业。本节以 5 年为一个时间段将 2000—2019 年平均划分为四个时间段，对这 5 家企业在 4 个时间段的专利申请占比及各技术分支的占比情况进行分析，通过研究上述 5 家企业近 20 年来专利技术产出的变化，了解这些企业的研发方向变化。

图 5-9 展示了 5 家龙头企业在近 20 年的时间里，每个企业各个时间段的专利申请占比情况，可以看出，维斯塔斯、通用电气较早开始在此领域开展研发，维斯塔斯的专利申请一直保持稳步增长的状态，通用电气的专利申请量呈现下降趋势。此外，沃本公司的专利申请量也保持稳步增长态势，而西门子的专利申请量则在 2015—2019 年出现明显下降。金风科技相比于国外企业，专利布局要晚，但专利申请量增长趋势是这 5 家全球企业中最快的，尤其是在 2015—2019 年，其专利申请量实现了大幅增长，目前正处于高速发展期，这与中国大力支持风能等新能源产业发展密不可分。

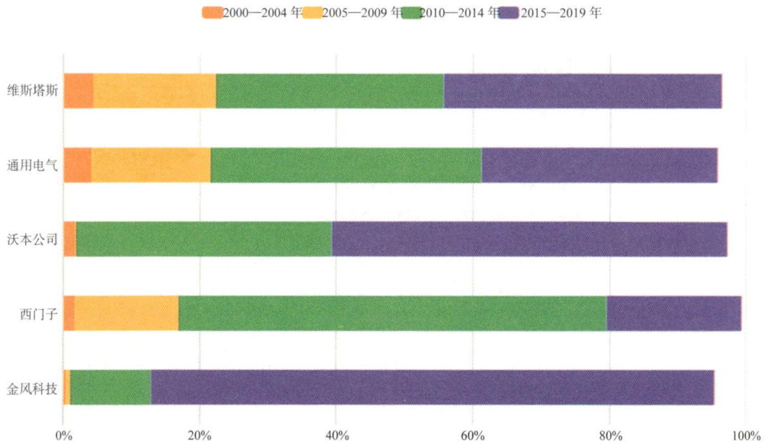

图 5-9　龙头企业在不同时间段专利申请占比

下面梳理这 5 家龙头企业在各个技术分支的专利申请量占比情况及其在各技术分支的布局衍变情况，以明晰龙头企业的产业结构调整方向。图 5-10 体现了这 5 家龙头企业各个技术分支的专利申请量占比情况，这 5 家龙头企业各个技术分支的专利申请量随时间的占比变化情况如表 5-1 至表 5-5 所示。

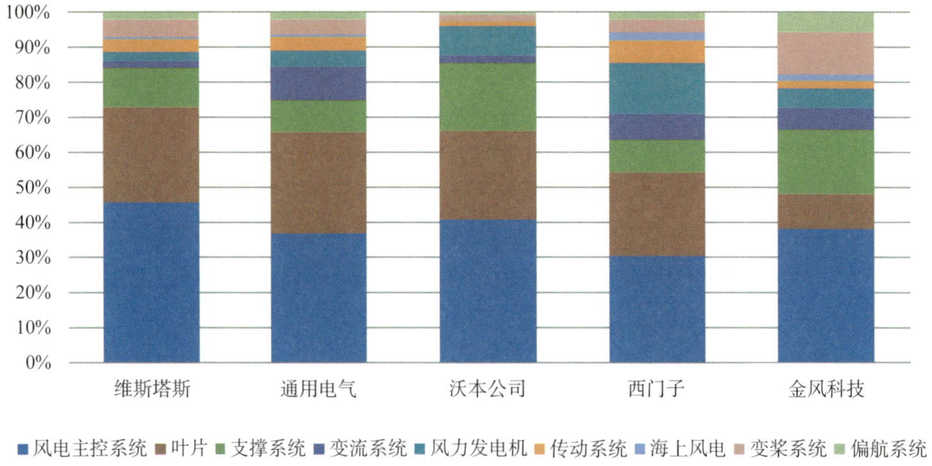

图 5-10 龙头企业在各技术分支的申请占比

维斯塔斯是丹麦企业，如图 5-10 所示，其涉及了所有的分支技术领域，其中风电主控系统的专利申请量占比最高，其次是叶片，再次是支撑系统，其他技术分支均有不同程度的涉及，说明其对各个技术的研发均比较重视。如表 5-1 所示，从时间来看，2000—2019 年，维斯塔斯在风电主控系统的专利申请量占比持续增高，说明风电主控系统始终是该公司研究的重点，叶片专利申请量占比有所降低。此外，支撑系统和偏航系统专利申请量占比略有提升，而海上风电专利申请量占比降低，表明技术研发在这几个分支上的投入和重视程度的转移。

表 5-1 维斯塔斯各技术分支发展变化

技术分支	2000—2004 年	2005—2009 年	2010—2014 年	2015—2019 年
风电主控系统	35%	43%	47%	47%
叶片	26%	29%	31%	24%
支撑系统	15%	12%	6%	15%
变桨系统	4%	7%	5%	4%
传动系统	4%	5%	3%	3%
风力发电机	5%	2%	3%	1%

续表

技术分支	2000—2004 年	2005—2009 年	2010—2014 年	2015—2019 年
偏航系统	0%	1%	2%	3%
变流系统	5%	1%	2%	3%
海上风电	5%	1%	1%	0%

通用电气是美国企业，如表 5-2 所示，其专利申请主要集中在风电主控系统、叶片、支撑系统及变流系统领域。从时间阶段来看，2000—2019 年，风电主控系统专利申请量占比逐渐降低，但仍为排名第一的技术分支。支撑系统专利申请量占比也呈降低趋势。叶片专利申请量占比逐渐增多，这表明叶片技术逐渐成为该企业研发的重点之一，变流系统专利申请量占比也逐渐增多，这表明变流系统也逐渐受到该企业的重视。其余分支的专利申请量占比变化不大。

表 5-2　通用电气各技术分支发展变化

技术分支	2000—2004 年	2005—2009 年	2010—2014 年	2015—2019 年
风电主控系统	48%	32%	37%	35%
叶片	11%	31%	30%	30%
变流系统	7%	6%	12%	10%
支撑系统	22%	14%	6%	8%
变桨系统	4%	4%	4%	5%
风力发电机	3%	7%	4%	4%
传动系统	4%	4%	3%	5%
偏航系统	1%	1%	3%	2%
海上风电	1%	1%	1%	0%

沃本公司是德国企业，如表 5-3 所示，其专利申请主要集中在风电主控系统、叶片及支撑系统领域。从时间阶段来看，2000—2019 年，风电主控系统专利申请量占比基本保持在 40%左右，总体变化不大，基本排名第一。叶片分支专利申请量占比逐步降低。支撑系统专利申请量占比变化不大，基本保持在 20%左右。风力发电机领域的专利申请量占比相对提升，这表明风力发电机研发逐渐受到企业的重视。此外，变流系统专利申请量占比在 2005—2009 年排名第一，但随时间变化占比又迅速降低。

表 5-3　沃本公司各技术分支发展变化

技术分支	2000—2004 年	2005—2009 年	2010—2014 年	2015—2019 年
风电主控系统	39%	20%	39%	42%
叶片	39%	30%	29%	23%
支撑系统	20%	20%	20%	19%
风力发电机	2%	0%	9%	8%
变流系统	0%	30%	0%	3%
变桨系统	0%	0%	2%	2%
传动系统	0%	0%	1%	2%
偏航系统	0%	0%	0%	1%
海上风电	0%	0%	0%	0%

西门子是德国企业，如表 5-4 所示，其专利申请主要集中在风电主控系统、叶片、风力发电机、支撑系统及变流系统领域。从时间阶段来看，2000—2019 年，风电主控系统专利申请量占比经历先升高后逐渐降低的过程，占比虽仍排名第一，但优势不大。叶片分支专利申请量占比总体有所提升，表明叶片技术逐渐成为该企业研发的重点之一。风力发电机专利申请量占比在 2000—2004 年的占比接近 40%，之后迅速降低，这是因为该企业在风力发电机领域布局较早。此外，其余分支的专利申请量占比有不同程度的提升，这表明西门子在风能相关产业领域逐步广泛地调整布局。

表 5-4　西门子各技术分支发展变化

技术分支	2000—2004 年	2005—2009 年	2010—2014 年	2015—2019 年
风电主控系统	24%	37%	30%	26%
叶片	20%	23%	25%	23%
风力发电机	37%	14%	14%	15%
支撑系统	2%	8%	10%	10%
变流系统	7%	5%	8%	8%
传动系统	10%	4%	5%	12%
变桨系统	0%	4%	4%	3%
海上风电	0%	1%	3%	3%
偏航系统	0%	3%	2%	1%

金风科技是中国企业，如表 5-5 所示，其专利申请主要集中在风电主控系统、支

撑系统、变桨系统领域。从时间阶段来看，2000—2019 年，风电主控系统专利申请量占比经历先降低后又逐渐升高的过程，占比增长迅速，保持了非常明显的优势。与国外企业不同的是，全风科技叶片分支专利申请量占比不如国外企业的占比高，这可能是因为国外企业在叶片领域布局专利早，而国内企业布局较晚。支撑系统和变桨系统总体保持了一定的占比。风力发电机分支类似西门子公司，在早期占有较大的比重，近年占比迅速降低，说明风力发电机不再是该企业的研发重点。在其余分支均有专利布局，说明中国企业的专利意识有所提高，开始对相关分支进行专利布局。

表 5-5　金风科技各技术分支发展变化

技术分支	2000—2004 年	2005—2009 年	2010—2014 年	2015—2019 年
风电主控系统	33%	29%	26%	40%
支撑系统	11%	14%	27%	17%
变桨系统	22%	5%	8%	13%
叶片	11%	0%	16%	10%
变流系统	0%	0%	3%	7%
偏航系统	0%	5%	2%	6%
风力发电机	22%	38%	8%	5%
传动系统	0%	10%	0%	3%
海上风电	0%	0%	8%	1%

总体来看，中国的龙头企业金风科技在风能产业重要技术分支风电主控系统领域保持了较大的技术研发投入，专利申请量占比快速提升，但在叶片分支，其布局优势不如国外企业明显，在其余技术分支全球各龙头企业均有不同程度的侧重和技术研发重心的转移。

5.4　本章小结

综合全球产业结构调整方向、主要国家/地区产业结构调整方向和龙头企业调整方向的分析结果，可以看出，风电主控系统和叶片领域的专利申请量随着时间的发展一直保持着较高的占比，但各国及龙头企业的占比有不同程度的差异，而支撑系统、变流系统、海上风电、风力发电机的专利申请量占比随时间变化在各国有不同程度的调整，这些技术的专利申请量代表了各国对风能产业发展的调整方向。

Chapter 6

第 6 章 滨海新区风能产业结构定位及调整方向

本章立足天津市及滨海新区产业情况，以专利信息对比分析为基础，将天津市以及滨海新区的技术、人才、企业等要素资源在全国产业链中进行定位，明确区域产业定位，并从宏观和微观层面分析滨海新区在发展中存在的结构布局、企业培育、技术发展和人才储备等方面的问题，进而为产业结构调整指明方向。

6.1 产业结构定位

由前述产业发展状况可知，风能产业发展与专利技术发展的关联度较高，其技术发展在政策推动下具有相对密集的专利保护，因此风能产业在一个地区的专利布局结构能够在一定程度上反映出该地区的产业结构。

本节主要从专利量及各技术分支专利申请量占比情况对滨海新区风能产业结构进行定位。

如表 6-1 所示，通过将天津市的产业结构与全国及江苏、北京、广东、浙江、上海等省市进行对比，可以发现天津市在各技术分支均有专利布局。各技术分支中，海上风电领域天津在全国的占比是各分支中最高的，其次是叶片、支撑系统、变流系统和风电主控系统，其他技术分支的专利申请量在全国占比较低。虽然风电主控系统专利申请量在天津市的产业结构中占比较高，但在全国申请量排名中只位居第 9 位，而海上风电、叶片领域在全国的申请量排名中均为第 6 位，可见天津在海上风电、叶片领域相对风电主控系统领域有一定的技术优势。而从滨海新区的专利申请量在天津市的占比来看，占比较高的是变桨系统、叶片、风力发电机，占比均在 30%以上。从数量来看，滨海新区申请量较高的领域是叶片、风电主控系统、支撑系统和海上风电。专利布局符合滨海新区的产业发展情况和龙头企业的发展状况。总的来看，滨海新区对风能产业的重要技术分支均开展了专利布局，变桨系统、叶片、风力发电机发展优势较强，其他分支需要进一步加大布局，提升在天津市和全国专利申请量的占比。

表 6-1　全国主要省市产业结构对比

技术分支	专利申请量/件										天津在全国的排名	滨海新区在天津占比
	全国	江苏	北京	广东	浙江	上海	山东	天津	河北	滨海新区		
风电主控系统	16 308	1 938	2 900	1 022	866	873	833	468	350	108	9	23.08%
叶片	11 629	1 863	1 348	833	613	699	428	447	419	149	6	33.33%
支撑系统	9 332	1 519	1 198	662	652	504	564	376	294	67	7	17.82%
变流系统	5 314	668	702	598	365	311	193	196	80	14	8	7.14%
风力发电机	4 854	928	427	315	292	271	286	103	77	34	15	33.01%
传动系统	4 583	1 082	375	260	331	177	200	104	122	6	12	5.77%
变桨系统	3 049	455	581	152	164	171	183	84	91	32	13	38.10%
海上风电	2 938	419	350	364	275	302	162	237	26	51	6	21.52%
偏航系统	1 767	211	269	98	119	79	92	40	47	12	13	30.00%

6.2　技术创新定位

技术拥有者多用专利保护其技术创新成果以实现技术创新的最终目的,因此专利制度与技术创新的关系最为直接,也最为密切。对技术创新成果的占有和有效运用已成为推动技术创新的主要动力和激励机制。由此可见,一个地区的专利申请情况可以反映出该地区的技术创新能力。具体从以下方面进行分析。

一是专利申请量。专利申请量通常是衡量一个地区创新能力最直接的体现,通常来说,技术创新成果越多,专利申请量也越多,因此专利申请量能在一定程度上反映技术创新能力。

二是专利质量。专利申请量只是在一定程度上反映了技术创新能力,而专利质量与创新质量有着密切的关系,因此它是该地区技术创新能力的重要体现,发明专利与实用新型专利相比,前者的技术含量较高,已授权的发明专利通过了实质审查,稳定性较高，因此发明专利申请量、发明授权专利量在一定程度上可以体现专利质量，进而体现技术创新能力。

6.2.1 专利申请量

关于专利申请量主要从两个方面进行分析：一是天津市风能产业专利申请量在全国的排名情况；二是天津市风能产业专利申请量的变化趋势。

根据各省市的专利申请量（图 6-1），天津市风能产业专利申请量为 1 953 件，居全国第 7 位（滨海新区的专利申请量占天津市专利申请量的 22.0%，申请量为 429 件），其与江苏、北京等申请量较高的省市相比仍存在较大差距。可以看到，江苏、北京两个排名前 2 的省份优势较大，从第 3 名的广东开始专利申请量递减幅度则比较平均，排名在天津之后的省份其专利申请量与天津的差距更小，递减幅度也更小。京津冀产业集群中的北京和河北分别排名第 2 和第 9，专利申请量分别为 7 582 件、1 433 件，可见天津的专利申请量虽高于河北，但与北京相比差距还很大。在风能产业领域，北京的研发实力在全国领先，天津应借助京津冀协同发展机遇，进一步加强与北京的合作，借助北京提升天津及滨海新区的技术研发水平。

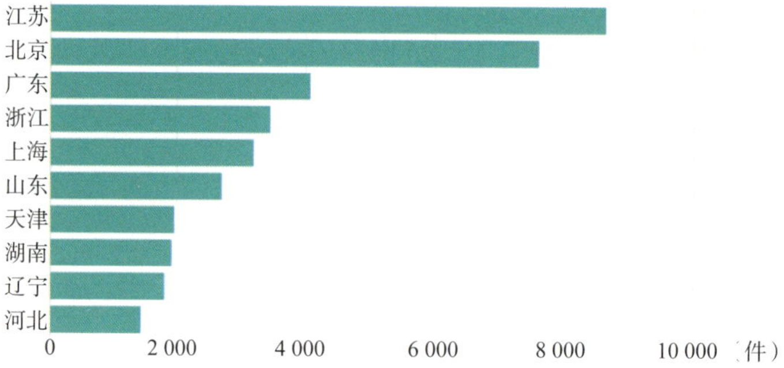

图 6-1 各省市风能产业专利申请量

从专利申请趋势来看，如图 6-2 所示，在 2006 年之前滨海新区及天津市风能领域相关的专利申请很少（且主要是以个人名义进行的申请），说明当时企业尚未针对专利开展规划布局，企业保护知识产权的意识还很薄弱。2008 年之后，天津市的专利开始快速增长，滨海新区在 2011 年才开始进入高速增长期。随着 2005 年从国家到天津市的风能产业政策推动，以企业、高校为代表的申请人开始对风能产业广泛开展专利布局，其创新能力和专利保护意识也开始提升。

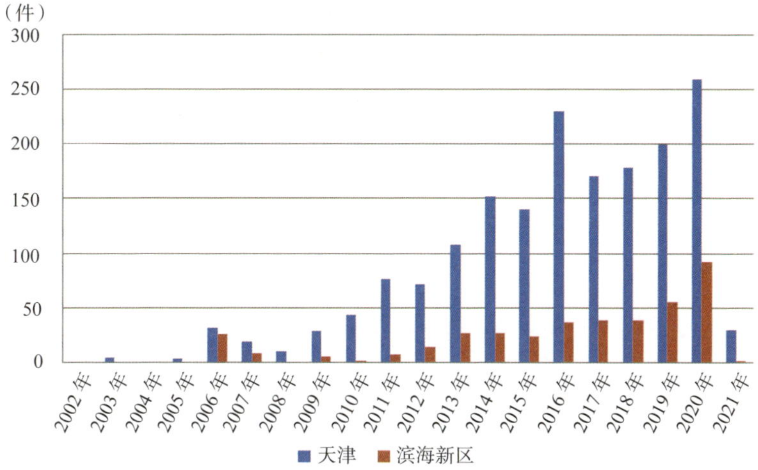

图 6-2　天津市及滨海新区在风能产业专利申请趋势

6.2.2　专利质量

关于专利质量，主要从专利类型、发明专利授权情况两个维度对滨海新区的风能产业与全国以及天津、江苏、广东、北京、河北进行对比，如表 6-2 所示。

从专利质量来看，如表 6-2 所示，滨海新区的专利申请中，发明和实用新型的比例为 0.67：1，低于江苏、北京等产业较为发达的地区，甚至低于河北 0.90：1 的比例，也低于天津市整体 1.02：1 的比例。从发明专利授权率来看，目前滨海新区发明专利授权率低于天津市的授权率，也低于全国的授权率，但专利有效率高于天津市和全国，接近北京、广东等高水平地区。整体看，滨海新区企业风能产业领域的专利申请量占比较低，发明授权率也低于全国水平和天津市水平，这表明滨海新区大部分企业对技术研发和知识产权的重视程度还有待提高。

表 6-2　滨海新区与全国及主要省市专利质量对比

项目	全国	江苏	北京	广东	天津	河北	滨海新区
发明专利/件	80 238	4 314	4 569	2 016	973	663	170
实用新型/件	24 889	4 188	2 913	1 981	955	735	254
发明授权率	27.23%	35.60%	74.84%	35.44%	27.54%	31.97%	19.69%
专利有效率	36.94%	46.75%	53.49%	50.00%	41.21%	44.25%	48.48%

6.3　创新人才储备定位

关于技术人员的创新能力，主要是将滨海新区风能产业技术人员专利产出情况与中国申请量较大的主要省市、京津冀产业区域中的省市进行对比。

由表6-3可以看出，与江苏、北京、广东等省市相比，天津在风能产业的人均专利产出为0.30件/人，略高于上述省份，而滨海新区的人均产出为0.29件/人，稍低于天津的水平，总体也略高于上述省份的水平。从人均专利产出来看，滨海新区和天津市的水平在全国尚可，但如前所述，申请的专利仍主要集中在除发明专利外的类型，发明专利技术研发需要进一步提升。此外，在该领域内，滨海新区的企业很少与高校、研究所进行合作，其在产学研合作、人才队伍建设方面需要加强。

表6-3　滨海新区与全国先进省市的发明人专利产出量

区域	专利量/件	发明人数/人	人均专利产出/(件/人)
江苏	8 614	30 212	0.29
北京	7 582	34 444	0.22
广东	4 085	14 554	0.28
天津	1 953	6 517	0.30
河北	1 433	5 555	0.26
滨海新区	429	1 464	0.29

如图6-3至图6-5所示，天津、河北排名靠前的主要申请人中以高校人员为主，而北京排名靠前的申请人以企业人员为主，且企业布局的专利量远高于高校。相比北京，天津与河北的企业在专利量布局方面差距较大，说明龙头企业在技术研发上储备了大量人才，龙头企业的带动作用也比较明显。天津、河北的人才还主要集中在高校，企业在人才储备上较弱，需要继续加大人才引进力度，同时需要招引行业龙头企业。

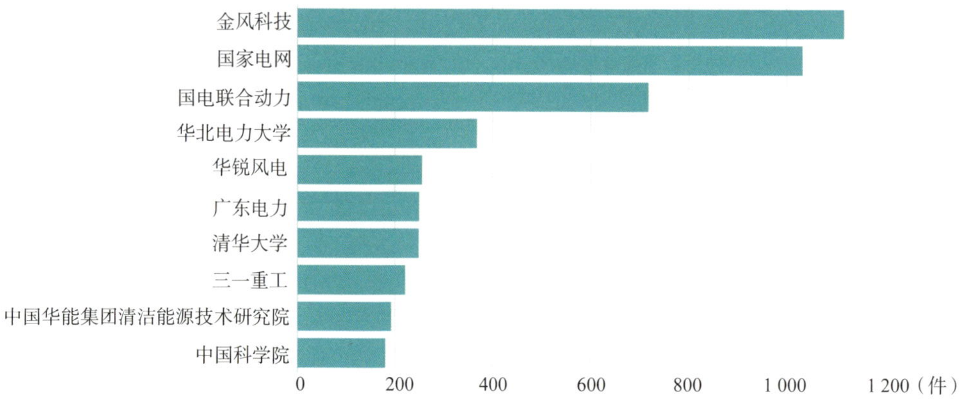

图6-3　北京市主要申请人及专利申请量

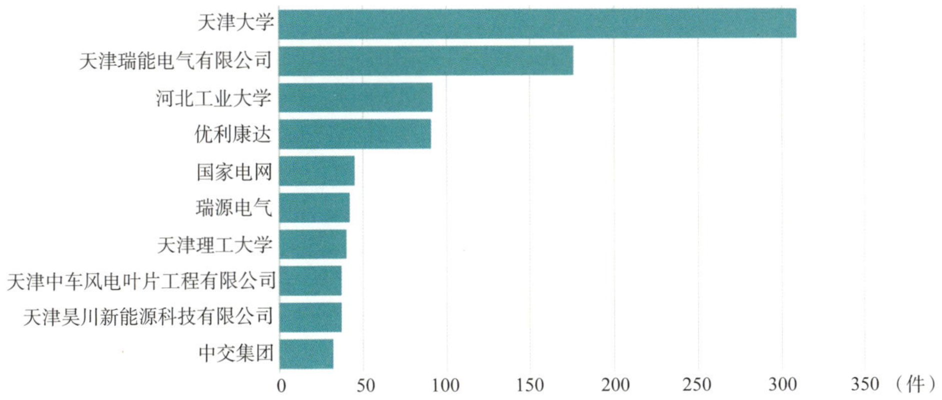

图 6-4 天津市主要申请人及专利申请量

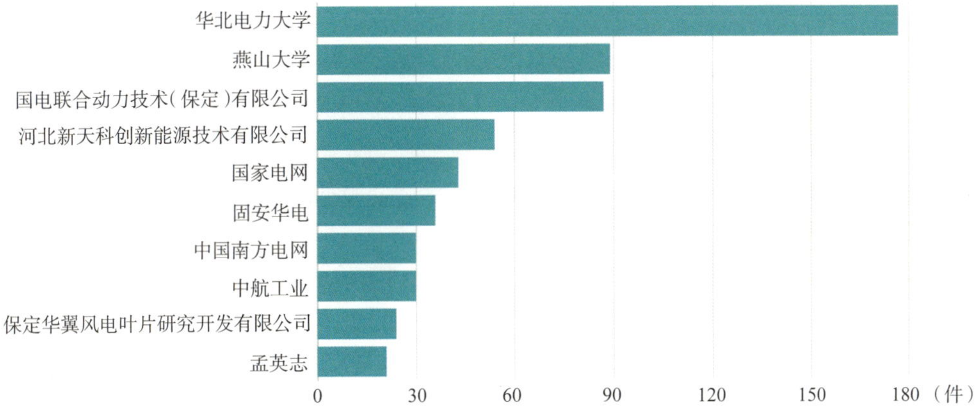

图 6-5 河北省主要申请人及专利申请量

6.4 产业结构调整方向

如前所述，滨海新区在风能产业领域构建了从研发、制造到检测的风能产业体系，形成了以整机企业为龙头、以配套企业为支持、以专业化分工为纽带、以技术创新和人才为基础的产业集群。国际和国内行业龙头如维斯塔斯、西门子歌美飒、明阳智能、东方电气等企业均在滨海新区有所布局，但同时也存在关键核心零部件、关键原材料依赖国外，龙头企业在滨海新区技术研发弱、主要开展生产组装等问题。因此，结合滨海新区产业情况、政策支持和未来产业发展趋势来看，滨海新区产业发展要围绕核心零部件研发、风电数字化运维、海上风电等方向加快发展。

首先，加快关键零部件核心技术研发，不断实现自主化替代。滨海新区的部分企业在关键零部件设备制造研发上已实现部分自主替代，部分企业在风电控制系统、变频器、变桨系统具备自主化替代产品方案，部分企业具备叶片全产业链研发制造能力，中科国风成为国内风电设备及叶片检测的龙头企业。未来，滨海新区应依托现有技术领先企业加大风电上游核心零部件研发，加大大功率发电机、齿轮箱、叶片、偏航变桨系统、冷却系统以及大型铸锻件等关键部件自主化生产水平和配套能力，促进风电装备采购本地化，同时，不断提升针对大功率海上风电机组的零部件配套供应能力。

其次，加快推进风电数字化技术运维服务。当前随着数字化技术和人工智能技术的快速发展，风电场智能化运维服务成为行业布局的焦点之一，国内外对数字化风电场建设及其关键技术的研究十分活跃，主要风机厂商如远景能源、金风科技、明阳智能、运达风电、通用电气、西门子歌美飒、维斯塔斯等都开发了自己的数字化风电场数据及信息管理服务平台，通过大数据、云服务来分析风电场规划、风电功率预测、风资源评估等技术解决方案，以及实现风电机组、测风塔、升压站等设备的远程集中监控，远程机组在线状态监测、远程故障诊断与修复、机组健康管理及性能评估等功能。滨海新区在风电下游运维环节的企业较少，应加强与龙头企业的合作，积极引进培育风电数字化运维服务企业，抢占风电下游数字化运维服务增长点。

最后，加快布局海上风电技术研发。伴随着陆上风电发展趋于平稳，海上风电开发将迎来爆发期。从能源储备看，全国可开发和利用的陆地风资源约为 253 GW，而近海可开发和利用的风能储量约为 750 GW，约是陆地风资源的 3 倍。从消纳能力看，我国海上风能资源储备集中在东部沿海经济发达地区，能源中心与负荷中心匹配。从规模效应看，陆地风电场的建造受环境限制，很难建立大规模基地以形成规模效应，而海上风电场不占用陆地面积，可开发海域广，经济优势得以凸显。从技术层面看，大兆瓦级海上风电机组研发进程的加快和海上吊装技术的不断成熟，使得海上风电开发的成本大幅下降，海上风电规模化开发的条件愈发成熟。天津在海上风电技术方面有天津大学、中交集团等研发机构，滨海新区应抓住自身邻海的区位优势，大力支持本土企业加快海上风电技术研发和市场布局。

6.5 本章小结

本章首先对滨海新区在产业链各环节关键技术的专利布局情况进行统计，结合市场调研情况，明晰滨海新区风能产业结构，其在变桨系统、叶片、风力发电机领域的专利布局占比较高，其他分支需要提升在天津市和全国专利申请量的占比。通过比较滨海新区在天津市的专利申请量占比，进而将天津市与江苏、广东、北京、河北等省市的专利数据进行对比，发现和其他省市相比，天津市在海上风电领域的专利申请量占比最高，其次是叶片、支撑系统、变流系统和风电主控系统，在其他技术分支上的专利申请量较少，在全国的占比较低。

从专利质量来看，滨海新区的发明专利申请量占比低，低于全国水平和天津市整体水平，发明授权率较全国水平和天津市水平也偏低，表明滨海新区大部分企业对技术研发和知识产权的重视程度还有待提高。

滨海新区及天津市的企业与高校、研究所的合作较少，表明产学研合作、人才队伍建设方面需要加强。相比北京，天津、河北排名靠前的申请人以高校为主，而北京排名靠前的申请人以企业为主，且企业布局的专利量要远高于高校，天津与河北的企业在专利量布局方面与北京相比存在较大差距，表明天津、河北的人才还主要集中在高校，企业在人才储备上较弱，需要继续加大人才引进力度。

滨海新区在风能产业领域构建了从研发、制造到检测的风能产业体系，具备了一定的产业基础，未来的布局方向应结合滨海新区产业现状、政策支持和产业发展趋势，应主要围绕核心零部件研发、风电数字化运维、海上风电等方向加快发展布局。

Chapter 7

第 7 章 风能产业关键技术专利分析

7.1 叶片关键技术专利分析

叶片作为风电机组的基础关键部件，其主要作用是最大限度地吸收风能。叶片的气动外形决定了叶片转化风能的效率，科学的升阻比、叶尖速比和合理的安装角有助于提高叶片接收风能的效率。目前大型风电机组的叶片平面几何形状一般为梯形，翼型沿叶片长度方向不断变化，弦长也不断变化。同时，恶劣的运行环境和需长期运转对叶片的结构提出了较高要求。叶片必须具备一定的结构强度、疲劳强度和力学性能，能承受风力、叶片自重、离心力等施加给叶片的各种弯矩、拉力，叶片的耐腐蚀、耐紫外线照射性能也要达到要求。

目前，叶片设计可分为气动和结构两个维度。气动设计关系风力发电机组能量转化效率和机组载荷水平；结构设计是在给定的气动外形基础上对叶片材料、结构布局进行设计的动态迭代过程，使叶片结构逐步满足结构动力学、强度、安全和经济性要求。叶片的技术要求一般包括以下八个方面，如表 7-1 所示。

表 7-1 叶片主要技术要求

技术要求	具体说明
空气动力外形	指叶片有合理的安装角和科学的升阻比、叶尖速比，使得风力机接收风能效率提高，获取更多风能。
结构	指叶片有合理的结构，密度小且具有最佳的结构强度、疲劳强度和力学特性，能可靠地承担风力、叶片自重、离心力等给予叶片的各种弯矩、拉力，能经受随机负载的考验。
弹性、旋转惯性和振动频率	指叶片的弹性、旋转惯性和振动频率在正常范围之内，传递给整个发电系统的负载稳定性好。
材料表面光滑度	指叶片材料必须保证表明光滑，以减小叶片转动时与空气的摩擦阻力，从而提高传动性能。
环境友好性	指叶片不产生过大的噪声，不产生强烈的电磁波干扰和光反射，以防给通信领域和途经的飞行物带来干扰。
耐腐蚀、耐紫外线照射、抗雷击	指叶片耐腐蚀、耐紫外线照射性能好，还应有雷击保护，将雷电从轮毂上引导下来，以避免由于叶片结构中有很高的阻抗而出现破坏。
制造、安装及维修的便利性	指叶片制造容易，安装及维修方便，制造成本和使用成本低。
可排水性	指叶片能排除内部积水，同时设置的排水孔要避免气流从内向外渗流而产生气流干扰，造成功率损失、产生噪声。

（1）结构方面

大型风电机组叶片主要由主梁、外壳和填充结构组成。其中，叶片主梁也称龙骨、加强肋，其作用是保证叶片长度方向和横截面上的强度和刚度。目前，常见的叶片主梁结构有 D 形、O 形、双 C 形、双 I 形和箱形。叶片外壳一般为复合材料层板，外壳蒙皮为玻璃钢薄壁结构，后缘部分为夹层结构。填充结构以聚氨酯类的硬质泡沫塑料为主，既可先在空腹结构内直接发泡充填，也可在叶片成型后再放入[33]。

（2）材料方面

叶片主要由基体材料、增强材料、夹芯材料、表面涂层及结构胶组成。

①基体材料。基体材料包裹着纤维材料和夹芯材料，具有黏结、保护增强材料和传递载荷的作用，在风电材料中成本占比最大。从目前的趋势看，环氧树脂基体仍是主流材料，聚氨酯和尼龙材料具有较大发展前景。环氧树脂的优点是对玻璃纤维和碳纤维有着较强的浸润性以及很好的力学性能和优异的耐疲劳性能[34]。聚氨酯相较环氧树脂而言，其灌注时间更短，韧性更佳。尼龙材料具有耐高温、耐水解、耐磨、阻燃性好等优点，尤其是生物基尼龙 56 的生产有望实现零碳[35]。

②增强材料。增强材料用于提高叶片的强度和刚度，主要有碳纤维增强复合材料（CFRP）和玻璃纤维复合材料（GFRP），玻璃纤维是目前主流的增强材料，但碳纤维的应用前景更广阔[36]。两者相比，玻璃纤维的密度大于碳纤维，且力学性能优势模量远低于碳纤维，但价格更高。随着风电机组叶片的长度不断增加，碳纤维材料相较玻璃纤维材料的优势也越发明显[37]。

③夹芯材料表面涂层。夹芯材料用于叶片的蒙皮和腹板，叶片芯材主要包括巴沙木（Balsawood）、PVC（聚对苯二甲酸乙二醇酯）泡沫和 PET 泡沫，巴沙木的供给受限，PVC 泡沫是目前主流的风电芯材产品，但其性能难以满足未来大型长叶片的要求。PET 泡沫的力学性能优于 PVC 泡沫，且是可回收的环保材料，正逐步作为 PVC 泡沫的替代材料。

④表面涂层和结构胶。表面涂层是保证叶片长期稳定运转的防护材料，主要由聚氨酯、聚合物以及聚酯三类[38]。结构胶则主要用于粘合叶片的复合材料组件或修补受损部分，常见的材料类型包括环氧树脂、聚氨酯、氰基丙烯酸酯和热固性塑料等。

7.1.1 申请趋势分析

为掌握叶片技术领域专利申请的整体情况，重点研究全球和我国专利申请的变化趋势、技术来源国和流向国、申请人排名情况等。截至 2021 年 6 月 30 日，全球叶片领域的专利申请量共计 2.69 万余件，其中我国专利申请量共计 1.16 万余件。

（1）专利申请总体趋势

1）全球专利申请趋势分析

分析 1981—2020 年全球叶片技术专利申请总体态势，如图 7-1 所示，专利申请量和申请人数量的变化走势基本相同，整体呈现增长态势，少数年份出现下降，同时结合以 5 年为周期的技术生长率（ v ）指标（图 7-2），从时间轴上，将全球叶片技术发展划分为三个阶段。其中，技术生长率指标根据叶片技术领域发明专利申请量占过去 5 年该领域发明专利申请总量的比率进行计算。

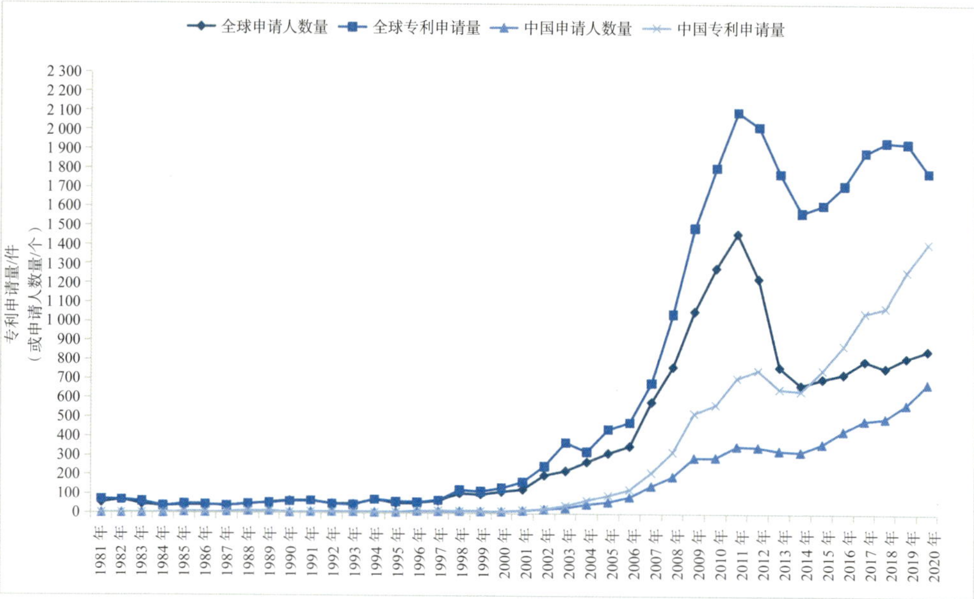

图 7-1　全球及中国叶片技术相关专利申请趋势（1981—2020 年）

技术萌芽示范期（1981—2000 年）。这一阶段，全球叶片专利申请量和申请人数量始终处于较低水平，且增长缓慢，年均专利申请量和申请人数量分别为 65.8 件和 60.7 人，专利申请量和申请人数量的年均复合增长率分别为 3.2%和 4.1%。同时，技术生长率曲线呈现明显的波动，但整体趋势上扬，技术生长率数值从 1981 年的 0.16 增长至 2000 年的 0.28，说明相关技术处于导入阶段。此时，全球范围内风电机组的商业化进程发展缓慢，围绕叶片的技术创新活动并不活跃，参与市场竞争的创新主体较少。

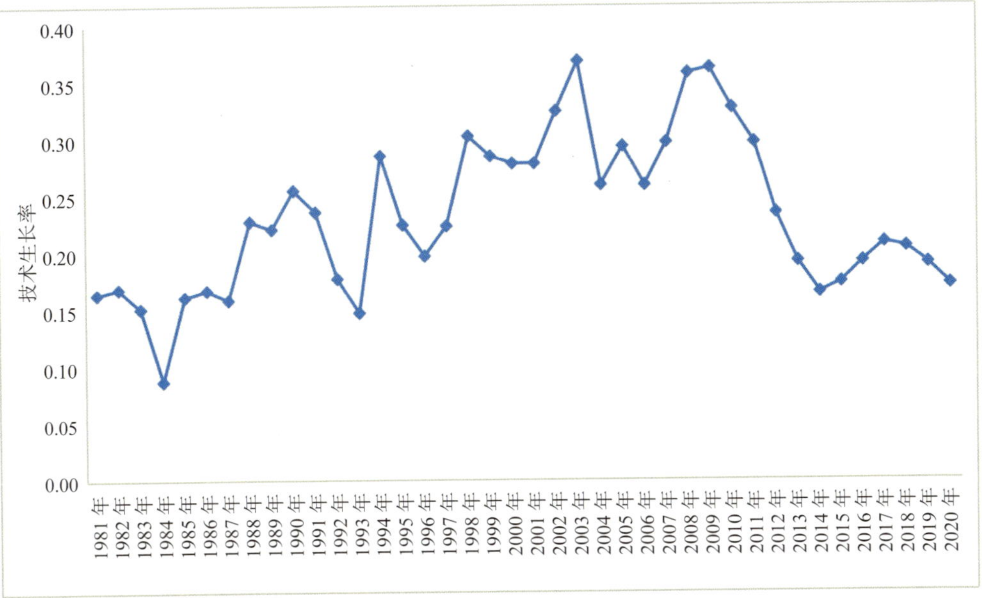

图 7-2 全球叶片领域技术生长率（以 5 年为周期计算）

技术成长期（2001—2011 年）。2000 年后，随着风电技术日益成熟，风电产业化进程显著加快，全球风电叶片相关专利申请量和申请人数量呈现爆发式增长。2001—2011 年，全球叶片年均专利申请量和申请人数量分别达到 831.8 件和 603.9 人，分别较上一阶段增长了 12 倍和 9 倍，专利申请量和专利申请人的年均复合增长率分别为 28.9%和 27.7%，分别较上一阶段增长了 25.7 个百分点和 23.6 个百分点。技术生长率曲线波动幅度大，整体指标值处于高位，技术发展处于成长期。这一时期，各国风电机组装机容量开始逐年增加，大功率风电机组不断研发成功并投入使用，在政策的拉动下企业开展风能技术研发的积极性空前高涨。

技术成熟期（2012 年至今）。在经历了将近 10 年的快速增长后，2011 年全球叶片专利申请量和申请人数量均达到近 20 年的峰值，此后开始出现较大幅度下降，技术生长率曲线呈现下降趋势。以 2014 年为例，全球叶片专利申请量和申请人数量较 2012 年分别减少了 25.0%和 54.1%，技术生长率指标降至 0.19。但自 2015 年开始，全球专利申请量和申请人数量恢复增长态势。2015—2020 年的年均复合增长率分别为 2.0%和 4.0%，整体增幅较上一阶段少得多，同时技术生长率指标数值开始回升。从技术发展层面看，随着风电产业的发展，叶片的设计、制造、生产技术已趋于成熟，变革性、突破性技术较少，市场竞争格局趋于稳定，市场份额向行业头部企业集中，新进入的创新主体的数量逐步减少，同时多个国家地区政策导向逐步从激励风电快速发展转变为推动产业健康有序发展，产业政策的波动和全球经济下行压力也抑制了专利申请活动。

2)中国专利申请趋势分析

中国叶片领域专利申请趋势,如图 7-3 所示。技术生长率、技术成熟系数以及新技术特征系数 3 个专利指标的发展趋势,如图 7-4 所示。其中,技术生长率(v)以叶片技术领域中国发明专利申请量占过去 5 年该领域发明专利申请总量的比率计算;技术成熟系数(α)以叶片技术领域中国发明专利申请量占该领域发明专利和实用新型专利申请总量的比率计算;新技术特征系数(N)由技术生长率和技术成熟系数推算而来,其计算公式为 $N=\sqrt{v+\alpha}$。

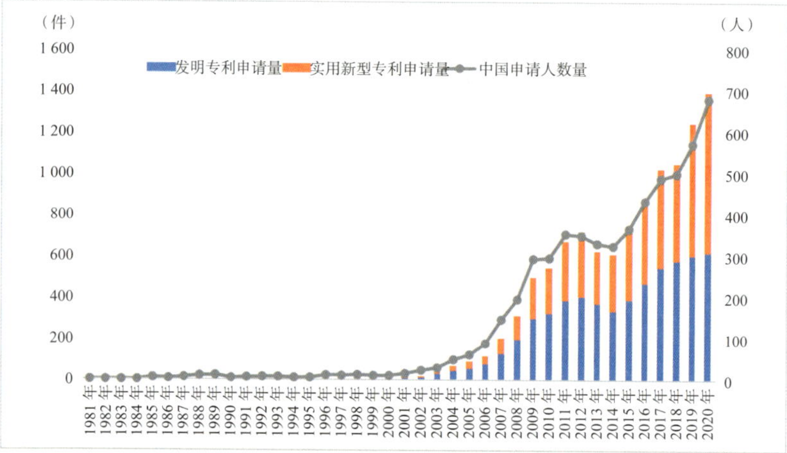

图 7-3 中国叶片技术相关专利申请趋势(1981—2020 年)

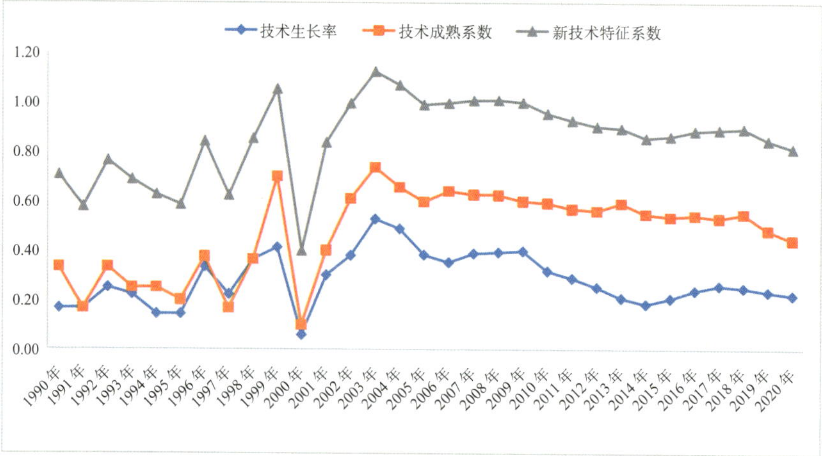

图 7-4 中国叶片技术领域相关专利指标趋势(以 5 年为周期计算)

从我国风电产业发展进程看，2000 年前，我国风电产业处于示范应用阶段，主要以引进消化国外技术为主，直到 1995 年才自主研制出风轮直径 24 m、失速型 200 kW 的风力发电机组。1981—2000 年，我国叶片领域中国专利的年均申请量和申请人数量分别为 6.1 件和 5.9 人，远低于全球水平，同时叶片领域的技术生长率、技术成熟系数、新技术特征系数曲线呈现平稳发展特征，指标数值整体处于较低水平，表明技术仍处于导入期。

2000 年以后，我国风力发电规模化建设步伐加快，尤其是随着 2005 年《可再生能源法》的颁布，企业加大技术创新投入，极大推动了风电技术产业化进程，叶片领域中国专利申请量和专利申请人数量快速增长，技术生长率、技术成熟系数、新技术特征系数 3 个指标出现大幅增长。但自 2009 年开始，虽然专利申请量和申请人数量仍保持增长态势，但技术生长率、技术成熟系数和新技术特征系数曲线呈现缓慢下降趋势，这表明叶片技术发展逐步成熟。

（2）不同技术分支申请趋势

进一步对风电叶片的 4 个主要技术分支——结构，工艺，材料，测试、故障诊断及维护的专利申请趋势（图 7-5）进行分析。从增长趋势来看，4 个技术分支的专利申请量的增长趋势基本一致，即自 2003 年前后专利量快速增长，在 2011 年左右达到峰值，但之后增长趋势放缓并出现差异：工艺和结构领域专利申请量波动较大，尤其是叶片结构相关专利申请量呈逐年减少趋势，而材料和测试、故障诊断及维护相关的专利申请量仍保持一定增长态势，但增长速度较 2011 年前有所降低。但从各技术分支专利申请量占比来看，随着时间推移，结构、工艺领域的专利申请量始终占据较大份额，材料领域次之，测试、故障诊断及维护领域的专利申请量最少。

从各分支的技术生长率指标看，如图 7-6 所示，2010 年前各技术分支的技术生长率曲线虽呈波动态势，但指标值整体呈增长态势，指标值处于较高水平，2010 后各分支技术生长率曲线呈下降趋势。综合各分支专利申请量及技术生长率指标变化趋势可知，全球风电叶片技术发展已逐步进入技术成熟阶段，但各分支存在比较明显的差异。叶片的结构和工艺领域一直是专利布局的重点，技术发展起步早，相较叶片的材料和测试、故障诊断及维护领域，叶片技术发展得更为成熟。智能化、数字化技术的不断发展，风电机组大型化趋势的不断加速，必将对叶片的测试、故障诊断及维护技术产生更多需求，必将带动相关技术创新活动的发展。

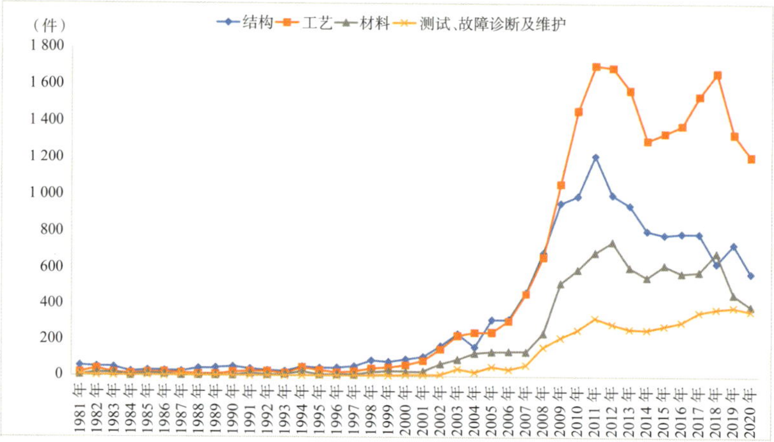

图 7-5 全球叶片各技术分支专利申请量（1981—2020 年）

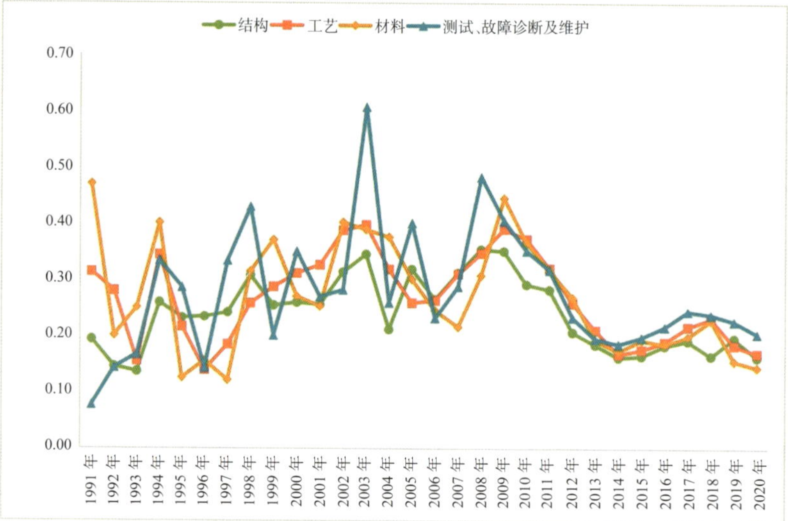

图 7-6 全球叶片各技术分支技术生长率（1991—2020 年）

（3）不同技术分支申请人集中度分析

风电叶片领域申请主体以企业为主，因此各技术分支专利申请人集中度指标，一定程度上可反映行业主要头部企业的专利布局规模和对技术的垄断趋势，是行业集中度的重要体现。

2001—2020 年，叶片各技术分支领域申请人集中度指标变化情况如图 7-7 所示。从曲线整体走势看，各技术分支申请人集中度指数在早期波动较大，指标值整体呈先增长后下降趋势，并在 2010 年左右趋于平稳，但在 2018 年左右又出现下降趋势。分析其背后原因，在行业发展早期，随着少数企业的快速成长和扩张，其活跃的专利创造活动，带动申请人集中度指标快速增长；但随着参与竞争的市场主体日益增多，参与专利申请的主体也增多，申请人集中度指标开始走低；随着技术和市场发展逐步成熟，参与专利活动的市场主体及其技术创新活动逐步固化，申请人集中度指标趋于稳定；随着新一轮产业技术变革到来，新技术不断涌现，原有的市场竞争格局和技术壁垒逐步被打破，参与技术创新的主体数量逐步增加，申请人集中度指标又开始下降。

横向比较各技术分支可知，结构和工艺领域申请人集中度指标一直处于较平稳状态，测试、故障诊断及维护领域申请人集中度指标波动较大，材料领域申请人集中度指标数值一直处于较高水平。这说明在风电叶片各细分领域，材料领域垄断程度较高，准入门槛较高，相关技术主要被头部企业掌握；结构和工艺领域缺乏新技术突破，市场竞争格局趋于稳定；测试、故障诊断及维护技术领域仍处于发展阶段，市场竞争激烈，创新活跃。

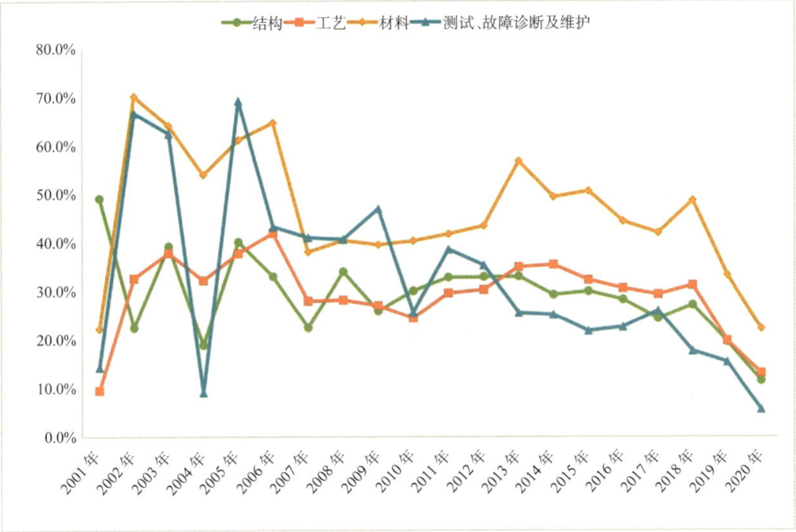

图 7-7　叶片各技术分支领域申请人集中度（2001—2020 年）

7.1.2　申请地域分析

（1）全球地域分布

为研究叶片技术全球专利申请的地域分布情况，对采集的专利数据按申请人国家/地区进行统计，以分析各国/地区在叶片技术领域的技术实力和研发活跃程度。

图 7-8、图 7-9 分别展示了叶片专利申请的技术来源国和技术目标市场。从全球叶片专利技术来源国看，中国、德国、丹麦、美国的专利申请量排名前 4，申请量占比

依次为38.3%、15.1%、11.5%和10.2%,这些国家是全球叶片技术专利申请的主要来源国。从技术目标市场来看,中国、美国、欧洲专利局排名前3,专利申请占比依次为43.2%、8.5%和7.5%,以上国家是全球叶片技术相关专利的主要布局地区。总体来看,全球主要技术来源国和技术目标市场基本一致,均为中国、美国和欧洲各国。叶片专利地域分布情况与全球风能产业发展现状十分吻合。目前,全球风能市场主要集中在亚太、欧洲和北美地区,截至2020年,中国已成为全球最大的陆上风电市场和第二大的海上风电市场,美国拥有全球第二大的陆上风电市场,欧洲的风能市场主要分布在德国、西班牙、法国和英国,印度是亚太地区极具潜力的新兴市场。

(2)中国专利地域分布

进一步对与叶片的相关中国专利的地域分布展开分析。如图7-10所示,与叶片相关的中国专利申请主要集中在华东、华北、中南、西南以及东北地区,其中长三角、京津冀、珠三角地区最为集中。长三角地区中,江苏专利申请量接近1 900件,占全国叶片专利申请总量的4.67%,位列全国第一,上海、浙江地区专利申请量总和约占全国总量的13%。京津冀区域中,北京、天津、河北地区专利申请量占比分别为4.85%、1.61%和1.49%。珠三角地区中,广东专利申请量较多,达4 820余件,占比达2.98%。此外,山东在叶片领域申请了420余件专利,占比达1.54%,位列全国各省份第6位。

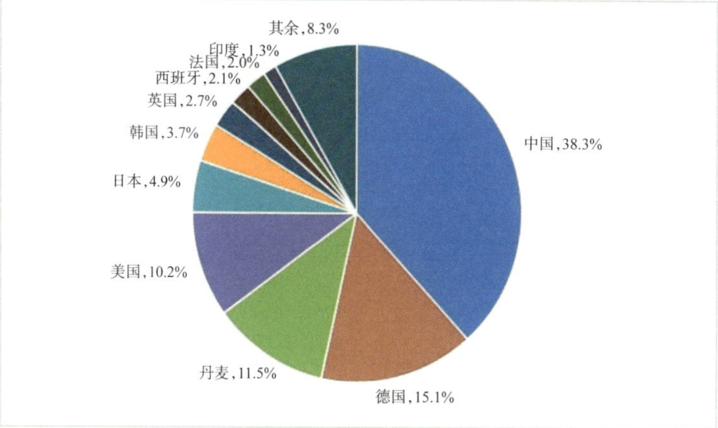

图7-8 全球叶片专利申请的主要技术来源国

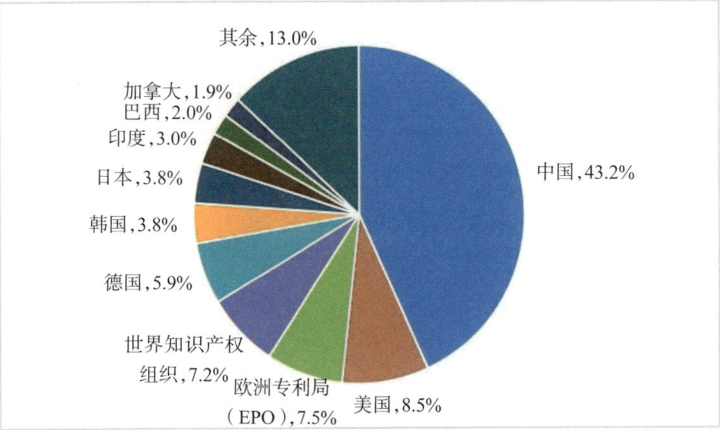

图 7-9　全球叶片专利申请的主要技术目标市场

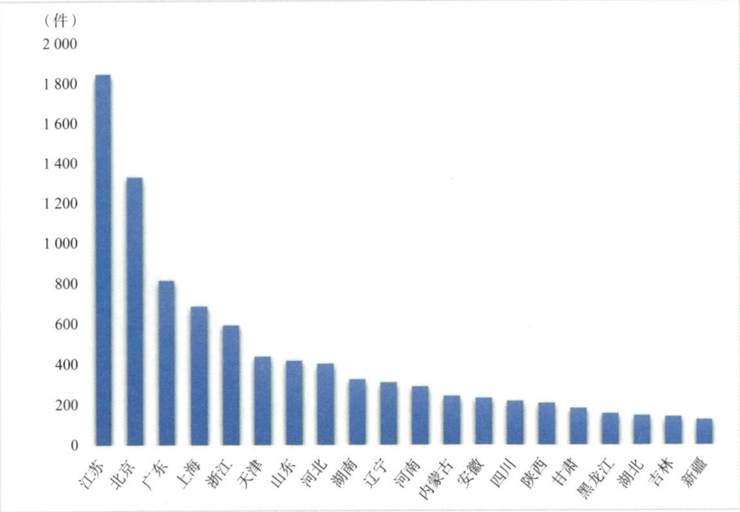

图 7-10　国内主要地区专利申请分布情况

7.1.3　重要申请人分析

目前，全球风电叶片领域主要申请人包括维斯塔斯、通用电气、西门子歌美飒等跨国巨头企业，也包括金风科技、中材集团等国内风电头部企业，下面分别展开分析。

（1）全球主要申请人

1）申请人技术构成

围绕申请人在叶片各技术分支的专利申请情况，对叶片领域专利综合实力排名前 8 的专利申请人的技术构成进行分析，以了解全球主要创新主体在叶片不同技术分支上的专利布局情况。

如图 7-11 所示，从叶片技术相关专利申请量和 LM 看，丹麦维斯塔斯、美国通用电气、荷兰 LM、德国 Enercon、丹麦西门子歌美飒无论是申请总量还是各技术分支的申请量，均排名靠前，这也反映了这 5 家企业在全球叶片技术领域的龙头地位。此外，德国的 Repower、日本三菱集团分别位列第 6、第 7，中国企业中材集团、金风科技位列第 8、第 10 位，在叶片测试、故障诊断及维护领域与排名前列的国外企业差距较小，在结构、工艺、材料方面则存在较大差距。

从各技术分支专利布局情况看，全球风电龙头企业仍以叶片工艺、结构和材料为主，尤其是叶片工艺技术，维斯塔斯和通用电气在工艺领域申请的专利量远大于其他分支，两家企业在结构、材料领域申请的专利量持平。LM 公司叶片材料的占比高于其他头部企业。西门子歌美飒从专利申请量占比看，对叶片结构的重视程度高于其他头部企业。

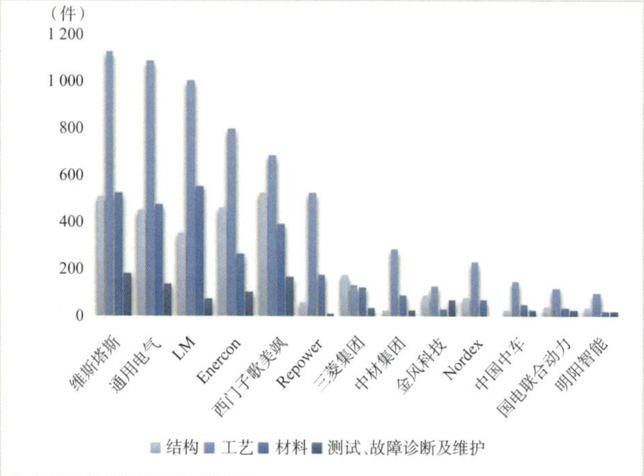

图 7-11 全球叶片专利主要申请人技术构成

2）申请人活跃度

专利申请量可反映申请人的基础实力和技术创新能力，申请活跃度可反映各创新主体近年来对该领域发展的重视程度及技术研发进展情况。全球叶片领域专利申请量排名前 10 的申请人活跃度如表 7-2 所示。

表 7-2 全球叶片领域主要申请人活跃度

申请人	近 10 年的专利申请量/件	近 5 年的专利申请量/件	近 5 年申请活跃度
通用电气	1 087	425	39.10%
维斯塔斯	1 045	453	43.30%

续表

申请人	近10年的专利申请量/件	近5年的专利申请量/件	近5年申请活跃度
西门子歌美飒	887	284	32.00%
LM	754	376	49.90%
Enercon	722	328	45.40%
Senvion	259	96	37.10%
三菱集团	239	50	20.90%
金风科技	238	176	73.90%
Nordex	139	54	38.80%
中材集团	154	126	81.80%

从近5年叶片领域专利申请活跃度来看，中国企业中材集团、金风科技的活跃度较高，分别为81.8%和73.9%，说明近5年中国企业叶片领域技术创新进程不断加快，技术研发实力有了明显提升，但从专利申请总量看，我国企业与维斯塔斯、通用电气等国外风电巨头差距较大。LM、Enercon、Senvion、Nordex的专利申请活跃度为40%左右。专利申请总量排名前列的维斯塔斯、通用电气近5年专利申请活跃度分别为43.3%和39.1%，二者差距不大。西门子歌美飒和三菱集团在叶片领域的专利申请活跃度略低。

（2）中国主要申请人

1）中国主要申请人技术构成

通过对叶片领域我国专利申请量排名前10的申请人在各个不同的技术分支的申请量进行分析，了解我国主要创新主体在叶片领域不同技术分支上的专利分布情况。

如图7-12所示，从申请量来看，在叶片工艺领域，中材集团专利申请量排名第1，其次为国电联合动力、金风科技；在叶片结构领域，金风科技、国电联合动力、明阳智能的专利申请量位列前3；在叶片材料领域，中材集团、国电联合动力、中国中车的专利申请量较多；在测试、故障诊断及维护领域，金风科技、国电联合动力、中科院所的专利申请量较多。

从各技术分支专利分布看，叶片工艺领域是国内龙头企业的专利布局重点，其次为结构和材料，但各创新主体的布局侧重点也有所差异，反映出其业务优势领域、技术研发的战略布局有所不同。金风科技在测试、故障诊断及维护领域的申请专利较多，中材集团、国电联合动力更侧重于叶片材料领域的专利布局，明阳智能在结构，材料，测试，故障诊断及维护三个领域的专利申请量比较均衡。

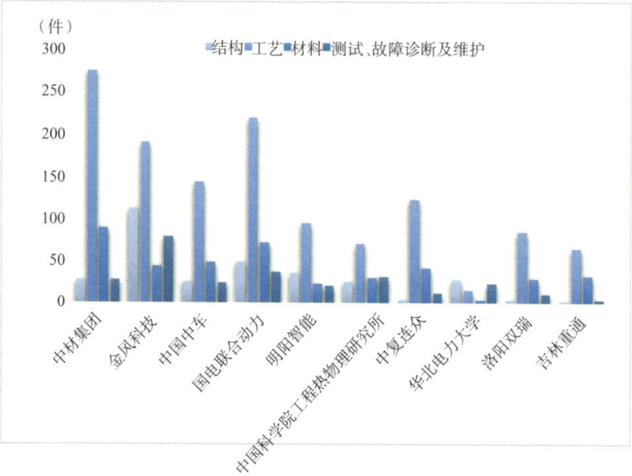

图 7-12　叶片领域中国主要创新主体专利申请分布情况

从创新主体的类型来看，排名前 10 的创新主体中有 8 家企业，除明阳智能为民营企业外，其他 7 家企业均有国有资本背景，说明国内叶片技术发展仍需依靠政府的大力支持，这与我国整个风电产业尚未建立市场化机制有关。

2）中国主要申请人活跃度

申请人的专利拥有量可反映其基础实力和技术创新能力，其申请活跃度可以反映各申请人近年来对该领域的发展重视程度及进展情况。本部分梳理叶片领域排名靠前的中国申请人的申请活跃度，结果如表 7-3 所示。2016—2020 年，国内叶片领域专利申请排名前 10 的申请人中，多数申请人十分活跃，龙头企业金风科技、中材集团、明阳智能的专利申请活跃度均超过 70%，这与近年来中国风能产业快速发展有关。

表 7-3　叶片领域中国主要申请人活跃度

申请人	近 10 年的专利申请量/件	近 5 年的专利申请量/件	近 5 年申请活跃度
金风科技	305	233	76.40%
中材集团	154	126	81.80%
中国中车	137	71	51.80%
国电联合动力	266	151	56.80%
明阳智能	170	131	77.10%
中国科学院	91	27	29.70%
中复连众	77	34	44.20%
华北电力大学	56	37	66.10%

续表

申请人	近 10 年的专利申请量/件	近 5 年的专利申请量/件	近 5 年申请活跃度
洛阳双瑞	59	32	54.20%
吉林重通	59	49	83.10%

（3）重点申请人分析

将重要申请人作为分析对象，进行数据趋势和数据构成分析，如比较分析其申请趋势、在叶片各技术分支上的布局情况、法律状态，筛选出重要申请人的重要专利，为市场竞争及合作提供决策依据。

1）通用电气

目前，通用电气、维斯塔斯、西门子歌美飒是全球最大的三家风电整机制造商。2002 年，GE 收购了 Enron 的风电业务，2016 年又收购了全球知名叶片制造商 LM。从叶片领域全球专利申请态势看，通用电气申请了大量专利，下面对通用电气近 30 年叶片专利申请所涉及的申请量、技术分支及随时间变化的技术布局、专利当前的法律状态进行简单分析。

如图 7-13 所示，通用电气从 2000 年左右开始对风电叶片相关技术进行专利布局，特别是自 2008 年开始，专利申请十分活跃，在 2018 年达到了峰值。从各技术分支申请趋势看，工艺领域专利申请量一直维持在较高水平，结构领域相关申请在 2011 年以前较多，2011 年之后材料领域的专利申请量逐渐增多，测试、故障诊断及维护相关的专利申请占比较少。

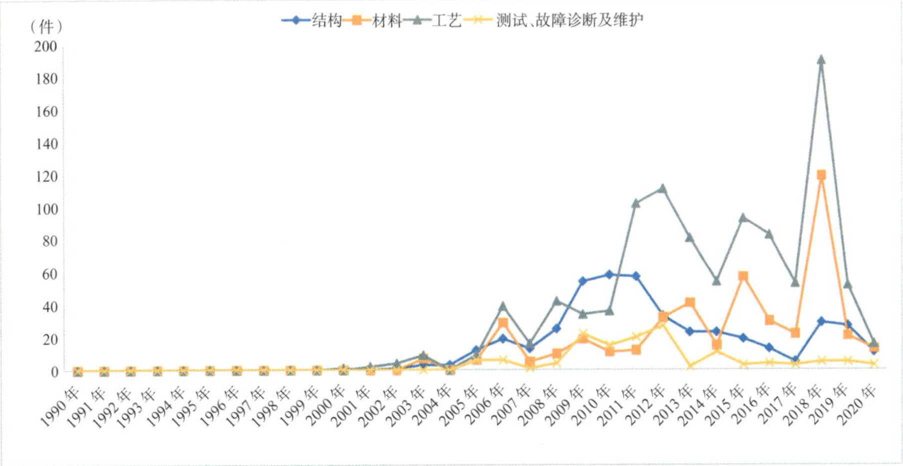

图 7-13　通用电气叶片各技术分支专利申请趋势

如图 7-14 所示，通用电气近 30 年的专利申请中，处于有效状态的占 32%，在审的占 14%， PCT 有效期内的占 1%，这表明近 30 年来通用电气在叶片领域的专利申请十分活跃，体现了其对叶片技术研发的重视程度。

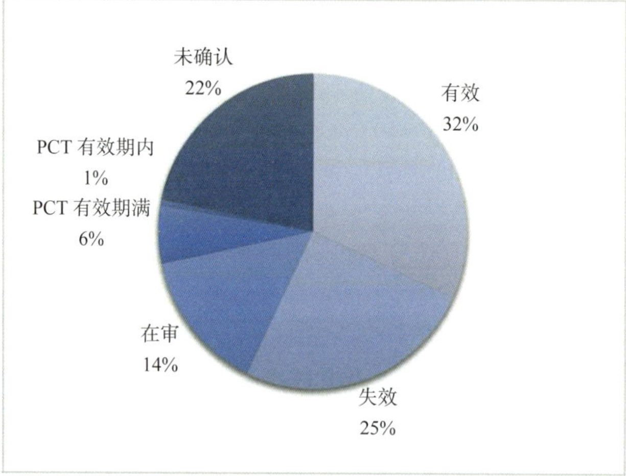

图 7-14　通用电气叶片领域相关专利申请法律状态信息

此外，综合考虑同族专利量、被引证次数、技术主题等多项指标，对近年来通用电气获得授权的专利进行筛选，梳理出 21 项重要专利，涉及叶片的制造工艺、结构改进等内容，具体如表 7-4 所示。

表 7-4　叶片领域通用电气相关重要专利

序号	标题（中文）	公开（公告）号	申请日	公开国家/组织	当前法律状态
1	用于涡轮叶片的减振系统和用于邻近涡轮叶片定位的垫片	EP3916201A2	2021/5/6	欧洲专利局	授权
2	涡轮叶片叶尖护罩表面轮廓	US11371363B1	2021/6/4	美国	授权
3	用于减轻作用在风力涡轮机的转子叶片上的载荷的系统和方法	EP3812577B1	2020/10/21	欧洲专利局	授权
4	通过附加制造具有格栅支撑结构的中空安装件的涡轮转子叶根	US20210222560A1	2020/1/22	美国	授权
5	制造叶片结构的方法	US20210215132A1	2020/1/10	美国	授权
6	用于风力涡轮机转子的轮毂组件	US20210062783A1	2020/8/27	美国	授权
7	用于风力涡轮机的塔架和风力涡轮机	US20210156365A1	2020/11/20	美国	授权

续表

序号	标题(中文)	公开(公告)号	申请日	公开国家/组织	当前法律状态
8	叶片和翼型阻尼结构	US20210285330A1	2020/3/12	美国	授权
9	用于超导风力涡轮发电机的自动斜坡和能量卸载的系统和方法	EP3719302A1	2020/3/24	欧洲专利局	授权
10	用于减轻风力涡轮机的转子叶片的损坏的系统和方法	EP3722596A1	2020/4/2	欧洲专利局	授权
11	用于涡轮机转子叶片的阻尼器叠层	US20210172325A1	2019/12/10	美国	授权
12	用于风力涡轮机转子叶片的嵌接连接	US20200408189A1	2019/6/25	美国	授权
13	用于涡轮机壳体的周向内表面的光学传感器及相关方法	US10774680B1	2019/6/11	美国	授权
14	使用动态模具加热制造风力发电机转子叶片部件的方法	EP3638478B1	2018/5/2	欧洲专利局	授权
15	减小接合的风力涡轮机叶片中的噪声和振动的方法及相关联的风力涡轮机叶片	US20200095977A1	2018/9/24	美国	授权
16	用于基于图像的目标对象检查的系统和方法	US20190304077A1	2018/3/30	美国	授权
17	制造用于风力涡轮机转子叶片的平背翼型的方法	US20190291365A1	2018/3/26	美国	授权
18	具有超导发电机的风力涡轮机及其操作方法	US20210270239A1	2018/6/27	美国	授权
19	用于监测涡轮发动机中的转子叶片的方法和系统	US20200165934A1	2018/11/27	美国	授权
20	用于改装替换叶片顶端部段的预分级风力涡轮机转子叶片	US20200132054A1	2018/10/30	美国	授权
21	用于风力涡轮机转子叶片的锯齿形降噪器	US20190316565A1	2018/4/13	美国	授权

2)维斯塔斯

如图 7-15 所示,维斯塔斯对叶片的专利布局也始于 2000 年左右,近 20 年以来一直十分活跃。早期维斯塔斯围绕叶片的专利申请侧重于结构领域, 2009 年之后工艺和材料领域的专利申请量逐渐增加,叶片相关的专利申请量逐步减少,近 10 年维斯塔斯围绕叶片的专利布局更集中在工艺领域,材料,结构,测试、故障诊断及维护领域的专利申请量相对较少。

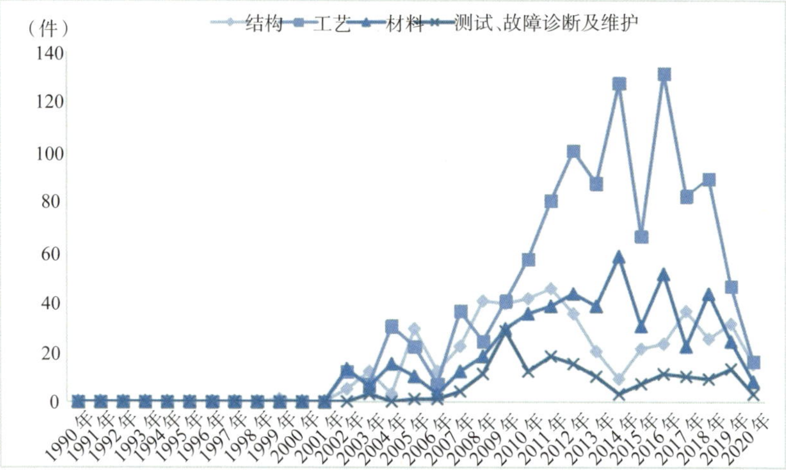

图 7-15　维斯塔斯叶片各技术分支专利申请趋势

维斯塔斯近 30 年与叶片相关的专利申请中，处于有效状态的占 48.3%，在审的占 9.4%，PCT 有效期满的占 22.8%，如图 7-16 所示。从专利申请总量、叶片各技术分支专利分布及法律状态信息看，维斯塔斯与通用电气在叶片领域的专利申请情况类似，二者实力相当，近 20 年均表现出对叶片技术研发和专利布局的重视程度，且均重视海外专利布局。

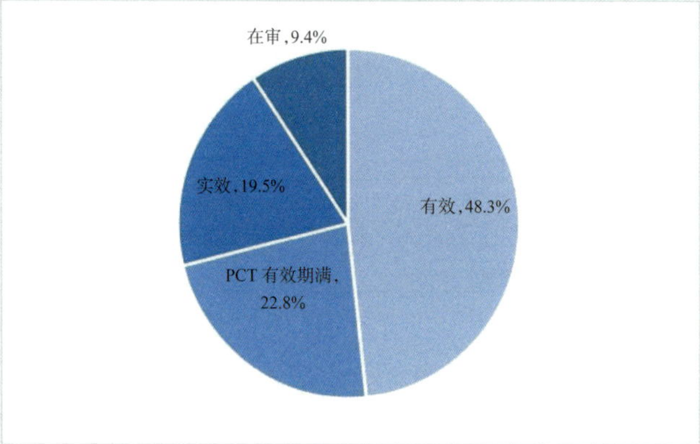

图 7-16　维斯塔斯叶片领域相关专利申请法律状态信息

此外，综合考虑同族专利量、被引证次数、技术主题等多项指标，对近年来维斯塔斯获得授权的专利进行筛选，梳理出 22 项重要专利，涉及叶片的制造工艺、结构改进等内容，具体如表 7-5 所示。

表 7-5　叶片领域维斯塔斯相关重要专利

序号	标题（中文）	公开（公告）号	申请日	公开国家/组织	当前法律状态
1	关于风力涡轮机叶片制造的改进	CN113165296A	2019/10/16	中国	授权
2	与风力涡轮机叶片制造相关的改进	CN113423550A	2019/12/20	中国	授权
3	关于风力涡轮机叶片制造的改进	US20210180560A1	2018/11/6	美国	授权
4	用于控制风力涡轮机以管理边缘叶片振动的方法和系统	US20210010457A1	2019/2/4	美国	授权
5	用于组装风力涡轮机叶片中的加强腹板的方法和设备	CN110382192B	2018/1/16	中国	授权
6	风力涡轮机叶片翼梁结构及其制造方法	US20210246868A1	2019/6/10	美国	授权
7	具有空气动力学特性的叶片承载结构的风力涡轮机	US20210310463A1	2019/9/13	美国	授权
8	具有铰接叶片的风力涡轮机，该铰接叶片在叶片的内顶端和外顶端之间的铰接位置	US20210215130A1	2019/6/12	美国	授权
9	模块化风力涡轮机叶片	US20210215133A1	2019/5/31	美国	授权
10	风力涡轮机叶片前缘配对	US20210207576A1	2019/5/29	美国	授权
11	风力涡轮机叶片的前缘保护	EP3458710B1	2017/5/16	欧洲专利局	授权
12	用于风力涡轮机叶片的改进的电热加热系统	US20210148338A1	2018/6/21	美国	授权
13	具有防雷保护的风力涡轮机叶片	EP2922676B1	2013/11/20	欧洲专利局	授权
14	用于风力涡轮机叶片测试的疲劳测试装置，测试风力涡轮机叶片的方法和用于叶片测试致动器的控制系统	IN358485A1	2009/12/23	印度	授权
15	使用节段式叶片组件的风轮机叶片及制造系统和方法	CN111712628A	2018/12/13	中国	授权
16	风力涡轮机叶片的扭转测试	US20200011760A1	2017/11/29	美国	授权
17	用于风力涡轮机叶片根部的插入件	US20200347820A1	2018/12/7	美国	授权
18	关于风力涡轮机叶片的结构部件的改进	US20200263657A1	2018/10/1	美国	授权
19	用于减小风力涡轮机叶片中的振动的方法	US20200116128A1	2018/6/21	美国	授权
20	关于风力涡轮机转子角度感测系统的改进	US20200284242A1	2018/5/25	美国	授权
21	用于在风力涡轮机上执行防雷测量的无人机和方法	EP2985459B1	2015/8/7	欧洲专利局	授权
22	保护风力涡轮机的前缘	JP2019518161A	2017/5/16	日本	授权

7.1.4 重点专利和技术路线分析

重点专利一般指取得技术突破或重大改进的关键技术节点的专利，或者是行业领域重点关注、涉及标准制定或诉讼的专利。梳理重点专利是研判行业技术演进路线和趋势的关键，同时对借鉴创新思路、修正技术方案、规避知识产权风险，甚至制定专利交易谈判策略、计算许可费率也具有重要意义。

评价专利重要性的指标可分为专利内部评价指标和外部评价指标。专利内部评价指标是指可直接通过著录项目或者大数据分析获得的专利自身特征指标，主要涉及权利要求数量、引用的先进技术文献、专利被引用次数、专利家族情况、专利申请时程、申请人信息、发明人信息、专利代理机构、专利年龄、异议无效及诉讼等。专利外部评价指标是指可获得的专利与各类外部事件的相关性指标，主要涉及专利在技术生命曲线中的位置、行业标准相关性、竞争对手相关性、技术领导者相关性、产品供货及销售情况、许可行为相关性等。

本节主要基于简单同族专利量、家族被引证数量及重要申请人三个维度对检索的叶片专利进行筛选，将筛选出的专利定义为重点专利。一般而言，同族多的专利表明专利权人对该专利技术极为重视，需要在较多国家进行专利布局；引证数量多表明该专利技术获得了较多技术创新主体的关注，是相对重要的技术，同时一篇专利的简单同族中所有专利被引证的数量（家族被引证数量）能更加全面地反映该技术方案的重要程度；此外，产业中的重要申请人引领着技术发展的方向。经过筛选计算，最终筛选出叶片领域相关重点专利 2 700 余件。

（1）叶片结构

检索与风电叶片结构相关的专利可发现，申请人主要围绕叶片的前后缘形状、梁壳布置、翼型、加装构件、增强构件、叶根、叶尖以及分段式结构等领域进行布局。综合考虑简单同族专利量、家族被引证数量及重要申请人三个维度，筛选出叶片结构领域的重点专利如下。

1974 年，US Energy 提交的 US05508016 公开了一种安装在垂直轴风力发电机顶端的装置，以改善风机在低风速时的自启性能。

1976 年，联合技术提交的 US05715346 表明叶片具有柔性中心梁构件，实现了叶片节距和偏航可自动调节。

1979 年，Gogins Laird B 提交的 US06054875 公开了一种可变节距翼型件，以提升叶片对风能的利用效率。

1980 年，Biscomb Lloyd I 提交的 US06101492 公开了一种可变螺距翼型叶片。

1980 年，Fiat Ricerche 提交的 US06110727 公开了一种包括承载结构和塑料材料外覆层的风电叶片，承载结构为扁平管状。

1985 年，Lawson Tancred H Sons Co Sir 提交的 US06816127 公开了一种沿叶片纵向分布安装多个独立扰流器的技术方案。

1994 年，Bonus Energy A/S 提交的 WODK94000048 公开了带有层压板外壳的玻璃纤维叶片，外壳覆盖了一层或多层薄橡胶片，叶片空腔中用疏松的聚苯乙烯球或类似的填充材料填充，从而有效抑制叶片振动。

1997 年，中西部研究所提交的 WOOS98024952 公开了一种适用于叶片端部及中部区域的翼型，通过翼型的设计降低粗糙度对最大升力系数的影响。

2001 年，Weitkamp Poland 等人申请专利 DE10140793，该专利为一种用于调节风力发电厂转子叶片的装置，每个转子叶片配备两个独立的调节系统，用于风力发电厂转子叶片角度调节，确保叶片角度调节的完全冗余。Weitkamp 等人于 2002 年 8 月同时在奥地利、丹麦、欧洲专利局、西班牙和美国布局了该专利，并于同年 10 月将系列专利转让给通用电气。

2001 年，Wobben Aloys 提交专利申请 DE10141667，该发明提供了一种驱动风力装置转子叶片旋转的装置，具体包括一个轴承装置和一个齿轮驱动装置，该装置可改善风力装置中齿轮装置和驱动装置的润滑效果，使得叶片相对轮毂座旋转。

2002 年，维斯塔斯向世界知识产权组织提交了专利申请 WODK02000360，该申请公开了一种用于操纵风力涡轮机叶片及将叶片安装在风力涡轮机上的方法，相比之前传统的装配方法，即先在地面将叶片转配后再安装至轮毂，该专利公开了一种新的安装方法及设备，特别是一种提升设备和叶片夹持设备，将叶片提升至轮毂下方垂直位置，然后将叶片安装在轮毂上。

2003 年，Wobben Aloys 提交专利申请 DE10300284，该发明对传统叶片的末端结构做出一系列改进，包括使叶片末端边缘弧形前缘和边缘弧形后缘以椭圆形弯曲梯度延伸，将叶片末端改为中空解耦股，并设置排水口和避雷导电构件，这一系列结构上的改进可有效降低风电叶片转动时产生的噪声。同年，Wobben Aloys 提交专利申请 DE10307382，该发明对叶片构型做出系列改进，以改进叶片的空气动力学特性，提升风能获取效率。

2003 年，维斯塔斯提交专利申请 WODK03000641，该发明公开了一种设置在叶尖区域的风力涡轮机叶片防雷保护装置。

2003 年，Windreich Ag 提交的专利申请 DE10332876 公开了一种风电叶片清洁装置，该清洁装置在叶片旋转时，在重力或离心力作用下与叶片接触。

2004 年，通用电气提交专利申请，该发明涉及一种叶片主动气流修正方法，即在叶尖部位加装一个主动流修正设备，US11022900 设备可以间歇或持续调节风力条件。

2004 年，Wobben 提交的 EP10183781 公开了一种叶片轮廓形状，旋翼叶片为两部分结构，其气动外形的最大厚度为叶片总长度的15%~40%。转子叶片的横截面由最大曲率为50~70度转子叶片的曲率线定义的横截面。

2005年，通用电气提交的CA2530196公开了一种设置在叶片上的主动气流修正装置，以减少叶片气动损失，降低噪声，并增强风能捕获。

2005年，维斯塔斯提交专利申请WODK05000324，该发明公开了一种俯仰控制式叶片，与传统失速控制式风轮叶片不同，这种叶片在背风表面侧安装涡流发生机构，该机构可连续优化叶片迎角，从而降低叶片噪声，提高叶片风能利用效率。

2005年，维斯塔斯提交专利申请WOIB05053397，该专利公开了一种具有可变空气动力学轮廓（翼型）的风轮机叶片，将主动弹性件布置在叶片表面，该主动弹性件部分或全部用橡胶基材料或其他聚合物基材料制造。

2005年，通用电气提交专利申请US11283116，该专利公开了一种具有空气动力学特征部件的风力涡轮机转子叶片，其原理是通过使叶片后沿附件，即叶片下游层的流体分离，增大附着流体层和减小分离流体层，最终提高风力机能量转换效率。具体方法是在叶片表面设置具有波纹形态的空气动力学特征部件。

2006年，歌美飒提交的WOES05070156公开了一种用于具有碳纤维叠层的风力涡轮机叶片的雷电保护系统。

2006年，维斯塔斯提交专利申请WODK06000326，该专利公开了一种用于桨距控制式风轮机的湍流发生装置，通过将一个或多个湍流发生条带安装在叶片末端的外区段上，解决叶片由于失速产生的噪声问题。

2006年，Corten Gustave Paul提交专利申请NL2000302，该发明通过改进现有叶片翼型以降低叶片升力变化和平均升力之间的比例，使得湍流、风切变、叶片运动等引起的升力变化降低约30%。

2006年，Myles L Baker和Cory P Arendt提交的US60783551公开了由桁架支撑结构组件形成的叶片。

2007年，LM提出专利申请EP07388061，该专利提出一种新型叶片及改进叶片空气动力轮廓、即叶片翼型的方法，通过将叶片元件改进安装在叶片后缘处的表面上，改变叶片的第一纵向部分中的翼型轮廓的“空气动力宽度”，使得第一纵向部分的空气动力宽度改变成大于第一空气动力宽度的第二空气动力宽度。

2007年，西门子提出的专利申请EP07388061公开了一种叶片扰流器装置，可改进叶片气动特性。

2009年，Paul William Judge提交专利申请US12431281，之后转让给通用电气，该专利公开了一种分段式叶片，各叶片区段均包括从叶片区段的第一端沿纵向延伸至第二端的内部通道，该通道具有键连接的截面轮廓。刚性翼梁部件沿纵向延伸穿过叶片区段的内部通道，使得多个叶片区段在翼梁部件上端对准和连接，在保证叶片结构刚度和能量效率的前提下，降低了叶片运输组装成本。

2009 年，LM 提交的 EP09172597 公开了一种连接到叶片压力侧上的翼型轮廓上的导流装置。

2009 年，Hempel 公司提出的专利申请 EP09173494 公开了一种用于叶片抗侵蚀面涂层的改进涂料组合物，通过在叶片前缘（或整个叶片表面）施涂高强度抗侵蚀面涂层，减少雨滴等碰撞所造成的叶片前缘的大面积磨损。

2010 年，西门子提交的专利申请 EP10172377 公开了一种安装于叶片尾缘的转子叶片元件，用以提高叶片获取风能的效率，减少叶片尾缘产生的空气动力学噪声。

2010 年，西门子提出的专利申请 EP10159631 公开了一种叶片除冰装置，即一种扁平条装加热垫，该加热垫安装到叶片叠层结构内的叶片外表面或者叶片内部空间，并与导电装置连接。

2011 年，Wobben Properties Gmbh 提出的专利申请 DE102011088025 公开了一种转子叶片和连接装置，该连接装置将叶片外部与叶片内部连接，以提高叶片安装运输的便捷性。

2011 年，三菱集团提交的专利申请 WOJP11078602 公开了一种叶片雷电防护装置，该装置包括金属网形式的引下线系统、非常小的接受体和在桨叶内延伸的电导体。

2012 年，OH Young Lok 提交的专利申请 KR1020110095 409 公开了一种利用宽度和厚度相同的翼型叶片的水平轴风力发电机，即利用宽度和厚度相同以提高动力转换效率，并利用顺风及逆风方式降低噪声及振动。

2013 年，西门子提交的专利申请 EP13707346 公开了一种叶片降噪装置，该降噪装置为锯齿状后缘形式，并有加强肋。

2014 年，西门子提交的 EP14164420 公开了一种具有螺栓连接形式的分段式转子叶片。

2014 年，通用电气提交的 US14308792 公开了一种风力叶片末梢接头，可提高装配叶片的便捷性。

2015 年，歌美飒提交的 ES201500381 公开了一种叶片雷电接收器装置。

2015 年，挪威国家石油公司提交的 GB1510113 公开了一种增强尾流扩散的转子叶片。

2015 年，维斯塔斯提交的 DKPA201570861 公开了一种用于风力机转子的轮毂结构，改进了当前叶片连接到轮毂工序中的缺点。

2017 年，维斯塔斯提交的 GB1720521 公开了一种用于将风力涡轮机叶片连接到风力涡轮机的转子轮毂接头的替换插入件。

2017 年，Blok Shaikenov 提交的 KZ2017/0125.1 公开了一种具有叶片弯头弯曲

部的风轮,使叶片形状类似曲棍球棒,提高风轮的风能利用效率,减少设备材料消耗和重量。

2017 年,Wobben Properties Gmbh 提交的 DE102017110797 公开了一种能够实现对叶片进行加热的改进装置,以达到除冰效果。

2018 年,Blade Dynamics 提交的 GB1817618 公开了一种用于分段式风力涡轮机叶片的密封构件。

2019 年,Ibrahim Muhamad 提交的 EP19708252 公开了一种用于风力发电设施的转子叶片的旋转连接件,还包括与旋转连接件匹配的内环。

2019 年,西门子歌美飒提交的 US16287293 公开了一种用于保护叶片前缘的保护罩。

2019 年,通用电气提交的 WOUS19048586 公开了一种用于弧形锯齿叶片的降噪装置。

2019 年, Epsilon Composite 提交的 US16727171 公开了一种用于大尺寸复合材料叶片的机械加强件,该加强件由通过堆叠拉挤制成的部件来制造。

2020 年,西门子歌美飒提交的 EP20152000 公开了一种改进叶片根部组件的方法,使得压缩应力和载荷沿根部部分分布在两排之间,并且分布在根部部分的更大部分上,从而延长叶片的使用寿命。

叶片结构领域的技术发展脉络和专利布局趋势如图 7-17 所示。通过梳理叶片结构领域的核心专利,可发现围绕叶片的结构改进主要包括以下几个方面的技术需求:一是提升叶片对风能的利用效率,二是提升叶片的强度和可靠性,三是对叶片的雷电保护、冰雪保护、除尘等,四是对叶片的降噪、减振。主要的技术路径为:一是改进叶片翼型和气动外形,二是改进叶片构造和设置加装构件,三是分段式叶片设计。

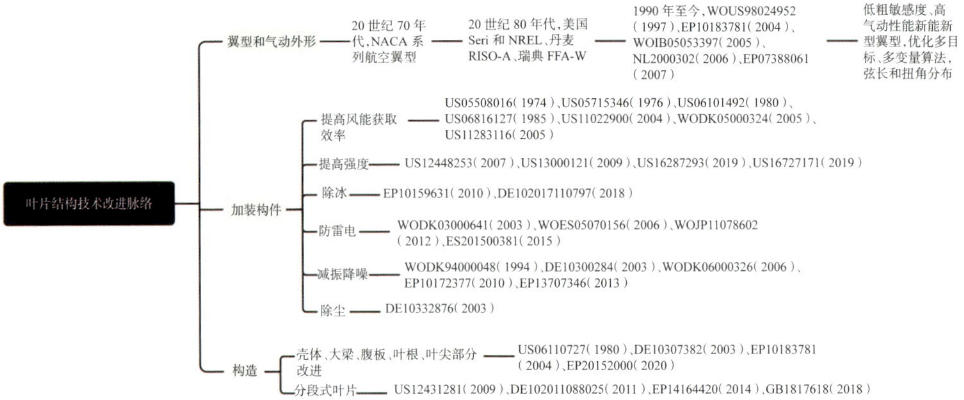

图 7-17　叶片结构领域技术发展脉络和专利布局趋势

1)叶片的翼型和气动外形

叶片翼型改进的目的是优化叶片的气动效率以提升叶片风能利用效率。叶片通常在低速、高升力系数状态下运行,叶片之间的流动干扰造成流动极其复杂。早期风电叶片翼型主要借鉴NACA系列航空翼型,比如NACA44XX、NACA23XX等,但其缺点在于对前缘粗糙度非常敏感。20世纪80年代后期,欧美国家开始研发风电叶片专用翼型族,比如美国的Seri和NREL系列、丹麦RISO-A系列、瑞典FFA-W系列等,这些翼型在升阻力特性、表面粗糙敏感性、失速特性等方面均有较好表现[39]。近年来,随着低风速区域和海上区域风电场开发,研发适用于于大型柔性长叶片的新翼型成为热点,尤其是结合叶片低载、高效和变工况性能稳定性需求,开发出了具有低粗敏感度、高气动性能的新翼型。从最新研究情况看,将30%及以上相对厚度的高性能厚翼型应用到叶片展向外侧区域,是有效平衡叶片气动、结构、载荷等矛盾需求的基本技术手段[40]。除翼型外,叶片的气动外形也是影响叶片风能利用效率和载荷分布的重要因素,叶片的气动外形主要由弦长、扭角、厚度和基准轴等参数沿展向的分布情况决定[41]。目前,主要申请人围绕叶片气动外形的技术改进,主要通过不断优化多目标、多变量的算法,考虑弦长和扭角分布对叶片风能利用效率、叶片载荷分布的影响。

2)叶片构造和加装构件

目前围绕叶片构造的专利主要集中在改进叶片的壳体、大梁、腹板、叶根、叶尖部分,当下的风电叶片结构出现一个明显变化,即将主梁位置的双腹板结构改为单腹板结构,同时大型化柔性化叶片的气弹稳定性是叶片结构改进的重点需求,而不是仅考虑传统的模态、刚度、强度。在涉及叶片结构的专利申请中,围绕加装构件的专利布局较多。从叶片设计技术发展进程看,目前围绕叶片翼型和气动外形的研究很难有颠覆性的创新,当下诸多发明创造并没有太多涉及叶片整体气动外形的改变,大部分申请人的思路并不是改变主体,而是通过进行局部结构的优化调整来满足实际运行需求。加装构件的作用主要包括提高风能获取效率、提高强度、除冰、防雷电、减振降噪、除尘等。

3)分段式叶片

分段式叶片是当下解决长叶片制造、运输、安装难的主要技术方向。早在2009年, Paul William Judge提交的专利申请US12431281就公开了一种机械连接分段式叶片,该专利后转让给通用电气。2014年,西门子提交的EP14164420公开了一种具有螺栓连接形式的分段式转子叶片。从申请人的专利布局方向看,实现分段式叶片有两种技术途径:一是采用机械连接,即通过法兰和螺杆连接分段,但缺点是会增加重量和成本,叶片质量在连接处会产生突变;二是采用黏结胶连接,但存在现场定位夹紧、快速固化等问题[42]。从目前发展趋势看,分段式叶片一直是企业和学界关注的热点，很多重点企业均围绕分段式叶片开展了专利布局，但分段叶片的发展同时面临很多亟待解决的问题，比如分段连接对叶片气动性能的影响，疲劳载荷下分段叶片的可靠性问题等。

（2）叶片工艺

对检索获取的叶片工艺领域的专利进行筛选，得到的重点专利如下。

1978 年，United Technologies Corp 提交的专利申请 US05960327 公开了一种通过缠绕法制造复合结构风电叶片的方法。该叶片从底部到顶部逐渐变细，并且包括具有不均匀厚度的壁的中空壳体，壁由多圈重叠的长丝增强带组成，重叠量可变化以控制厚度，增强带为编制的玻璃纤维。

1979 年，United Technologies Corp 提交的 US06009706 公开了一种使用纤维增强芯轴缠绕风力涡轮机叶片的方法。

1980 年，United Technologies Corp 提交的 US06191036 公开了一种用于确定在通过将复合纤维材料缠绕在芯轴上而制造翼型表面时将在哪里发生桥接的方法，以及用于修改芯轴翼型表面的轮廓以消除桥接的方法，使用标准几何技术从设计数据中确定在纤维缠绕路径中是否存在任何凹陷部分，并且可以校正芯轴的形状以避免桥接。

1981 年，Messerschmitt Boelkow Blohm 提交的 EP81102524 公开了一种泡沫型芯支撑叶片的制作方法。

1982 年，North Wind Power Company Inc 提交的 US06379631 公开了一种制造木制风力涡轮机叶片的方法。

1991 年，三菱重工提交的 JP03034955U 公开了一种纤维增强塑料叶片的制造方法，该方法在不降低玻璃钢叶片性能特性的前提下压缩了制造时间。

1993 年，Flowind Corp 提交的 US08090912 公开了一种适用于垂直轴风力涡轮机拉挤复合叶片的制造方法。

1994 年，Olesen Soeren 提交的 DK128194 公开了一种在玻璃纤维等纤维增强基体中优选叶片的中空成型工艺和模具的方法。

1998 年，Alternatives En 提交的 EP98400530 公开了一种制造大尺寸复合材料长叶片的模具及方法，在模具中放置至少一层由热塑性材料的纤维或线与增强纤维或线的混合物组成的线组成的布，在模具中的布上放置充气信封，关闭模具并使所述信封充气以将布压在模具壁上，使得能够通过一次成型和加热操作获得大尺寸长叶片。

2000 年，Torres Martinez M 提交的 WOES00000187 公开了一种由碳纤维和玻璃纤维构成的叶片。

2002 年，Bonus Energy A/S 提交的 EP02024766 公开了一种在封闭模具中制造叶片的方法。

2002 年，维斯塔斯提交的专利申请 ES06018665 公开了一种风力涡轮机叶片制造方法，使得叶片包含许多预制的沿外部圆周顺序布置的条带，条带最好由碳纤维构成，也可以由胶合板或固化树脂中的木质纤维构成，该制造方法使叶片具有层压产品的特性，增加了叶片的强度，且降低了生产成本。

2002 年，通电用气提交的 DE10235496 公开了一种改进现有叶片制造方法的技术方案，该转子叶片具有至少两个沿转子叶片纵向方向一个接一个设置的并且彼此黏接的转子叶片元件，以解决风能装置持续运行时出现裂纹，包括单个叶片元件之间的分离接缝区域内的损坏等问题。

2002 年，SSP Technology A/S 提交的 DKPA200200557 公开了一种用于叶片的叠层翼型的方法，叶片主要包括两个分别制造的纤维加固叠层翼型和至少一个纵向延伸的梁，用于解决叠层翼型与拖载梁之间存在较大间隙的问题。

2003 年，维斯塔斯提交的专利申请 WO03002292 公开了一种可靠的树脂和纤维元件之间的连接方法，尤其涉及去除连接元件界面之间残留气体的方法，可有效避免复合材料和元件之间残留空气间隙的问题。

2004 年，Wobben Aloys 提交的 DE10336461 公开了一种纤维复合结构叶片成型体制造过程用的支承结构，该支承结构由纤维束组成的粗纺条组成，可解决叶片制造过程中的放热反应以及降低波纹的风险。

2004 年，LM 提交的 DKPA200401225 公开了一种玻璃纤维或碳纤维叶片层压层切割方法，用于解决叶片层压层数量变化时导致的材料硬度跳跃、气穴、分层等问题。

2004 年，LM 提交的 DKPA200400094 公开了一种制作叶片雷电分流器的方法。

2004 年，歌美飒提交的 ES200402191 公开了一种叶片结构梁的制作方法，可实现高度自动化生产。

2005 年，维斯塔斯提交的 WO05050450 公开了一种用于制备叶片壳体构件的方法，壳体构件包括多个由固化的纤维增强式片材制成的元件，并将固化的纤维增强式片材设置成部分重叠的瓦状，从而可制造出具有高度对准的纤维复合物。

2005 年，通用电气提交的 US11261028 公开了一种微孔膜制造叶片的方法，即在叶片芯体上覆盖一层增强表层，并在增强表层上覆一层微孔膜、一层真空膜，然后将聚合物树脂引到芯体上，在叶片组合件上造成真空使树脂灌注透过该芯体并透过至少一层增强表层，使树脂硬化而形成转子叶片。

2006 年，General Electric 提交的 US11413391 公开了一种应用模具加工叶片和应用长丝缠绕制造叶片的方法。通过预制部件，可增加叶片结构的整体性，有利于对加工过程开展质量控制，还可以减少制造时间，从而降低成本。

2006 年，维斯塔斯提交的 WODK06000741 公开了一种叶片表面精加工方法，降低了叶片磨削、抛光、石英喷砂或玻璃喷丸相关的成本。

2007 年,通用电气提交的 US11627490 公开了一种预成型叶片的翼梁缘条的制造方法,该翼梁缘条包括多个预成型构件,在保证强度的前提下,在形成掠形时该翼梁缘条弯曲处纤维内部不会产生褶皱。

2007 年,英国 Blade Dynamics 提交的专利申请 GB717690 提出了一种叶片模块式设计的改进技术方案。

2007 年,西门子提交的 EP07013723、EP06024335 公开了一种制造叶片纤维增强层压板的方法,克服了纤维增强的层压材料中的褶皱问题。

2008 年,通用电气提交的 US12338023 公开了一种组装模块化叶片的方法,该方法适用于叶片沿纵向分开的中空轮廓构件,以及叶片沿横向分开的中空轮廓,从而降低叶片的运输与安装难度。

2008 年, Repower 提交的 DE102008030132、DE102008035588 公开了一种分段制造叶片的方法和模具,可压缩叶片批量生产的时间。

2009 年, Stiesdal Henrik 提交 EP08008453,后转让给西门子,该专利公开了一种复合材料的叶片制造方法,对真空辅助树脂传递模塑法进行了改进,该方法使得黏结过程中即使在气密膜出现孔的情况下,仍然可以继续进行而且不损害叶片材料特性,从而避免使用多层气密膜或其他防泄漏膜,最终降低制造成本。

2009 年, LM 提交的 EP09154539 公开了一种使用树脂传递模塑工艺制造风力涡轮机叶片的方法及生产线,降低所需要的起重台架装置的宽度/跨度,从而提高了起重台架装置的刚度和精度,同时降低了多个模具生产线的总长度。

2010 年,通用电气提交的 US12474261 公开了一种组装多个叶片区段的方法,主要方式是在各组的翼梁缘条区段之间形成嵌接接头的翼梁缘条腔,通过分段组装方式降低叶片运输成本。

2010 年,通用电气提交的 US12822626 公开了一种用于叶片的紧固装置。

2010 年, LM 提交的 EP10169029 公开了一种借助真空辅助树脂传递模制(VARTM)来制造预弯曲风轮机叶片的方法。该方法尤其适用于大型长叶片,使得叶片可放置得更接近风塔,同时避免叶片在强风情况下与风塔碰撞。

2011 年, Nordex 提交的 EP11007250 公开了一种用于制造具有预制主横梁盖的风力涡轮机转子叶片部件的方法,增加预制碳纤维强化主横梁盖的工艺可靠性,并减轻部件重量。

2011 年, Modular Wind 提交的 US13154384 公开了一种用拉挤成型的复合材料制作叶片构件的方法。

2012 年,通用电气提交的 DE102012104238 公开了一种具有预固化纤维杆的叶片。

2013 年，Modular Wind 提交的 US13843889 公开了一种使用矩形梁和分段剪切腹板的高效风力涡轮机叶片的设计和相关制造方法。

2014 年，维斯塔斯提交的 EP14159536 公开了一种使用矩形翼梁的叶片的制造方法。

2015 年，LM 提交的 EP14166776 公开了一种使用黏合剂间隔元件来确保风轮机叶片构件之间的最小联结线高度的方法。

2015 年，远景能源提交的 DKPA201470569 公开了一种叶片模具，用于风力涡轮机叶片的模具和具有同样总横截面形状但具有多种可能后缘长度的风力涡轮机叶片，并且因此也具有多种可能的弦长度和多种可能的扭转程度。

2015 年，维斯塔斯提交的 GB1507519 公开了一种用于风轮机叶片的诸如抗剪腹板之类的细长加强结构的制作方法，该方法可使用简单、便宜并且可重构的模具。

2015 年，Wobben 公开的 DE102015117437 公开了一种叶片制造改进方法，通过缠绕法来制造叶片部件，缠绕轴由聚合物混凝土制造，并且缠绕轴保留在风能设备的转子叶片中。这样可以省去使用钢轴时脱模的步骤，从而降低叶片重量，改进叶片的循环利用能力。

2017 年，Bell Helicopter Textron Inc 提交的 US15658928 公开了一种采用增材制造工艺定制、制造和修理叶片的方法。

2017 年，通用电气提交的 US15818957 公开了一种利用 3D 打印制造叶片的方法，具体方式为将一个或多个纤维增强外皮放入转子叶片板的模具中打印并存放，通过计算机数控（CNC）装置，在一个或多个纤维增强外皮的内表面上形成至少一个三维（3D）增强网格结构的多个肋构件。

2019 年，西门子歌美飒提交的 US16727015 公开了一种适用于真空辅助树脂传递西门子歌美飒膜塑工艺（VARTM）的叶片制造装置，以提高叶片结构的可靠性、生产的经济性。

2019 年，中材集团提交的 CN201911159124 公开了一种叶片条状件及梁的制作方法，该条状件堆叠时能形成嵌合结构，增加堆叠结构的整体稳定性和强度。

2019 年，Blade Dynamics 联合 LM 提交的 GB1817599 公开了一种制造具有内部增强结构的分段风力涡轮机叶片的有效方法，可提高叶片的稳定性，并使叶片容易制造、操控和组装。

2019 年，西门子歌美飒提交的 EP19176914 公开了一种改进叶片模具的方法，该模具包括下部模具和上部模具，且不需要将上部模具提升至叶片高度之上。该模具可降低对叶片生产车间的高度要求，也可降低对生产车间起重机的起重能力要求。

2021 年，Wobben 提交的 EP21150395 将侵蚀防护材料引入用于制造叶片的模具，得到前缘区域已结合侵蚀防护材料的叶片，从而提高叶片的耐腐蚀性。

梳理叶片工艺领域重点专利，可发现围绕叶片工艺的专利布局主要集中于叶片的成型技术、构件工艺、模具、黏结技术等。由于成型技术是整个工艺流程中较重要的环节，相关专利较多，现重点对叶片成型技术的发展脉络和趋势进行分析。叶片工艺领域的技术发展脉络和专利布局趋势如图 7-18 所示。

早期的叶片成型工艺多通过人工将树脂涂覆在纤维表面，最后固化得到复合材料制品（手糊），产品的质量完全依赖工人的操作水平，生产效率低，失效率高，不适合大型复杂结构风电叶片制品的批量化生产，相关专利较少。20 世纪 70 年代，大型商用风电机组的研发进程逐步加速，叶片制造商开始使用模压成型、拉挤成型、纤维缠绕、预浸料方法等工艺方法。如，1978 年，联合技术提交的专利申请 US05960327 公开了一种通过缠绕法制造复合结构风电叶片的方法，紧接着又于 1980 年提交专利申请 US06191036，该专利公开了一种在制造大型纤维缠绕转子叶片时避免或减少桥接的方法，对缠绕工艺做了进一步改进。1993 年，Flowind Corp 提交的 US08090912 公开了一种适用于垂直轴风力涡轮机拉挤复合叶片的制造方法。1998 年，Alternatives En 提交的 EP98400530 公开了一种制造大尺寸复合材料长叶片的模具及方法，使得能够通过一次成型和加热操作获得大尺寸长叶片。整体而言，叶片的制造工艺发展伴随着叶片材料体系和三维结构的发展，这些工艺方法各有利弊，比如预浸料方法适用于制造复杂结构的部件，但缺点是成本高、产量低；拉挤成型工艺不能制造截面变化较大的复杂形状部件；纤维缠绕工艺能制造不同尺寸及厚度的部件，但沿叶片纵向无法缠绕。

20 世纪 70 年代至 90 年代	21 世纪初	2010 年至今	未来趋势
1978 年，US05960327，一种通过缠绕法制造复合结构风电叶片的方法 1979 年，US06009706，使用纤维增强芯轴 1980 年，US06191036，一种在制造大型纤维缠绕转子叶片时避免或减少桥接的方法 1981 年，EP81102524，一种制造大尺寸发泡芯模制件的方法 1991 年，JP03034955U，一种纤维增强塑料叶片的制造方法 1993 年，US08090912，一种适用于垂直轴风力涡轮机拉挤复合叶片的制造方法 1994 年，DK128194，一种在玻璃纤维等纤维增强基体中优选叶片的中空成型工艺 1998 年，EP98400530，一种制造大尺寸复合材料长叶片的模具及方法	2000 年，WOES00000187，碳纤维和玻璃纤维构成的叶片 2002 年，EP02024766，一种在封闭模具中制造叶片的方法 2003 年，WO03002292，一种可靠的树脂和纤维元件之间的连接方法 2004 年，DKPA200401225，一种玻璃纤维或碳纤维叶片层压层切割方法 2005 年，US11261028，一种微孔膜制造叶片的方法 2007 年，US11627490，一种预成型叶片的翼梁缘条的制造方法 2008 年，US12338023，一种组装模块化叶片方法 2008 年，DE102008030132 公布了分段制造叶片的方法和模具 2009 年，EP08008453，对真空辅助树脂传递模塑法进行了改进	2010 年，EP10169029，公布了一种借助真空辅助树脂传递模塑来制造预弯曲风轮机叶片的方法 2011 年，EP11007250，增加预制碳纤维强化主横梁盖的工艺可靠性 2011 年，US13154384，一种用拉挤成型的复合材料制作叶片构件的方法 2017 年，US15658928，一种采用增材制造工艺定制、制造和修理叶片的方法 2017 年，US15818957，利用 3D 打印制造叶片的方法 2019 年，US16727015，一种适用于真空辅助树脂传递模型（VARTM）工艺的叶片制造装置 2019 年，GB1817599，制造具有内部增强结构的分段风力涡轮机叶片的有效方法	轻量化、模块化、自动化和智能化的叶片工艺制造技术 智能温控模具，纤维织物、预浸料、拉挤片材等自动铺放技术，自动打磨技术 低黏度热塑性树脂

图 7-18　叶片工艺领域技术发展脉络和专利布局趋势

随着风电叶片大型化趋势加速，叶片复合材料成型工艺取得了新的突破，树脂传递模塑（Resin Transfer Molding，RTM）工艺、真空辅助成型（Vaccum Assisted Resin Infusion，VARI）工艺和真空辅助树脂传递模塑（Vacuum Assisted Resin Transfer Molding，VARTM）工艺逐步成为主流成型工艺。RTM 工艺是一种在封闭模具中将树脂注入预成型的纤维增强材料中的方法，其优点是加工过程简单，能一次性成型，缺点是对模具和设备要求较高，适合大批量生产[43]。VARI 工艺是一种通过在真空环境中将树脂注入纤维预型的方法，优点是能够控制树脂的浸润程度，确保树脂充分浸润纤维，既能减少树脂浪费和环境污染，也能生产出质量较高的叶片，但缺点是需要使用真空设备，工艺复杂度较高且成本较高，适用于制造高性能小批量叶片。VARTM 工艺是一种结合了 VARI 和 RTM 两种工艺的方法，既能够控制树脂浸润程度，又具有较高的生产效率，也是目前大尺寸风电叶片制造工艺的发展方向。例如，叶片制造龙头企业 LM 先后于 2009 年、2010 年申请的 EP09154539、EP10169029，分别公开了使用树脂传递模塑工艺制造风力涡轮机叶片的方法及生产线，以及一种借助 VARTM 工艺制造预弯曲风轮机叶片的方法。总体来说，这三种风电叶片制造工艺的应用取决于制造商的生产需求、质量要求和成本控制。此外，为实现大型叶片自动化生产，3D 打印等增材制造技术、分段式叶片技术也成为技术研发和专利布局热点。例如，2010 年，通用电气提交的 US12474261 公开了一种组装多个叶片区段的方法，其又于 2017 年提交了专利申请 US15818957，该专利公开了一种利用 3D 打印制造叶片的方法，具体方式为将一个或多个纤维增强外皮放入转子叶片板的模具中打印并存放。

总体而言，叶片工艺技术发展与叶片材料、几何形状紧密相关。目前，大型风电叶片制造主要采用真空灌注工艺，叶片模具也逐步由早期的金属模具向复合材料模具转变，以提升叶片成型质量和生产效率[44]。从目前的产业发展趋势看，随着叶片尺寸不断增大，开发轻量化、模块化、自动化和智能化工艺制造技术，实现高成型质量、高生产效率、低成本和低环境污染的生产是主要方向，相关技术包括构建数字化自动化风电叶片制造系统，使用智能温控模具、自动铺层、智能打磨系统等，精确控制工艺参数等指标。

（3）叶片材料

对检索获取的叶片材料领域的专利进行筛选，得到的重点专利如下。

1978 年，Fiat Spa 提交的 GB7845796 公开了一种具有复合结构的叶片，该叶片的壳体为增强塑料材料，叶片内部用横肋和交叉的纵向支柱加固，其中嵌入金属叉臂，叉臂与金属根附着器连接。

1980 年，Budd Co 提交的 ES492625 公开了一种用于风车的锥形叶片，该叶片的顶部和底部为扁平金属薄片的主桁或梁组件，叶片前缘和后缘由泡沫材料组成。

1992 年，Lawson Tancerd Henry B Sir 提交的 GB9202630 提出了叶片由围绕管状

钢梁的可发泡树脂机翼而形成，叶片的发泡树脂可以是含有机复合发泡添加剂的环氧树脂，也可以是含低密度填料的合成环氧树脂。

1993 年，Flowind Corp 提交的 US08090912 公开了一种用于垂直轴风力涡轮机的拉挤复合叶片，叶片的复合结构由增强纤维构成，叶片蒙皮由多层树脂涂覆的玻璃织物构成。

2000 年，Torres Martinez M 提交的 WOES00000187 公开了一种纵向核心部件由碳纤维管构成的叶片，该纵向碳纤维管上安装有系列碳纤维或玻璃纤维十字肋。

2000 年，LM 提交的 DKPA200000946 公开了一种可根据大气温度改变叶片温度的叶片襟翼结构，襟翼由至少两层热膨胀系数不同的材料层压板构成。

2000 年，Baker Myles L 和 ARENDT Cory 提交的 WOUS07078361 公开了一种轻质复合桁架结构的叶片，该桁架支撑结构表面覆盖玻璃纤维或硬化的织物。

2002 年，三菱重工提交的 JP2002081567 公开了一种由玻璃纤维增强塑料构成的叶片，这种结构可用于 20 m 以上的风电叶片，自重轻且便于制造。

2002 年，Neg Micon A/S 提交的 EP04029161 提出一种包含许多预制的沿外部圆周顺序布置的条带的叶片，该条带可由碳纤维、木质纤维构成，叶片具有优良的硬度和强度，同时便于制造安装。

2002 年，LM 提交的 DKPA200200424 公开了一种由纤维加强聚合物构成的叶片，叶片根部由玻璃纤维加强聚合物支撑，叶尖部位由碳纤维加强聚合物制成，解决了玻璃纤维叶片的静负荷问题及碳纤维与玻璃纤维之间的边界表面处的应力集中问题。

2004 年，LM 提交的 DKPA200401988 公开了一种用于叶片的纤维增强部件的制造方法，对模塑法中使用凝胶体涂层的方法进行了改进，在敞口模具内表面的最外面设置热塑性薄膜。

2004 年，Toary Industries 提交的 JP2004353819 公开了一种重量轻、强度大、刚度高的叶片，该叶片构件包括由纤维增强塑料（FRP）组成的表皮材料，该 FRP 包含纵向排列超过叶片构件长度 90%以上的连续碳纤维层，以及由密度为 0.05~1.0 g/cm^3 的单元结构树脂多孔体组成的芯材。

2006 年，通用电气公开了一种叶片的纤维增强基体，该纤维增强基体由包埋在同一基体材料的玻璃纤维和碳纤维构成，这种纤维增强混合材料比碳纤维增强材料具有更大的失效压缩应变和抗弯阻力，同时自重更轻。

2007 年，Anurag Gupta、Thierry Maeder 提交的 US11798377 公开了一种低噪声风电叶片，叶片部分或整体采用能够承受定向载荷的金属和/或聚合物蜂窝材料，削弱噪声后缘散射机制。

2007 年，维斯塔斯提交的 DKPA200701587 公开了一种用于加强叶片结构的垫片，该垫片由碳纤维或玻璃纤维组成。

2008 年，LM 提交的 EP08014496 公开了一种钢线增强基体材料的叶片制作方法，叶片外壳结构由纤维增强聚合物材料制成，其中纤维增强材料体积的 20%以上由金属线构成。

2008 年，维斯塔斯提交的 EP08865641 公开了一种包含纳米管的雷电接收器的风电叶片。

2008 年，中国科学院宁波材料技术与工程研究所提交的 CN200810121767.4 公开了一种采用超高强聚乙烯纤维复合材料制造风力发电机叶片的方法，叶片前缘、叶片主梁皮层、叶片上下壳体采用超高强聚乙烯纤维织物和基体树脂。

2009 年，General Electric 提交的 CN200910258700.X 公开了一种使用碳纤维制造叶片翼梁缘条的方法。

2009 年，Takao Kuroiwa 等人提交 US12244223，该专利针对翼梁帽结构的叶片，提出叶片的外蒙皮层和多个主结构构件由纤维增强塑料构成。

2010 年，Dietmar Rakutt、Lukas Berger 提交的 US12757376 公开了一种由热塑性材料制成的叶片。

2010 年，东方电气提交的 CN201010186132.X 公开了一种用于制造叶片的环氧树脂胶黏剂。该环氧树脂胶黏剂通过添加纤维状填料进一步提高了材料的强度，且提高了材料的防开裂性能，满足了兆瓦级以上风力发电机叶片对材料的特殊要求，而且材料成本低，经济性好。

2011 年，巴斯夫提交的 CN201180066373.3 公开了一种增强聚氨酯泡沫替代轻木的方案，该泡沫具有高压缩强度和模量等良好的力学性能。

2012 年，LM WP Patent Holding A/S 提交的 EP12733119 公开了一种包括金属丝和碳纤维的风力涡轮机叶片以及制造方法。

2012 年，Martin Dahl 等人提交的 US14111039 公开了一种包括金属纤维和过渡区域的风力涡轮机叶片，叶片由纤维增强的聚合物材料制成，该聚合物材料包括聚合物基体和嵌入聚合物基体中的第一和第二增强纤维材料，该专利后转让给 LM。

2013 年，歌美飒提交的 CN201310239400.3 公开了一种保护复合材料叶片表面的涂料，底漆是聚氨酯类的双组分化合物，第二涂层是固体质量占 70%~80%的双组分涂料，能够阻止叶片表面腐蚀。

2013 年，Senvion 提交的 CA2868654 公开了一种由复合纤维构成的叶片组件。

2013 年，Wobben 提交的 DE102013217128 提出了一种具有带有用能硬化的树脂浸渍的纤维材料的基底和表面膜的叶片，表面膜具有超高分子量聚乙烯（UHMWPE）并且联结层具有第一橡胶层和第二橡胶层，其中第一橡胶层配属于表面膜，第二橡胶层配属于基底。

2015 年，LM 提交的 WOEP15066397 提出了叶片前缘防蚀护罩由两层热塑性材料组合构成。

2015 年，LM WP Patent Holding A/S 提交的 US15114469 公开了一种具有改进纤维过渡的风力涡轮机叶片，风力涡轮机叶片部件由纤维复合材料制成并且包括第一类增强纤维和第二类增强纤维，第一类增强纤维具有第一弹性模量，第二类增强纤维具有第二弹性模量。

2016 年，Senvion Gmbh 提交的 US15196080 公开了一种用于制造风力涡轮机叶片的承载支撑结构和加强件，每个预制件层包括一个或多个纤维载体层。

2017 年，Hankuk Carbon Co Ltd 提交的 KR1020170072 682 公开了一种预浸料及复合风力叶片采用低温固化的环氧树脂组合物。

2017 年，湖北回天新材料股份有限公司提交的 CN201711435486.1 公开了一种风电叶片盖板黏接用双组份硅烷改性聚醚密封胶，在硅烷改性聚醚体系中引入与风电叶片材料相同的环氧树脂，从而既保持硅烷改性聚醚密封胶的柔韧性和耐高温性等性能，又具有环氧树脂的内聚力强的特点，有效解决应力导致的断裂问题，实现了风电叶片盖板的高黏接强度及耐久性。

2017 年，LM Wind Power 提交的 BRPI112018076472 公开了一种具有增强的胶接合的风力涡轮机叶片及相关方法。

2017 年，LM Wind Power 提交的 EP16175791 公开了一种带有改进的胶接接头的风力涡轮机叶片及相关方法。

2017 年，东方电气提交的 CN201710464058.5 公开了一种基于石墨烯加热膜的风电叶片加热融冰系统及该叶片的制作方法。

2018 年，Arkema France 提交的 CN201880031421.7 公开了一种由热塑性聚合物复合材料制得的风力涡轮机叶片，其比常规风力涡轮机叶片的制造速度更快，同时优选材料是可回收的，并耐受风力涡轮机叶片在运行中遇到的机械和化学应力。

2018 年，西门子歌美飒提交的 CN201811583526.1 公开了一种叶片翼梁帽的非平面轮廓剖面的拉挤纤维复合材料条带，即具有单向纤维（UD）增强的复合材料的拉挤条带。

2018 年，Wobben 提交的 DE102018120905 公开了一种用于叶片纤维复合部件的纤维复合坯料。

2019 年，西门子歌美飒提交的 CN201910068176.3 公开了一种柔性轻木木质板，柔性轻木木质板包括多个轻木木质模块和聚合物膜，聚合物膜不具有玻璃纤维、碳纤维等形式的增强物，应用聚合物膜替代玻璃纤维网，可增加黏合面积，实现更均匀的黏合，降低轻木木质模块脱落的风险。

2019 年，株洲时代新材料科技提交的 CN201910234696.7 公开了一种碳纤维风电叶片大梁。

2020 年，中国长江三峡集团等提交的 CN202011221352.1 公开了一种用于防/除风机叶片覆冰的基于 PTFE 膜制备方法。

2020 年，远景能源提交的 CN202011421180.2 公开了一种超大丝束碳纤维及其制备方法和连续纤维增强树脂基复合材料及风电叶片。

2020 年，康达新材料（集团）股份有限公司提交的 CN202011640367.1 公开了一种用于风力发电叶片合模黏接的高效中温快固环氧结构胶及制备方法，能够帮助生产商缩短 25%~30%的叶片成型时间，使大型叶片制造时间缩短至 18 h 以内。

2020 年，康达新材料（集团）股份有限公司提交的 CN202011486028.2 公开了一种耐 360 ℃高温环氧胶黏剂及其制备方法及应用，解决环氧胶的高温黏接、高温老化和尺寸稳定性等问题。

2021 年，中国石油化工股份有限公司提交的 CN202111272887.6 主要解决现有技术中传统的环氧上浆剂上浆的碳纤维与聚双环戊二烯树脂基体匹配性较差的问题。

2021 年，中复碳芯电缆科技有限公司提交的 CN202111662328.6 公开了一种碳纤维包覆玻璃纤维拉挤板材生产工艺及生产设备。

2021 年，中材科技（酒泉）风电叶片有限公司提交的 CN202111165485.6 公开了一种风电叶片芯材结构及其铺放方法，风电叶片芯材结构包括硬质板材和弹性板材，其中硬质板材可为聚对苯二甲酸乙二醇酯（PET）、聚氯乙烯（PVC）、轻木（BALSA）、聚甲基丙烯酰亚胺（PMI）、聚醚酰亚胺（PEI）、丙烯腈-苯乙烯（SAN）、聚苯乙烯（PS）、纤维增强复合材料中的任意一种。

2021 年，康达新材提交的 CN202110937856.1 公开了一种具有长时间储存稳定性的、在树脂固化后期自由基反应阶段反应放热温度低的聚氨酯丙烯酸酯组合物以及其在制备纤维增强聚氨酯树脂基复合材料上的应用。

2022 年，明阳智能提交的 CN202211082331.5 公开了一种风力发电机叶片用的聚双环戊二烯树脂组合物材料，综合了聚双环戊二烯和环氧树脂的优点，所制组合料的性能优于纯聚双环戊二烯灌注树脂体系，既增强了复合材料的韧性，又解决了纯聚双环戊二烯树脂体系的模量略低的问题，可与现在市面上的环氧上浆剂玻纤织物直接匹配使用，使现有叶片灌注工艺无须改变和调整，可以有效实现叶片材料的降本和减重。

2022 年，连云港中复连众复合材料集团有限公司提交了 CN202211596977.5，该专利公开了叶片芯材本体由聚氯乙烯、聚对苯二甲酸乙二醇酯等多种材料中的任意一种或至少两种的混合物或基于以上至少一种材料的改性聚合物制成。

2022 年，明阳智能提交的 CN202221936630.6 公开了一种风电叶片腹板，该腹板能够有效提高腹板支撑主梁的稳定性,该叶片腹板采用两个玻璃钢夹芯拉挤结构件以及夹芯板组合的结构,所述玻璃钢夹芯拉挤结构件包括两个支撑立柱、第一玻璃钢层、第二玻璃钢层和泡沫块,其中泡沫块为轻木件、聚氨酯泡沫件、聚对苯二甲酸乙二醇酯泡沫件或聚甲基丙烯酰亚胺泡沫件。

从技术发展历程看,叶片材料的发展经历了木质材料、金属材料和复合材料三个阶段,复合材料技术发展是推动叶片走向“大型化、轻量化与低成本”的关键因素之一[45]。根据材料的不同用途,叶片材料主要分为基体材料、增强材料、夹芯材料、表面涂层材料、结构胶,围绕叶片材料及制造工艺的相关专利主要集中在这五大领域,其中增强材料是技术创新和专利布局重点,相关专利较多。叶片材料领域的技术发展脉络和专利布局趋势如图 7-19 所示。

图 7-19　叶片材料领域技术发展脉络和专利布局趋势

增强材料。目前,复合材料叶片多采用玻璃纤维复合材料(GFRP)和碳纤维增强复合材料(CFRP),其中玻璃纤技术发展时间较长,其强度和容量提升已接近瓶颈状态,早期专利布局较多。例如,1978 年的专利申请 GB7845796 公开了一种具有复合结构的叶片,该叶片的壳体为增强塑料材料;2002 年,三菱重工提交的 JP2002081567 公开了一种由玻璃纤维增强塑料构成的叶片,可用于 20 m 以上的风电叶片。但随着叶片长度增加,碳纤维或碳玻混合正逐步替代玻璃纤维成为超大型长叶片的理想材料。2000 年以后,重点企业都加大了对碳纤维叶片相关技术的专利布局。例如,2002 年,Vestas 围绕碳纤维主梁叶片挤拉工艺提出专利申请;2002 年,

LM提交专利申请DKPA200200424，叶片根部由玻璃纤维加强聚合物支撑，但叶尖部由碳纤维加强聚合物制成，着力解决玻璃纤维叶片静负荷问题；2006年，通用电气提出了一种玻碳混合的叶片纤维增强技术方案，目前陆上8.0 MW以下叶片设计以玻璃纤维为主，而海上12 MW以上风机叶片则必须考虑应用碳纤维进行主梁设计。近年来，随着维斯塔斯的风电叶片碳纤维核心专利挤拉工艺于2022年7月到期，围绕碳纤维叶片专利布局的竞争日趋激烈，中复连众、时代新材、明阳智能等国内企业为推出碳纤维梁叶片产品加快了专利布局，但碳纤维产能主要集中在欧美，国产化程度不高，且成本较高，虽然应用前景广阔，但距离大规模产业化应用仍需时日。

夹芯材料。叶片夹芯材料主要使用巴沙木（Balsawood）、PVC泡沫和PET泡沫。"PVC+巴沙木"仍是目前主流的技术方案。PET作为一种热塑性材料，其耐热性优于PVC，且更加绿色环保，具备未来替代PVC泡沫的条件。近年来围绕PET泡沫芯材的专利布局也逐步增多。例如，2011年巴斯夫提交的CN201180066373.3，2021年中材科技提交的CN202111165485.6，2022年中复连众提交的专利申请CN202211596977.5。同时，Vestas、LM等重点风电厂商已完成了全PET芯材的风电叶片设计，PET泡沫应用正逐步走向成熟。但是，PET的挤出发泡过程更加复杂，技术难度也较大，因此面临产品性能不够稳定等问题。

基体材料。在基体材料研发方面，目前主流基体材料是不饱和聚酯和环氧类的热固性树脂，但由于不具备可回收性，回收处理难度较大，因此开发可回收利用的热固性或热塑性树脂基体材料成为当下技术的发展趋势，比如聚氨酯和双环戊二烯树脂（DCPD）。

表面涂层材料。风电叶片通常会涂覆保护涂料以抵御恶劣的运行环境。目前，国内外风电叶片涂料产品发展相对成熟，围绕叶片防护涂料的专利布局也较多。2013年，歌美飒提交的CN201310239400.3公开了一种保护复合材料叶片表面的涂料，底漆是聚氨酯类的双组分化合物，以防止叶片表面腐蚀；2015年，LM提交的WOEP15066397中，叶片前缘防蚀护罩由两层热塑性材料组合构成；2017年，东方电气提交的CN201710464058.5公开了一种基于石墨烯加热膜的风电叶片加热融冰系统及该叶片的制作方法。总体来说，相关专利主要集中在对叶片前缘的保护，常见的防护材料有保护漆和保护膜，主要关注的技术改进点在涂层材料的附着力、耐磨性、化学性能稳定性（耐盐雾性、耐紫外线老化性、耐湿热性），以保障叶片适应复杂极端的气候条件。但就涂料产品研发现状而言，还不能满足大型叶片尤其是海上风电叶片的防护需求，开发高性能、低成本、施工工艺简单的防护涂料产品十分必要。

结构胶。随着叶片大型化，开发出低密度、低成本、宽施工时间和高韧性快固化的结构胶成为国内外主要厂商研发和专利布局的重点。2010年，东方电气提交的CN201010186132.X公开了一种用于制造叶片的环氧树脂胶黏剂，该环氧树脂胶黏剂通过添加纤维状填料进一步提高了材料的强度，且提高了材料的防开裂性能，可满足兆瓦级以上风力发电机叶片对材料的特殊要求。2017 年，LM Wind Power 提交的 BRPI112018076472 公开了一种具有增强的胶接合的风力涡轮机叶片及相关方法。2020 年，康达新材料（集团）股份有限公司提交的 CN202011640367.1 公开了一种用于风力发电叶片合模黏接的高效中温快固环氧结构胶及制备方法，能够帮助生产商缩短 25%~30%的叶片成型时间，使大型叶片制造时间缩短至 18 h 以内。总体来说，目前结构胶的类型主要是环氧型、聚氨酯型、乙烯基型及丙烯酸酯型等。

（4）叶片测试、故障诊断及维护

风电叶片承受载荷大、运行环境恶劣，且随着运行年限增长，随时有可能发生损伤和故障，常见故障包括裂纹与开裂、表面磨损、表面脱落和砂眼、根部螺栓松动、叶片折断等。当叶片损伤累积到一定程度时便极有可能引发事故，既影响风力发电质量，也需花费较高维修成本[46]。因此，风电叶片的状态监测、故障诊断分析等技术主题，也是主要风电制造企业的专利布局重点。对检索获取的叶片测试、故障诊断及维护领域的专利进行筛选，得到的重点专利如下。

1989 年，Westinghouse Electric Corp 提交的 US07152266 公开了一种叶片疲劳检测器，通过在线振动疲劳检测器，将叶片振幅、频率与静态应力结合起来计算叶片的疲劳损耗。

2000 年，Igus Ingenieurgemeinschaft Umw 提交的 DE10065314 公开了一种使用声音、振动传感器监控风力涡轮机叶片运行参数，并通过与现有数据库信号对比，快速评估叶片的损耗情况的方法。

2000 年，Igus Ingenieurgemeinschaft Umw 提交的 DE20021970 公开了一种监测叶片运行条件的装置，通过测量叶片结构噪声信号和光谱分析，可快速识别叶片局部损坏情况。

2004 年，Lemieux David L 等人提交的 US10880855 公开了一种用于测量叶片偏转的方法与装置。

2004 年，Moroz Emilian M 等人提交的 US10880732 公开了一种用于扭弯曲耦合（TCB）风力涡轮机叶片的方法与装置，通过测量叶片尖端速度以及测量电流分布和电流叶片负载，调节发电机转矩以改变叶片尖端速度，增加风能捕获效率。

2005 年，通用电气提交的 DKPA200500492 公开了一种检测叶片上的冰的方法和装置，包括监控与结冰条件相关的气象条件以及监控叶片的多个物理特性。

2005 年，通用电气提交的 EP05257848 公开了一种风力机疲劳负荷测量与评定方法与装置。

2005 年，Igus Inouvejtiv Teknishe Zjusteme Gmbkh 提交的 RU2007107361 公开了一种风电叶片状态监测方法与装置。通过布置在叶片上的位移传感器对固体噪声进行测量，再通过频谱分析方法，快速识别叶片局部内外损伤状态。

2006 年，Jean Louis Wesselink 提交的 US11328254 公开了一种检测叶片状态的方法与组件，利用应答器技术，在叶片上设置射频识别（RFID）设备应答器，实现叶片数据无线传递。

2006 年，通用电气提交的 US11263328 公开了一种监测叶片内应力的系统和方法，将光学玻璃纤维埋置于叶片表面，通过光传输的减少或损失相应显示叶片的应力水平。

2006 年，Insensys Ltd 提交的 GB0616506 公开了一种叶片光学监控方法，利用光纤应变传感器监测叶片负载。

2006 年，西门子提交的 WOEP06070279 公开了一种测量叶片形变的装置。

2008 年，Scott Hughes 等人提交的 US12747458 公开了另一种叶片的双轴共振测试方法，用于叶片疲劳测试。

2008 年，维斯塔斯提交的 WOEP08056685 公开了一种用于叶片疲劳测试的装置。

2010 年，通用电气提交的 EP10173475 公开了一种用于风力涡轮机健康管理的系统与方法，通过安装在叶片、轮毂、发电机、机舱、支撑塔架上的应力传感器，监测风力涡轮机的运行参数，再通过控制器调节各种运行参数。同年提交的 EP10193913 公开了一种用于风力涡轮机的非接触式红外数据传输的设备。

2010 年，Ulrich Neumann 提交的 US12826975 公开了一种检测叶片与塔壁之间接近度的系统，用于监测叶片的偏转。

2010 年，Astrium Sas 提交的 FR10057827 公开了一种叶片无损检测方法。通过改变充填叶片内部中空空间流体的物理条件，无接触地测量叶片外表面的物理参数。

2011 年，LM 提交的 WOEP11000422 公开了一种在现场标定叶片载荷传感器的方法。

2011 年，SSB 风系统两合公司提交的 CN201110185959.3 公开了一种利用光学测量风力发电设备风轮叶片挠度的装置。

2011 年，Rebecca Evelyn Hefner 提交的 US13253582 公开了一种叶片侵蚀传感器，可单独监测叶片基底的侵蚀腐蚀状况。

2012 年，通用电气提交的 EP12152805 公开了一种检查风力涡轮机的方法，通过远程操作空中平台、无损评估装置、距离测量系统，实现对叶片、塔架外侧等设备的远程控制检测。

2012 年，Bosch Gmbh Robert 提交的 WOEP12004231 公开了一种用于确定叶片机械损伤的检测方法（采用振动信号的频谱分析方法）。

2012 年，中国科学院工程热物理研究所提交的 CN201210046707.7 公开了一种水平轴风力机叶片疲劳损伤与寿命评估方法。

2012年，慕尼黑工业大学提交的DE102012108776公开了一种监控叶片状态（磨损、材料疲劳）的方法，通过使用光纤传感器，可实现1%范围内的测量精度，避免了刚性波动带来的测量不确定度。

2013年，Digital Wind System Inc提交的US12840470公开了一种叶片运行过程中的地面无损声学多普勒检测方法。

2014年，金风科技提交的CN201410273567.6公开了一种用于监测风力发电机组的叶轮振动状态的方法和系统。

2014年，通用电气提交的CA2868643提出了一种风力涡轮机和叶片的健康状态的评价方法，通过微惯性测量单元，利用信号处理技术，评估叶片故障状态。

2015年，LM提交的IN883CHENP2015公开了一种叶片扰度检测系统。

2015年，SSB风系统两合公司提交的CN201510017596.0公开了一种用于风轮机叶片桨距角测量的系统和方法。

2015年，金风科技提交的CN201511000214.X公开了一种通过无人机检测风机叶片状态的方法、装置及系统。

2015年，维斯塔斯提交的US14704744公开了一种风力机叶片振动检测与雷达校准方法。

2015年，FOS4X GMBH提交的WOEP15078233公开了一种叶片扭力不稳定性的检测方法。

2015年，维斯塔斯提交的IN6840DELNP2015公开了一种检测叶片结构异常的故障识别系统，故障检测系统为涡轮机上的每个叶片产生"指纹"，指纹可以是叶片的一组动态，诸如叶片的质量、应变比、阻尼比等物理特性。

2016年，通用电气提交的US15198876公开了一种通过红外成像技术检测部件中缺陷的系统和方法。

2016年，国电联合动力提交的CN201610053750.4公开了一种风力发电机组叶片结冰检测的方法和装置。

2016年，浙江运达风电股份有限公司提交的CN201610234955.2公开了一种基于双馈风力发电机组定子电流的桨叶不平衡故障诊断方法。

2016年，维斯塔斯提交的WODK16050197公开了一种用于风力涡轮机叶片的负载敏感系统。同年提交的GB1604812公开了一种叶片疲劳测试方法。

2017年，西南交通大学提交的CN201710287756.2公开了基于选择性搜索分割的风机叶片表面缺陷诊断方法。

2017年，Digital Wind Systems Inc提交的JP2017201926公开了一种基于地面测试风力涡轮机的系统和方法。

2017 年,上海电气风电集团提交的 CN201710638434.8 公开了一种风力发电机组风轮不平衡的监测方法。

2017 年,南京天数信息科技有限公司提交的 CN201710191583.4 公开了一种基于机器学习的叶根螺栓断裂故障检测方法。

2018 年,明阳智能提交的 CN201910148507.4 公开了一种风力发电机组的叶片净空监测方法,采用纯测距的激光测距仪,既能节省成本,又能降低安装和维护难度。

2018 年,远景能源提交的 CN201811086071.2 公开了一种基于噪声检测叶片的雷击损伤的方法。

2018 年,金风科技提交的 CN201810712741 公开了一种叶片开裂状态监测方法与系统。

2018 年,Nidec Ssb Wind Systems Gmbh 提交的 WOEP18083557 公开了一种用于测量塔架与风力涡轮机的叶片尖端部分之间的分离距离的系统。

2018 年,西门子歌美飒提交的 EP18707252 公开了一种具有光纤嵌入式传感器的风力涡轮机转子叶片,用于监测叶片形状变化。

2019 年,西门子歌美飒提交的 US16728293 公开了一种用于疲劳测试风力涡轮机叶片的系统、测试组件和方法。

2019 年,中国人民解放军国防科技大学提交的 CN201910309300.0 公开了一种基于摄像测量的风电叶片机械故障在线检测系统。

2019 年,上海中认尚科新能源技术有限公司提交的 CN201910409539.5 公开了一种基于卷积神经网络的风力发电机叶片裂纹检测方法。

2019 年,沈阳工业大学提交的 CN201910654483 提出了一种新的红外成像检测叶片缺陷深度的方法,解决了大型风力涡轮机叶片缺陷深度测量中不能通过直观的红外热成像确定缺陷深度的问题。

2020 年, LM Wind Power 提交的 US17802365 公开了一种使用红外成像和机器学习监测风力涡轮机转子叶片的系统和方法。

2020 年,明阳智能提交的 CN202010447665.2 公开了一种风力发电机组的叶片防扫塔监测装置。同年提交的 CN202011372402.6 公开了一种通过叶尖发射信号的风力发电机组净空监测方法。

2020 年,深圳大学提交的 CN202010847852.X 公开了一种基于机器视觉的风机叶片缺陷检测方法及系统。

2020 年,西门子歌美飒提交的 WOEP20057211 公开了一种用于在风力涡轮机的操作期间检测转子叶片位置和/或转子叶片速度的分布式系统。同年提交的 WOEP20057274 公开了一种用于在风力涡轮机运行期间检测转子叶片的一个或多个特性的设备和方法。

2020 年，西门子歌美飒提交的 WOEP20059339 公开了一种自动涡轮机叶片监视系统，通过远程收集叶片状态数据再传输给数据处理系统，节省大量人工成本，增加叶片检查的频率并最终延长风力涡轮机叶片的寿命。

2020 年，西门子歌美飒提交的 US17790317 公开了一种用于风力涡轮机的由计算机实现的监测方法。

2021 年，西门子歌美飒提交的 EP21727833 公开了一种用于生成预测风力涡轮机转子叶片损伤的预测模型的由计算机实现的方法。

2021 年，西门子歌美飒提交的 WOEP21079995 公开了一种监测叶片结冰情况的计算机实现方法。

从专利的技术主题看，对叶片的检测内容主要集中在疲劳测试、扰度检测、内部应力检测、结构异常检测以及结冰故障诊断等，而检测方法的改进则是专利布局的重点。叶片测试、故障诊断及维护领域的技术发展脉络和专利布局趋势如图 7-20 所示。早期对叶片故障的检测方法包括地面敲击辨音、地面望远镜观察与吊车辅助绳索垂降人工检查[47]，但随着机组规模的不断扩大，叶片尺寸不断增长，传统巡检方法已不适用。分析近年来与叶片故障检测技术相关的重点专利可发现，计算机视觉技术、声发射技术、红外热成像技术、振动分析技术、超声波技术等逐步被应用到叶片的动态和静态无损检测中。例如，2020 年，LM Wind Power 提交的 US17802365 公开了一种使用红外成像和机器学习监测风力涡轮机转子叶片的系统和方法；同年，西门子歌美飒提交的 WOEP20059339 公开了一种通过远程收集叶片状态数据再传输给数据处理系统进行检测的方法。整体来说，目前风电叶片检测技术日趋智能化，应用新型传感器、无人机、机器视觉、图像采集和处理等技术实现大场景、远程、灵活性高、检测频率高的检测。但是，相关技术产品的研发也面临一些问题，比如恶劣工况下传感器的精度和成本维护问题、多种检测技术的综合应用问题等。

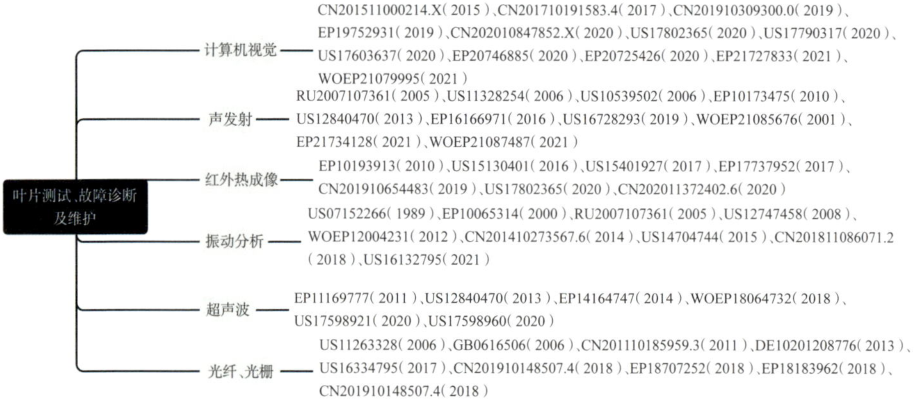

图 7-20　叶片测试、故障诊断及维护领域技术发展脉络和专利布局趋势

7.1.5 防范专利风险

全球风电领域专利诉讼活动比较频繁，知名风机厂商如通用电气、维斯塔斯、Enercon、LM 之间均发生过专利纠纷。早在 2005 年，维斯塔斯被起诉侵犯了 Enercon 公司一项关于叶片防雷保护技术的专利。因此，企业除了需要关注技术及产品的研发趋势和热点、重点竞争对手的技术研发方向和专利布局策略外，还要持续跟踪竞争对手的专利布局情况，积极识别系统性专利风险，并提前做出风险预案，尤其是要关注专利诉讼活动比较活跃的公司。

如图 7-21 所示，以横轴表示发起专利诉讼活动的主体，纵轴表示被诉讼的主体，绘制气泡图，分析全球主要叶片申请人之间的专利诉讼情况。由图 7-21 可知，全球知名风电整机制造商之间关于叶片的专利诉讼比较频繁，发起专利诉讼活动比较活跃的主体是维斯塔斯、Enercon、Nordex、通用电气、LM 等，被诉讼较多的主体是 Enercon、Senvion、Gamesa、Nordex。例如，维斯塔斯曾就西门子歌美飒的两个专利族发起无效诉讼，涉及一种风力涡轮机转子叶片组件和制造方法，以及一种用于风力涡轮机的转子叶片的剪切腹板和用于制造剪切腹板的方法；通用电气曾就 Enercon 的 4 个专利族发起无效诉讼，专利主要涉及一种调整叶片节距、在风力涡轮机运转时检测结冰的方法等。诸多案例中，比较典型的诉讼案例是通用电气“705 号专利”诉讼案，GE 凭借其掌握的风电零电压穿越核心技术专利（简称“705 号专利”），曾先后向三菱重工、维斯塔斯和西门子歌美飒发起侵权诉讼，作为打击竞争对手、抢占风电市场的杀手锏，通用电气与三菱重工和维斯塔斯的专利诉讼均达成和解并签订“交叉授权”协议，迫使三菱重工赔付高额罚款后退出美国市场，但在与西门子歌美飒的专利诉讼案中遭到了反诉。2020 年，西门子歌美飒针对通用电气发起专利侵权诉讼，称通用电气的海上风机机型 Haliade-X 侵犯了其“413 号专利”及“766 号专利”，主要涉及海上直驱风机的结构支撑；2022 年，美国马萨诸塞联邦地区法院陪审团认定通用电气侵犯“413 专利”，判定通用电气向西门子歌美飒支付知识产权使用费 3 万美元/MW，这次败诉对通用电气占领海上风电市场造成了不利影响。由此可见，专利俨然成为企业垄断市场、打击竞争对手的杀手锏。

对于国内风电企业来说，加快风电核心技术专利布局已迫在眉睫。早期维斯塔斯、通用电气等国外风电巨头企业在进入国内市场后，通过专利布局垄断了许多风电前沿技术。例如，维斯塔斯早在 2002 年 7 月就向国家知识产权局申请了以碳纤维条带为主要材料的风力涡轮机叶片的相关专利，这使得之后国内企业无法布局叶片碳纤维拉挤产线，严重阻碍了碳纤维梁叶片的国产化进程。国内风电企业在加大风电核心技术研发力度的同时，不可忽视专利布局的重要性，必须结合自身产品体系和经营战略构建严密的专利防护网，以保障自身权益。一是结合研发管理过程实施标准化、专业化的专利工作体系，积累专利挖掘和布局策略，及时针对核心技术提交基础专利，抢占产业竞争高地；二是加强竞争情报分析，紧密跟踪分析国内外主要竞争对手，掌握其专利申请、诉讼等活动，通过其专利布局策略分析其潜在的技术研发路径和趋势，在技术研发和生产过程中寻求自身技术与竞争企业专利之间的差异，避免研发的技术路线和技术方案落在先申请专利的保护范围内，构筑有控制力的专利防护网络；三是加强对产品销售目标区域、竞争对手专利布局等信息的综合分析，合理扩大国际专利申请和指定范围，对于产品出口的目标国进行专利预警分析，依照当地法律及政策进行风险调查，避免侵犯目标国授权专利。

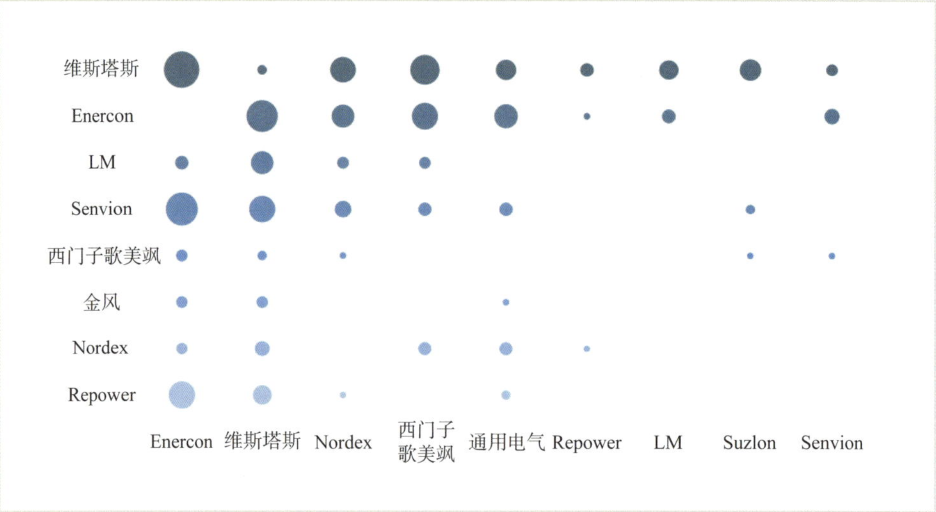

图 7-21　全球叶片领域主要申请人之间专利诉讼情况

截至 2021 年 6 月 30 日，维斯塔斯的中国发明专利申请共 226 件，其中涉及叶片的专利共 55 件（具体见表 7-6），相关专利主要涉及叶片制造、叶片防冰和防雷系统、叶片振动及噪声控制等。其中，围绕改进叶片腹板结构、提升叶片承受疲劳载荷能力，维斯塔斯提交了 CN115038861A、CN113423948A、CN113165281A、CN113165282A、CN111051691A 等系列专利；围绕改进碳纤维梁叶片制造方法，CN116057272A 公开了一种保持夹具，该夹具能使叶片增强材料条放置到准确位置；围绕叶片防雷，Vestas 提交的 CN115917144A、CN115885106A 对碳纤维叶片的防雷系统做出了改进，可减少防雷系统与其他导电部件之间的电势差。

截至 2021 年 12 月 30 日，西门子歌美飒的在中国申请的发明专利共 385 件，其中涉及叶片的专利共 55 件（具体见表 7-7），相关专利主要涉及碳纤维梁叶片制造方法、改进叶片升力装置、扰流器装置、振动控制、雷电保护装置等。例如，CN114714644A

公开了一种制造可适应碳纤维梁的方法；CN115516201A、CN115280013A、CN114729619A等公开了调节控制叶片表面气流的方法。

表 7-6　维斯塔斯风电叶片领域的中国发明专利申请

序号	标题	公开（公告）号	申请日	简单同族	PCT 进入国家阶段日	当前法律状态	首次公开日
1	风力涡轮机叶片	CN116075635A	2021/9/7	CN116075635A；WO2022053117A1	2023/3/7	公开	2023/5/5
2	制造风力涡轮机叶片的方法	CN116057272A	2021/6/10	CN116057272A；WO2021249605A1；EP4165299A1	2023/2/2	公开	2023/5/2
3	风力涡轮机防雷系统	CN115917144A	2021/7/26	CN115917144A；WO2022022790A1	2023/2/24	实质审查	2023/4/4
4	风力涡轮机叶片	CN115885102A	2021/7/1	CN115885102A；WO2022002337A1	2023/2/23	实质审查	2023/3/31
5	风力涡轮机防雷系统	CN115885106A	2021/7/26	CN115885106A；WO2022022789A1	2023/2/23	实质审查	2023/3/31
6	风力涡轮机叶片桨距系统的基于频率含量的监测	CN115380160A	2021/4/12	US20230129895A1；WO2021219175A1；EP4143433A1；CN115380160A	2022/10/10	实质审查	2022/11/22
7	用于风力涡轮机的转动器齿轮组件及其使用方法	CN115349055A	2021/3/22	WO2021190719A8；CN115349055A；WO2021190719A1；EP4127462A1；KR1020220156845A	2022/9/22	实质审查	2022/11/15
8	用于搬运风力涡轮机叶片的方法	CN115103958A	2021/3/10	WO2021180286A1；TW202200898 A；EP4118329A1；CN115103958A	2022/8/12	实质审查	2022/9/23
9	与自动化装置一起用于修理风力涡轮机叶片上的前缘损坏的涂料施加器工具端头	CN115066552A	2020/12/18	CN115066552A；EP4077934A1；US20230048890A1；WO2021121521A1	2022/8/10	实质审查	2022/9/16

续表

序号	标题	公开(公告)号	申请日	简单同族	PCT 进入国家阶段日	当前法律状态	首次公开日
10	风力涡轮机叶片	CN115038861A	2020/12/15	WO2021121507A1; EP4077914A1; US20230022674A1; CN115038861A	2022/8/3	实质审查	2022/9/9
11	带有倾斜轴线和/或锥形转子的铰接叶片风力涡轮机	CN114945745A	2020/11/10	US20220381222A1; EP4058670A1; CN114945745A	2022/6/30	实质审查	2022/8/26
12	待机模式下风力涡轮机叶片的桨距控制	CN114945746A	2021/1/15	WO2021143991A1; US20230077195A1; EP4090846A1; CN114945746A	2022/7/13	实质审查	2022/8/26
13	风力涡轮机转子叶片的等电位联结	CN114930015A	2020/12/2	WO2021110225A1; EP4069968A1; CN114930015A	2022/7/4	实质审查	2022/8/19
14	带铰接叶片的风力涡轮机的叶片枢转角控制	CN114901941A	2020/11/5	US20220397091A1; EP4055269A1; CN114901941A	2022/6/30	实质审查	2022/8/12
15	具有振动阻力的模块化风力涡轮机叶片	CN114901942A	2020/12/18	CN114901942A; EP4081708A1; WO2021129913A1; US20230020641A1	2022/7/4	实质审查	2022/8/12
16	与风力涡轮机叶片制造相关的改进	CN114829117A	2020/10/21	EP4048509A1; CN114829117A	2022/6/14	实质审查	2022/7/29
17	与风力涡轮机叶片根盖相关的改进	CN114829766A	2020/12/4	EP4077913A1; US20230009729A1; IN202217038737A; WO2021121497A1; CN114829766A	2022/6/16	实质审查	2022/7/29
18	基于存储的桨距角信号停止风力涡轮机转子	CN114829767A	2020/11/20	CN114829767A; IN202217034078A; US20220403821A1; EP4062054A1; WO2021098925A1	2022/6/15	实质审查	2022/7/29

续表

序号	标题	公开(公告)号	申请日	简单同族	PCT 进入国家阶段日	当前法律状态	首次公开日
19	用于制造风力涡轮机叶片的改进方法	CN114761195A	2020/10/6	EP4041518A1; IN202217025572A; CN114761195A; TW202115311A; WO2021069399A1	2022/5/30	实质审查	2022/7/15
20	用于对风力涡轮机叶片前缘进行磨削的磨削工具	CN114728393A	2020/10/5	EP4041492A1; CN114728393A	2022/5/24	实质审查	2022/7/8
21	将结构黏合剂施加到风力涡轮机叶片组件的黏合剂沉积工具	CN114096399A	2020/5/18	CN114096399A; US20220219193A1; WO2020233760A1; EP3972743A1	2022/1/11	实质审查	2022/2/25
22	构造成降低后缘噪声的风力涡轮机转子叶片	CN114096750A	2020/5/5	CN114096750A; WO2020224737A1; US20220186705A1; EP3966448A1	2022/1/4	实质审查	2022/2/25
23	用于处理风力涡轮机部件的方法和相关的提升系统	CN114080498A	2020/6/9	CN114080498A; WO2020249174A1; EP3983329A1; US20220220942A1	2022/1/7	实质审查	2022/2/22
24	用于风力涡轮机叶片的公路运输的主动夹紧系统及相关方法	CN113950579A	2020/4/6	EP3722600A1; DK3722600T3; EP3722600B1; WO2020207548A1; CN113950579A; US20220154698A1	2021/11/30	实质审查	2022/1/18
25	关于风力涡轮机中的发电机冷却的改进	CN113508227A	2020/1/8	EP3908748A1; WO2020143887A1; CN113508227A	2021/8/31	实质审查	2021/10/15
26	与风力涡轮机叶片制造相关的改进	CN113423948A	2019/12/18	CN113423948A; WO2020125903A1; US20220063207A1; EP3899247A1	2021/8/12	实质审查	2021/9/21

续表

序号	标题	公开(公告)号	申请日	简单同族	PCT 进入国家阶段日	当前法律状态	首次公开日
27	风力涡轮机叶片	CN113383159A	2019/12/12	CN113383159A；US20220112875A1；IN202117031433A；EP3894693A1；WO2020119874A1	2021/8/5	实质审查	2021/9/10
28	与风力涡轮机叶片防冰系统有关的改进	CN113330212A	2019/12/17	WO2020125895A1；US20220074392A1；CN113330212A；EP3899268A1；CA3124042A1	2021/7/20	实质审查	2021/8/31
29	风力涡轮机转子叶片的等电位结合	CN113316683A	2019/11/15	US20220003215A1；WO2020103991A1；EP3884152A1；CN113316683A；DK3884152T3；EP3884152B1；US11592007B2	2021/7/12	实质审查	2021/8/27
30	与风力涡轮机叶片防冰系统有关的改进	CN113316685A	2019/12/17	CN113316685A；WO2020125894A1；CA3123700A1；US20220049683A1；EP3899267A1	2021/7/20	实质审查	2021/8/27
31	待机模式中的风力涡轮机叶片的变桨控制	CN113272547A	2019/11/7	CN113272547A；TW202026524A；US20220010770A1；EP3877645A1；WO2020094752A1	2021/7/5	实质审查	2021/8/17
32	关于风力涡轮机叶片制造的改进	CN113165281A	2019/12/9	EP3894189A1；WO2020119870A1；US20220034293A1；CN113165281A	2021/6/10	实质审查	2021/7/23
33	关于风力涡轮机叶片制造的改进	CN113165282	2019/12/9	WO2020119871A1；CN113165282A；EP3894190A1；US20220032562A1	2021/6/10	实质审查	2021/7/23
34	在维护期间操作风力涡轮机	CN112739910A	2019/7/9	CN112739910A	2021/3/19	实质审查	2021/4/30

续表

序号	标题	公开(公告)号	申请日	简单同族	PCT 进入国家阶段日	当前法律状态	首次公开日
35	平衡涡轮机叶片的方法	CN112714827A	2019/7/19	CN112714827A	2021/3/17	实质审查	2021/4/27
36	在襟翼方向上限定角度的铰接风力涡轮机叶片	CN112703313A	2019/9/13	CN112703313A	2021/3/12	实质审查	2021/4/23
37	具有带空气动力学特性的叶片承载结构的风力涡轮机	CN112703314A	2019/9/13	CN112703314A	2021/3/12	实质审查	2021/4/23
38	将转子安装在风力涡轮机上的方法、转子轮毂和配重组件以及提升设备连接构件	CN112673167A	2019/7/25	CN112673167A	2021/3/10	实质审查	2021/4/16
39	具有铰接叶片的风力涡轮机中的噪声降低	CN112534132A	2019/7/16	CN112534132A; IN202117006942A	2021/1/29	实质审查	2021/3/19
40	用于控制风力涡轮机的叶尖高度的方法	CN112513455A	2019/7/16	CN112513455A; IN202117006772A	2021/1/29	实质审查	2021/3/16
41	模块化风力涡轮机叶片	CN112469894A	2019/5/31	CN112469894A	2021/1/22	实质审查	2021/3/9
42	具有用于停止的枢转转子叶片、线和释放机构的风力涡轮机	CN112424468A	2019/6/12	CN112424468A	2021/1/15	实质审查	2021/2/26
43	用于控制风力涡轮机以减少机舱振动的方法和系统	CN112424470A	2019/7/3	CN112424470A	2021/1/20	实质审查	2021/2/26

续表

序号	标题	公开（公告）号	申请日	简单同族	PCT 进入国家阶段日	当前法律状态	首次公开日
44	具有在中间位置铰接的叶片的风力涡轮机	CN112384692A	2019/6/12	CN112384692A	2021/1/5	实质审查	2021/2/19
45	用于控制风力涡轮机以减小机舱振动的方法和系统	CN112368477A	2019/5/8	CN112368477A	2020/12/17	实质审查	2021/2/12
46	多转子风力涡轮机	CN112292523A	2019/6/14	CN112292523A	2020/12/14	实质审查	2021/1/29
47	用于稳定堆叠风力涡轮机叶片的方法和设备	CN112055783A	2019/3/19	GB2572211A；EP3768971A1；GB201804666D0；EP3768971B1；CN112055783A；WO2019179585A1；US20210025370A1	2020/10/22	实质审查	2020/12/8
48	风力涡轮发电机和控制风力涡轮发电机的方法	CN111886412A	2019/3/25	EP3749852B1；EP3749852A1；US20210054824A1；JP2021515862A；US11078886B2；WO2019185560A1；CN111886412A	2020/9/21	实质审查	2020/11/3
49	用于控制风力涡轮机以管理边缘叶片振动的方法和系统	CN111836957A	2019/2/4	CN111836957A	2020/9/10	实质审查	2020/10/27
50	基于约束的多转子风力涡轮机的推力平衡控制	CN111788383A	2018/12/18	CN111788383A；IN202017026422A	2020/8/17	实质审查	2020/10/16
51	用于风力涡轮机叶片根部的插入件和坯件	CN111684154A	2018/12/7	CN111684154A	2020/8/6	实质审查	2020/9/18

续表

序号	标题	公开(公告)号	申请日	简单同族	PCT 进入国家阶段日	当前法律状态	首次公开日
52	用于修理将风力涡轮机转子叶片连接到转子轮毂接头的替换插入件	CN111656006A	2018/12/7	EP3721075B1；CN111656006A；GB201720521D0；GB2569295A；US20210164437A1；EP3721075A1；WO2019110069A1	2020/7/31	实质审查	2020/9/11
53	抗剪腹板的腹板脚	CN111051691A	2018/7/24	CN111051691A	2020/2/24	实质审查	2020/4/21
54	风力涡轮机叶片和风力涡轮机发电设备	CN110573728A	2017/4/26	EP3615791A1；WO2018196967A1；EP3615791B1；US11619205B2；CN110573728A；JP2020516809A；JP6877575B2；US20210332788A1	2019/10/22	实质审查	2019/12/13

表 7-7 西门子歌美飒风电叶片领域的中国发明专利申请

序号	标题	公开(公告)号	申请日	简单同族	PCT 进入国家阶段日	当前法律状态	首次公开日
1	风力涡轮机和用于风力涡轮机的降噪方法	CN116075634A	2021/8/20	CN116075634A；US11462204B2；WO2022053288A1；EP4168669A1；US20220076655A1	2023/3/7	公开	2023/5/5
2	风力涡轮机中的叶片监测	CN116018459A	2021/7/21	WO2022033816A1；EP3954897A1；EP4172498A1；CN116018459A	2023/2/13	实质审查	2023/4/25
3	控制风力涡轮机的操作以减小偏摆失准时的负载的装置和方法	CN115667701A	2021/5/28	EP3919737A1；WO2021244962A1；EP3919737A4；EP4127460A1；CN115667701A	2022/12/5	实质审查	2023/1/31

续表

序号	标题	公开（公告）号	申请日	简单同族	PCT 进入国家阶段日	当前法律状态	首次公开日
4	控制风力涡轮机的叶片不稳定性以避免叶片颤振的设备和方法	CN115667702A	2021/5/21	EP4133176A1；EP3919738A1；EP3919738A4；WO2021244871A1；CN115667702A	2022/12/5	实质审查	2023/1/31
5	使用活动转子叶片附加装置的转子叶片偏转控制	CN115667703A	2021/5/26	EP3922840A4；WO2021249773A1；EP3922840A1；EP4139569A1；CN115667703A	2022/12/9	实质审查	2023/1/31
6	用于监测风力涡轮机的转子叶片的表面处气流的组件和方法	CN115667707A	2021/6/21	EP3929434A1；CN115667707A；WO2021259843A1；EP3929434A4；EP4146937A1	2022/12/23	实质审查	2023/1/31
7	搬运装置	CN115596616A	2022/6/28	EP4112927A1；CN115596616A；US20220412317A1	—	实质审查	2023/1/13
8	包括升力改变装置的风力涡轮机的转子叶片及其安装方法	CN115605683A	2021/4/27	CN115605683A；EP4121651A1；WO2022063442A1	2022/11/30	实质审查	2023/1/13
9	生成用于预测风力涡轮机转子叶片损坏的预测模型的计算机实施的方法	CN115552115A	2021/5/20	CN115552115A；EP3916222A4；EP3916222A1；EP4127466A1；WO2021239552A1	2022/11/28	实质审查	2022/12/30
10	用于转子叶片的升力修改装置、风力涡轮机的转子叶片以及用于修改转子叶片升力的方法	CN115516201A	2021/4/27	EP4121652A1；CN115516201A；EP3907401A4；EP3907403A4；EP3907401A1；EP3907403A1；WO2021224067A1	2022/11/4	实质审查	2022/12/23

续表

序号	标题	公开(公告)号	申请日	简单同族	PCT 进入国家阶段日	当前法律状态	首次公开日
11	风力涡轮机中的叶片安装和维护期间的空气动力载荷减小	CN115280013A	2021/3/3	BRPI2218208A2；EP4100645A1；WO2021190891A1；CN115280013A；EP3885572A1	2022/9/23	实质审查	2022/11/1
12	使用叶片桨距角设定和叶片附加件设定来控制风力涡轮机	CN115280014A	2021/3/3	EP4097350A1；WO2021185577A1；CN115280014A；EP3882456A1	2022/9/19	实质审查	2022/11/1
13	减轻风力涡轮机的停滞振动	CN114981537A	2021/1/11	EP4048886A1；EP3859144A1；US20230066258A1；WO2021151643A1；CN114981537A	2022/7/29	实质审查	2022/8/30
14	制造可适应碳纤维梁的方法	CN114714644A	2021/12/22	US20220195983A1；CN114714644A；EP4019233A1；TW202231452A	—	实质审查	2022/7/8
15	风力涡轮机转子叶片导流装置及风力涡轮机转子叶片	CN114729619A	2020/11/25	WO2021105233A1；EP4042013A1；BRPI2209267A2；US20210156356A1；CN114729619A	2022/5/26	实质审查	2022/7/8
16	风力涡轮机叶片流调节	CN114729620A	2020/11/25	EP3832127A1；CN114729620A；WO2021110516A1；EP4042014A1；US20220403816A1	2022/6/2	实质审查	2022/7/8
17	风力涡轮机转子叶片的制造	CN113977986A	2021/7/27	US20220025848A1；CN113977986A；EP3944954A1	—	实质审查	2022/1/28
18	叶片检查设备和叶片状况监测系统	CN113994089A	2020/4/2	EP3938650A1；CN113994089A；WO2020216596A1	2021/12/24	实质审查	2022/1/28

续表

序号	标题	公开(公告)号	申请日	简单同族	PCT进入国家阶段日	当前法律状态	首次公开日
19	用于风力涡轮机转子叶片的流体运输管道系统	CN113692488A	2020/3/26	EP3935279A1；WO2020216574A1；CN113692488A；US20220154686A1；EP3730779A1	2021/10/25	实质审查	2021/11/23
20	使用多普勒频移和数学模型检测风力涡轮机中的转子叶片间隙	CN113677888A	2020/3/16	US20220195992A1；WO2020200723A1；EP3719300A1；EP3927964A1；CN113677888A	2021/10/8	实质审查	2021/11/19
21	制造风力涡轮机转子叶片的方法	CN113635587A	2021/5/11	CN113635587A；US20210348594A1；EP3910193A1；EP3910193A4	—	实质审查	2021/11/12
22	使用泄漏馈线的波束形成布置在风力涡轮机现场处检测移动对象的特性	CN113646656A	2020/3/17	US20220179045A1；CN113646656A；EP3928120A1；EP3719528A1；WO2020200746A1	2021/10/8	实质审查	2021/11/12
23	在风力涡轮机的操作期间检测转子叶片的一个或多个性质的装置和方法	CN113631812A	2020/3/17	EP3719309A1；CN113631812A；US20220228567A1；WO2020200765A1；EP3927969A1；EP3927969B1；DK3927969T3	2021/10/8	实质审查	2021/11/9
24	用于在风力涡轮机的操作期间检测转子叶片的位置和/或速度的分布式系统和方法	CN113614366A	2020/3/17	WO2020200754A1；US20220186713A1；EP3719307A1；CN113614366A；EP3927968A1	2021/10/8	实质审查	2021/11/5

续表

序号	标题	公开(公告)号	申请日	简单同族	PCT 进入国家阶段日	当前法律状态	首次公开日
25	用于从安装在转子叶片外表面上的附加零件的边缘创建过渡部的方法	CN113508224A	2020/3/9	EP3914824A1；BRPI2116849A2；CN113508224 A；WO2020182763A1；US20220186706A1；JP2022525046A；AU2020238502A1	2021/9/8	实质审查	2021/10/15
26	成形用于转子叶片附加物的边缘密封件的方法	CN113508225A	2020/3/9	AU2020235792A1；CN113508225A；WO2020182762A1；BRPI2117130A2；JP2022525047A；EP3911855A1	2021/9/8	实质审查	2021/10/15
27	风力涡轮机部件运输装置	CN113446165A	2021/3/26	EP3885576A1；US20210301791A1；CN113446165A	—	实质审查	2021/9/28
28	用于运行风能设备的方法、风能设备和计算机程序产品	CN113423949A	2019/11/28	DE102018009334A1；CN113423949A；EP3887677A1；EP3887677B1；WO2020109484A1；US20220018331A1	2021/5/26	实质审查	2021/9/21
29	用于风力涡轮机叶片的适应性扰流器	CN113396278A	2019/10/30	EP3667068A1；US20220025858A1；CN113396278A；EP3877647A1；TW202026521A；TWI745792B；WO2020120005A1	2021/8/13	实质审查	2021/9/14
30	风力涡轮机转子叶片前缘保护器	CN113250899A	2021/2/9	EP3865703A1；US11578694B2；CN113250899A；US20210310459A1	—	实质审查	2021/8/13
31	风力涡轮机叶片流调控	CN113227571A	2019/10/31	WO2020120013A1；US20220018336A1；EP3894698A1；EP3667082A1；CN113227571A	2021/6/11	实质审查	2021/8/6

续表

序号	标题	公开(公告)号	申请日	简单同族	PCT 进入国家阶段日	当前法律状态	首次公开日
32	风力涡轮机叶片流量调节的快速适应	CN113167227A	2019/10/23	WO2020119991A1;CN113167227A;EP3667077A1;EP3894694A1;US20220003207A1	2021/6/11	实质审查	2021/7/23
33	用于控制风力涡轮机中的湿度的装置	CN113167228A	2019/10/31	WO2020120011A1;DK3867521T3;CN113167228A;EP3867521B1;EP3867521A1;EP3667062A1;US20220018332A1	2021/6/11	实质审查	2021/7/23
34	检测风力涡轮机转子叶片调节故障	CN113167230A	2019/10/31	EP3667067A1;DK3867522T3;ES2926460T3;CN113167230A;EP3867522B1;EP3867522A1;WO2020120016A1	2021/6/11	实质审查	2021/7/23
35	用于风力涡轮机转子叶片的可调适扰流器	CN113167231A	2019/12/6	TWI764067B;US20220010771A1;WO2020120330A1;TW202028617A;EP3667061A1;CN113167231A;EP3867524A1	2021/6/11	实质审查	2021/7/23
36	抑制风力涡轮机中的振动	CN113167232A	2019/10/31	EP3870845A1;US11454213B2;CN113167232A;EP3667064A1;WO2020120017A1	2021/6/11	实质审查	2021/7/23
37	可适配风力涡轮机叶片的安全状态	CN113167235A	2019/11/4	WO2020120033A1;CN113167235A;EP3667070A1;EP3870847A1	2021/6/11	实质审查	2021/7/23

续表

序号	标题	公开（公告）号	申请日	简单同族	PCT 进入国家阶段日	当前法律状态	首次公开日
38	用于排出风力涡轮机中湿气的装置	CN113167236A	2019/10/31	CN113167236A；US11629702B2；WO2020120019A1；US20220025868A1；EP3867523A1；EP3667063A1	2021/6/11	实质审查	2021/7/23
39	校正风力涡轮机的测量风特性	CN113167238A	2019/10/31	CN113167238A；EP3870843A1；WO2020120007A1；EP3667075A1	2021/6/11	实质审查	2021/7/23
40	用于风力涡轮机叶片的可适应扰流器	CN113167239A	2019/11/7	TWI728574B；CN113167239A；TW202032001A；EP3870848A1；WO2020120037A1；EP3667072A1	2021/6/11	实质审查	2021/7/23
41	风力涡轮机叶片流动调节	CN113167244A	2019/10/31	WO2020120012A1；EP3894697A1；EP3667080A1；CN113167244A	2021/6/11	实质审查	2021/7/23
42	风力涡轮机叶片流动调节	CN113167245A	2019/10/31	EP3867526A1；US20220018329A1；EP3667081A1；US11428207B2；WO2020120014A1；CN113167245A；DK3867526T3；EP3867526B1	2021/6/11	实质审查	2021/7/23
43	风力涡轮机和方法	CN112855428A	2020/11/27	EP3828407A1；US20210164440A1；CN112855428A	—	实质审查	2021/5/28
44	对超速事件的反应	CN112673168A	2019/8/23	CN112673168A；US20220049681A1；WO2020057896A1；EP3623615A1；EP3830415A1	2021/3/17	实质审查	2021/4/16

续表

序号	标题	公开(公告)号	申请日	简单同族	PCT 进入国家阶段日	当前法律状态	首次公开日
45	转子叶片疲劳测试	CN112649182A	2020/10/9	EP3805724A1; US20210108619A1; DK3805724T3; EP3805724B1; CN112649182A	—	实质审查	2021/4/13
46	向转子叶片附加件提供边缘密封件的方法	CN112639285A	2019/8/23	AU2019338622A1; AU2019338622B2; US11454209B2; EP3807524A1; CN112639285A; WO2020052939A1; JP2022503667A; US20210324829A1	2021/3/10	实质审查	2021/4/9
47	风力涡轮机转子叶片变桨轴承	CN112240270A	2020/7/17	JP2021017891A; US11384728B2; CN112240270A; JP6968238B2; EP3767118A1; EP3767118B1; US20210017955A1	—	实质审查	2021/1/19
48	用于风力涡轮机的转子叶片	CN112081710A	2020/6/12	EP3751133B1; EP3751133A1; CN112081710A; US20200392937A1	—	实质审查	2020/12/15
49	用于风力涡轮机的转子叶片	CN111911344A	2020/5/8	US20200355155A1; DK3736436T3; EP3736436B1; EP3736436A1; CN111911344A; US11441535B2	—	实质审查	2020/11/10
50	转子叶片监视系统	CN111868376A	2019/2/15	US20210071647A1; EP3749855B1; EP3749855A1; ES2911300T3; DK3749855T3; EP3543522A1; WO2019179701A1; CN111868376A	2020/9/22	实质审查	2020/10/30

续表

序号	标题	公开(公告)号	申请日	简单同族	PCT进入国家阶段日	当前法律状态	首次公开日
51	确定用于风力涡轮机的控制设置	CN111801493A	2019/3/1	EP3749853B1；EP3749853A1；WO2019170537A1；BRPI2016981A2；IN202017035251A；US20210047999A1；CN111801493A；DK3749853T3；US11536249B2；EP3536948A1	2020/9/8	实质审查	2020/10/20
52	用于转子叶片附加组件的雷电保护	CN110953127A	2019/9/26	US20200095983A1；CN110953127A；DK3628863T3；EP3628863B1；EP3628863A1	—	实质审查	2020/4/3
53	用于风力涡轮机的转子叶片的闪电接收器	CN110114571A	2017/10/19	CN110114571A；EP3510282B1；WO2018095660A1；US20190353145A1；DK3510282T3；EP3510282A1；US11060508B2；ES2882333T3	2019/5/22	实质审查	2019/8/9
54	保护罩系统	CN110036199A	2017/9/27	CN110036199A；WO2018060299A1；EP3504429A1；US11274653B2；US20210164436A1	2019/5/27	实质审查	2019/7/19
55	用于具有小翼的转子叶片的雷电防护系统	CN109937298A	2017/10/17	CN109937298A；US10907619B2；EP3510277B1；WO2018082916A1；EP3510277A1；US20200056595A1	2019/4/30	实质审查	2019/6/25

7.1.6　小结

本章主要对叶片的关键技术进行研究，分别从其申请趋势、申请地域、重要申请人、重点技术分支等多个角度进行了分析。

专利申请趋势方面，全球风电叶片专利申请量变化趋势与风电产业发展进程紧密相关，专利申请变化趋势在一定程度上反映了产业技术发展态势。自20世纪80年代至今，全球风电叶片专利申请量整体呈增长态势，但在产业技术不同发展阶段专利申请量和增长速率存在差异。1981—2000年为风电叶片技术萌芽示范期，全球叶片专利申请量和申请人数量处于较低水平，且增长缓慢；2001—2011年为风电叶片技术成长期，全球叶片专利申请量和申请人数量呈现爆发式增长，并在2011年前后达到峰值；2012年至今为风电叶片技术成熟期，同时伴随产业进入调整期，全球叶片专利申请量和申请人数量开始出现波动，增长速度放缓。叶片结构、工艺、材料和故障诊断4个技术分支专利申请趋势存在一定差异，结构和工艺领域一直是创新主体专利布局的重点，专利申请量较多，技术发展较为成熟，但缺乏新技术突破，市场竞争格局趋于稳定。材料领域市场垄断程度较高，专利申请人集中度较高，主要核心技术由头部企业掌握，专利申请总量相对处于较低水平。测试、故障诊断及维护技术发展起步较晚，早期专利申请量不高，但随着叶片大型化对测试、故障诊断技术产生更多需求，以及智能化、数字化技术逐步被应用到叶片测试和故障诊断及维护中，相关技术创新活动比较活跃，近年来与叶片测试、故障诊断相关的专利申请量大幅增长，相较其他分支技术生长率指标处于较高水平，同时申请人集中度数值也最低，表明相关产业技术处于发展阶段，市场竞争激烈、创新活跃。

申请地域分布方面，全球叶片专利申请来源国和主要目标国分布情况与全球风能市场竞争格局基本一致。目前，全球叶片专利申请的主要技术来源国为中国、德国、丹麦和美国，申请量占比依次为38.3%、15.1%、11.5%、10.2%，叶片专利申请的主要技术目标国是中国、美国、德国、丹麦等国，而根据GWEC统计的数据，2020年全球风电累计装机容量排名前5的国家是中国、美国、德国、印度和西班牙，全球主要风能市场分布与专利地域分布基本一致。此外，全球领先的风电整机制造厂商，比如维斯塔斯、Enercon、西门子歌美飒和通用电气等，多为欧美企业。从中国风电叶片专利申请地域分布看，叶片相关专利申请来源省份主要集中在长三角、京津冀和珠三角地区，专利申请量较高的省份为江苏、北京、广东、浙江、上海和山东，与我国风能市场竞争格局相似。

重点申请人方面，从风电叶片相关专利申请总量看，主要风电领军企业维斯塔斯、Enercon、西门子歌美飒和通用电气位居前列，且较其他企业具有很大的先发优势，专利布局的重点领域以风电叶片工艺、结构为主，尤其是叶片的工艺技术。从近5年叶片领域专利申请活跃度看，国内企业金风科技、中材集团的活跃度较高，分别达到了81.8%和73.9%，反映出近年来国内企业加快了叶片技术创新力度，叶片国产化进程不断推进。从申请人技术构成看，由于企业技术积累和优势不同，各企业在叶片各技术分支专利布局侧重点有所不同，国电联合动力、中材集团、中国中车在材料领域专利申请量较多，而金风科技、中科院所在测试、故障诊断及维护领域专利布局较多，明阳智能在结构、材料和测试及故障诊断领域专利布局比较均衡。

叶片重点技术分支发展趋势方面，专利布局与技术改进如影随形。一是围绕叶片结构的改进，主要技术需求是提升风能利用效率，提升叶片的强度和可靠性，提高对叶片的雷电保护、冰雪保护以及降噪减振等，主要技术路径是改进叶片翼型和气动外形，改进叶片构造和设置加装构件，以及分段式叶片设计。二是围绕叶片工艺的改进，目前叶片工艺领域专利布局主要集中在真空灌注工艺，在叶片大型化趋势下，开发轻量化、模块化、智能化、自动化的工艺制造技术，实现高成型质量、高生产效率、低成本和低环境污染的生产是叶片工艺技术发展的主要趋势。三是围绕叶片材料的改进，目前叶片材料领域专利布局主要集中在增强材料、基体材料、夹芯材料、表面涂层材料、结构胶五个方面。其中，碳纤维增强复合材料叶片正逐步替代玻璃纤维复合材料叶片；PET 泡沫在耐热性、环境友好性方面优于 PVC 泡沫，聚氨酯等热塑性树脂基体材料有望取代目前主流的热固性树脂；防护涂层的主要技术改进点是提高其附着力、耐磨性和化学稳定性，以保障叶片的耐盐雾性、耐紫外线老化性及耐湿热性；结构胶的技术改进需求是低密度、低成本、宽施工时间、高韧性、快固化。四是围绕叶片故障及检测技术的智能化、数字化改造，计算机视觉技术、声发射技术、红外热成像技术等逐步被应用到叶片的无损检测中，以实现大场景、远程、灵活性高、检测频率高的检测。

7.2　风电主控系统关键技术专利分析

风电主控系统是风机的重要组成部分，它承担着风机监控、自动调节、实现最大风能捕获以及保证良好的电网兼容性等重要任务，它主要由监控系统、主控系统、变桨控制系统以及变频系统（变频器）等部分组成。天津滨海新区瑞源电气有限公司作为可再生能源控制技术提供商，其风电主控系统专利申请量大，技术积累较为雄厚，涵盖主控系统、变频系统、变桨系统等主要风电控制系统产品。研究风电主控系统的发展情况可以为产业在该节点聚集区的建设提供重要参考。因此，本节将对风电主控系统技术进行重点分析。

7.2.1　技术简介

风力发电机由风轮、发电机、叶片、轮毂、加固件等部分组成，而控制设备贯穿每个部分，可谓是风力发电系统的神经。因此，控制设备的品质直接关系到风力发电机的工作状态、发电量以及发电设备的安全。控制设备主要包括各种传感器、变距系统、运行主控制器、功率输出单元、无功补偿单元、并网控制单元、安全保护单元、通信接口电路、监控单元。风力发电控制设备存在三大基本目标：首要目标是保证风力发电机组安全可靠运行，其次是获取最大能量，最后是提供良好的电力质量。

风力发电控制设备的具体控制内容有：信号数据的采集、处理，变桨控制，转速控制，自动最大功率点跟踪控制，功率因数控制，偏航控制，自动解缆，并网和解列控制，停机制动控制，安全保护系统，就地监控，远程监控。当然，不同类型的风力发电机其控制单元也会不相同。

风机控制系统技术本身特殊复杂，从硬件来讲，风机控制系统随风机一起安装在接近自然的环境中，工作在较大振动、大范围的温度变化、强电磁干扰这样的复杂条件下，因此其硬件要求比一般系统要高得多。从软件来讲，风机要实现完全的自动控制，必须有一套与之相适应的完善的控制软件。主控系统、变桨系统和变频器需要协同工作才能实现在较低风速下的最大风能捕获，在中等风速下的定转速，以及在较大风速下的恒频、恒功运行，这需要在这几大部件中有一套先进、复杂的控制算法。我国在风电主控系统技术领域起步较晚，尤其是对兆瓦级以上大功率机组变速恒频控制技术的研究，最近几年才开始进行，这比风机技术先进国家要落后 20 年。即便如此，国内企业通过这几年的努力，已经在控制系统主要部件的开发上取得了积极进展，已基本形成了自主的技术开发能力。

7.2.2 专利申请态势分析

为了掌握风电主控系统技术领域专利申请的整体情况，本节重点研究全球和中国的专利申请趋势和中国各省市专利申请情况。检索所使用的数据库为 IncoPat 数据库，截至 2021 年 6 月，全球风电主控系统技术的专利申请共计 3.7 万余件，其中，中国专利申请共计 1.6 万余件。

（1）全球和中国的专利申请趋势

由图 7-22 可知，风电主控系统领域全球专利申请量在 1999 年之前较少，1999—2005 年呈缓慢增长趋势，此阶段中国专利在全球占比较低，中国风电主控系统领域处于探索状态。2006 年之后，风电主控系统领域申请量快速增长，此阶段国外及中国申请量均出现了高速增长，中国申请量在全球总量中的占比也开始快速攀升，这主要受益于中国从 2005 年开始对风能产业的政策推动。2012 年，风电主控系统全球专利申请量达到第一个峰值；2013—2015 年，出现短暂回落；2016 年，开始进入第二个快速增长期。值得注意的是，中国专利申请量在 2012 年达到第一个峰值后，仅在 2013 年出现回落，从 2014 年开始迅速反弹进入第二个增长期，说明中国风能产业在此阶段相比全球更加活跃，更快度过了短暂调整期。

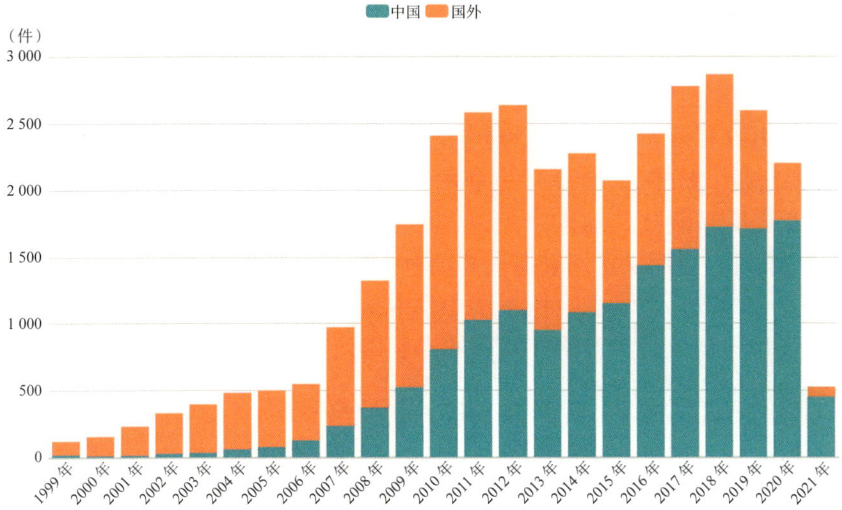

图 7-22　风电主控系统领域全球申请态势

如图 7-23 所示，从风电主控系统各分支全球申请趋势来看，专利申请量主要集中在主控系统分支，主控系统分支在风电主控系统占据绝大部分，总体占比约在 80% 左右，同时主控系统分支专利布局早，在早期就占据了较高申请量比重。从发展阶段来看，在 2013 年以前，变桨系统专利申请量比重高于监控系统专利申请量比重，但自 2013 年以后，监控系统专利申请量比重开始超过变桨系统专利申请量比重，并维持至今，这表明随着风电产业发展壮大，作为风电主控系统重要组成部分的监控系统越来越受到重视，对风电实时运行状态稳定性的要求越来越高。

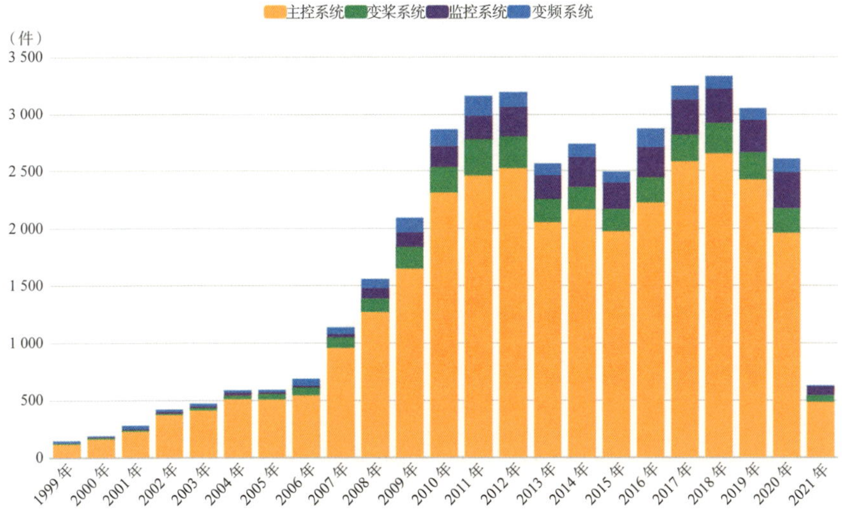

图 7-23　风电主控系统各分支领域全球申请态势

由图 7-24 可知，风电主控系统中国专利申请量占比遥遥领先其他国家。2005 年之前全球排名第 1 的国家为美国，自 2006 年之后，中国的专利申请量超过美国，之后一直保持较大领先优势。除中国外，美国是风电主控系统专利申请量占比排名第 2 的国家，从 2018 年开始，美国的专利申请量开始低于欧洲专利局和世界知识产权组织，被后者超越。日本在 2003 年之前的专利申请量排名全球第 1，但自 2004 年之后，日本申请量逐渐被其他国家超越，基本保持稳定的年申请量。韩国申请量在 2012 年达到峰值，之后又迅速衰退。德国申请量基本保持平稳态势。

由图 7-25 可知，在风电主控系统中国专利申请人国别中，除中国申请人外，丹麦、德国、美国申请人较为注重在我国的专利申请布局，反映出这三个国家是与我国争夺该领域市场的主要国家。

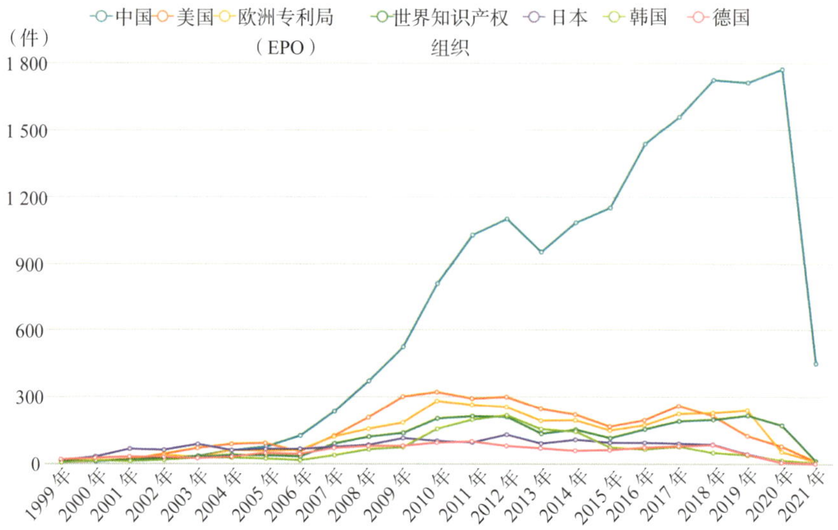

图 7-24　风电主控系统主要国家（地区）申请态势

（2）中国各省市专利申请情况

如图 7-26 所示，在风电主控系统中国各省市专利申请量中，北京排名第 1，占全国总申请量的 20.06%，总量遥遥领先；其次为江苏，占全国申请量的 13.31%；接下来为广东、浙江、上海、山东等。可见，申请量主要集中在以北京为代表的京津冀地区和长三角、珠三角地区，这与这些地区的经济发展水平较高，创新主体活跃有关。在北京、天津、河北组成的京津冀地区中，北京的专利申请量占绝对优势，占比为 78.06%，天津专利申请量在全国的占比为 3.25%，在京津冀地区的占比为 12.60%。

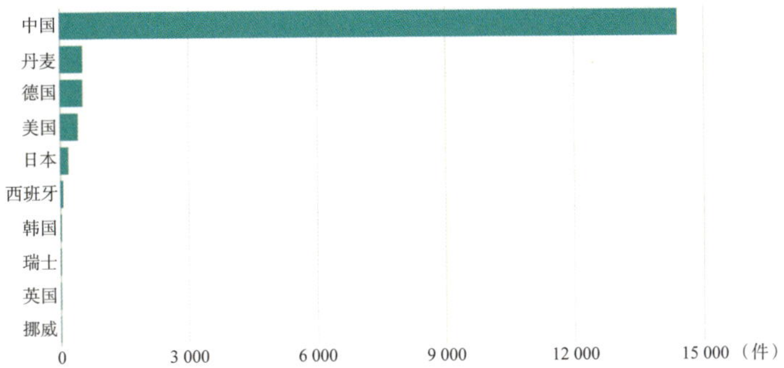

图 7-25　风电主控系统中国专利申请人国别

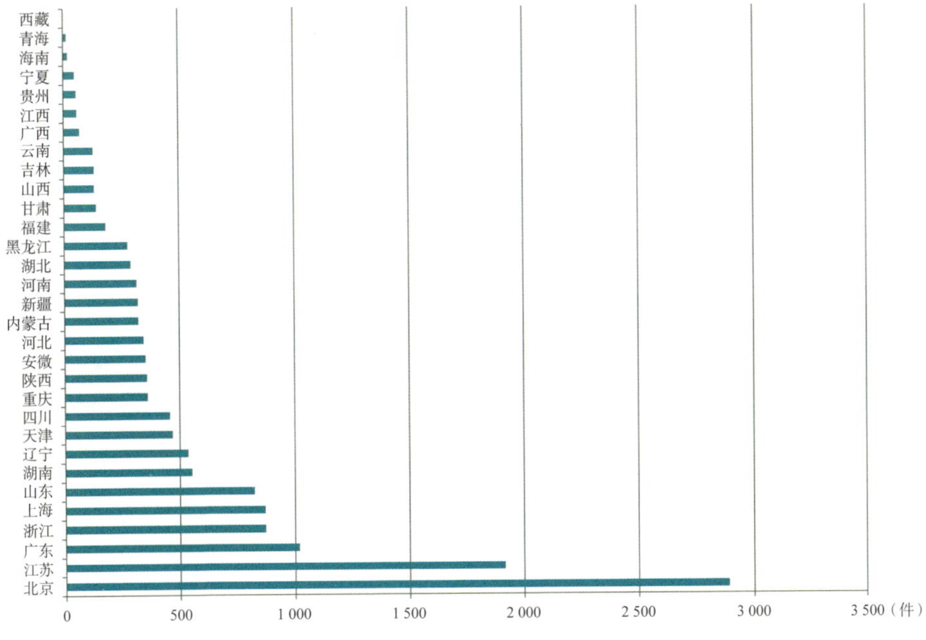

图 7-26　风电主控系统中国各省市申请情况

（注：不包括香港、澳门特别行政区和台湾省）

7.2.3　技术发展脉络

为明晰风电主控系统领域核心技术衍变趋势，须先筛选出此领域的核心专利，核心专利可以通过同族专利量和引证数量予以考核。同族多的专利，表明专利权人对该专利技术极为重视，需要在较多国家进行专利布局；被引证数量多，表明该专利技术较被其他技术创新者关注，是相对重要的技术。一篇专利的简单同族中所有专利被引证的数量(家族被引证数量)能更加全面地反映该技术方案被关注的程度。本节通过家族专利的引证次数、简单同族个数等筛选出部分重要专利并绘制技术发展路线图。

(1)主控系统

主控系统是风机控制系统的主体,它实现自动启动、自动调向、自动调速、自动并网、自动解列、故障自动停机、自动电缆解绕及自动记录与监控等重要控制、保护功能。它对外的三个主要接口系统是监控系统、变桨系统以及变频系统(变频器)。主控系统与监控系统通过接口完成风机实时数据及统计数据的交换;与变桨系统通过接口完成对叶片的控制,实现最大风能捕获以及恒速运行;与变频系统(变频器)通过接口实现对有功功率以及无功功率的自动调节。

主控系统的技术发展脉络如图 7-27 所示。绘制思路是以技术发展需求为主线,基于非专利文献信息、专利引证关系、专利被引频次等途径筛选代表关键技术节点的重要专利。

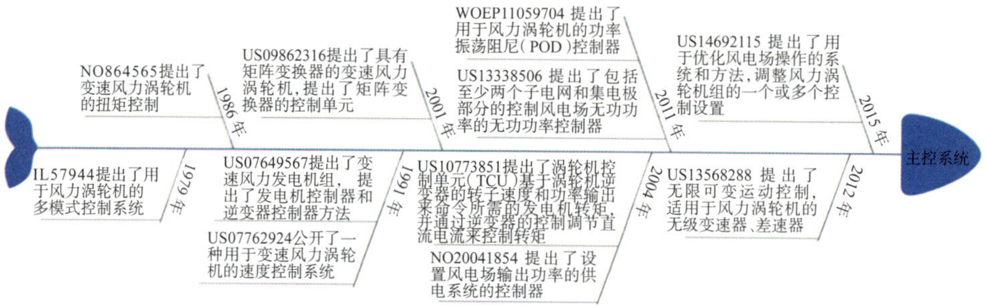

图 7-27 主控系统技术发展脉络图

1979 年,联合技术在以色列申请的专利 IL57944 提出了用于风力涡轮机的多模式控制系统。

1986 年,联合技术在挪威申请的专利 NO864565 提出了变速风力涡轮机的扭矩控制。

1991 年,美国风电公司在美国申请的专利 US07649567 提出了变速风力发电机组,提出了发电机控制器和逆变器控制器方法。

1991 年,美国风电公司在美国申请的专利 US07762924 公开了一种用于变速风力涡轮机的速度控制系统。

2001 年,安德斯在美国申请的专利 US09862316 提出了具有矩阵变换器的变速风力涡轮机,提出了矩阵变换器的控制单元。

2004 年,米哈伊尔·阿米尔在美国申请的专利 US10773851 提出了涡轮机控制单元（TCU）基于涡轮机逆变器的转子速度和功率输出来命令所需的发电机转矩，并通过逆变器的控制调节直流电流来控制转矩。

2004 年，阿洛伊斯·沃本在挪威申请的专利 NO20041854 提出了设置风电场输出功率的供电系统的控制器。

2011 年，西门子在世界知识产权组织提交的专利 WOEP11059704 提出了用于风力涡轮机的功率振荡阻尼（POD）控制器。

2011 年，通用电气在美国申请的专利 US13338506 提出了包括至少两个子电网和集电极部分的控制风电场无功功率的无功功率控制器。

2012 年，Kyung Soo Han 在美国申请的专利 US13568288 提出了无限可变运动控制，适用于风力涡轮机的无级变速器、差速器。

2015 年，通用电气在美国申请的专利 US14692115 提出了用于优化风电场操作的系统和方法，调整风力涡轮机组的一个或多个控制设置。

（2）监控系统

监控系统实现对全风场风机状况的监视与启、停操作，它包括大型监控软件及完善的通信网络，利用专门的在线检测传感器、主控系统或 SCADA 后台软件采集到的数据，监测传动系统、发电机系统等。在线状态监测系统能对系统的各种机械参数和电气参数等进行监测，并对采集的数据进行分析处理，通过油液监测、振动监测、温度监测、应变力监测等，对主轴、齿轮箱、发电机变频器、叶片和螺栓等部件进行监测，从而优化维修策略，减少非计划停机次数和降低机组的运行维护费用等。

监控系统技术发展脉络如图 7-28 所示。

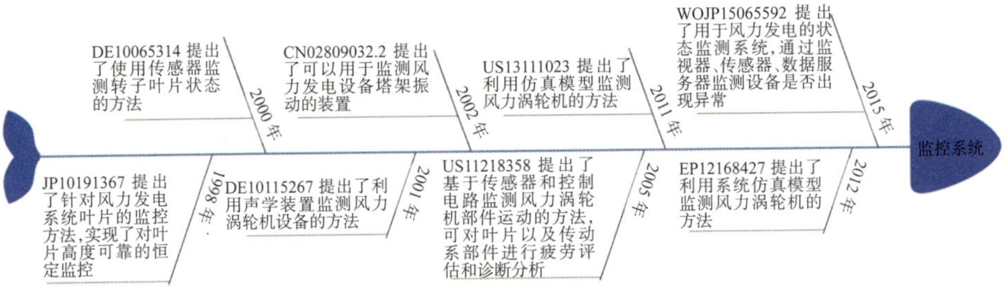

图 7-28　监控系统技术发展脉络

1998 年，日本产业技术公司申请的专利 JP10191367 提出了针对风力发电系统叶片的监控方法，实现了对叶片高度可靠的恒定监控。

2000 年，魏德米勒监控系统有限公司在德国申请的专利 DE10065314 提出了使用传感器监测转子叶片状态的方法。

2001 年，阿洛伊斯·沃本在德国申请的专利 DE10115267 提出了利用声学装置监测风力涡轮机设备的方法。

2002 年，阿洛伊斯·沃本在中国申请的专利 CN02809032.2 提出了可以用于监测风力发电设备塔架振动的装置。

2005 年，大卫·L. 勒米厄在美国申请的专利 US11218358 提出了基于传感器和控制电路监测风力涡轮机部件运动的方法，可对叶片以及传动系部件进行疲劳评估和诊断分析。

2011 年，马蒂亚斯·图尔克在美国申请的专利 US13111023 提出了利用仿真模型监测风力涡轮机的方法。

2012 年，通用电气在欧洲专利局申请的专利 EP12168427 提出了利用系统仿真模型监测风力涡轮机的方法。

2015 年，恩梯恩会社在世界知识产权组织申请的专利 WOJP15065592 提出了用于风力发电的状态监测系统，通过监视器、传感器、数据服务器监测设备是否出现异常。

（3）变桨系统

变桨系统的作用是与主控系统配合，通过对叶片节距角的控制，实现最大风能捕获以及恒速运行，提高风力发电机组的运行灵活性。目前来看，变桨控制系统的叶片驱动有液压和电气两种方式，电气驱动方式中又有交流电机和直流电机两种不同方案。20 世纪 80 年代，首先进入风电市场的是定桨距风力发电机组，其采用了软并网技术、空气动力刹车技术、偏航与自动解缆技术。20 世纪 90 年代采用全变桨距的变桨距风力发电机组开始进入风电市场，由变桨距系统组成的闭环控制系统使控制设备水平达到新的阶段，随着计算机技术和先进控制技术的不断发展，控制方式从定桨距失速控制向变桨距和变速恒频控制方向发展。

变桨控制系统技术发展脉络如下图 7-29 所示。

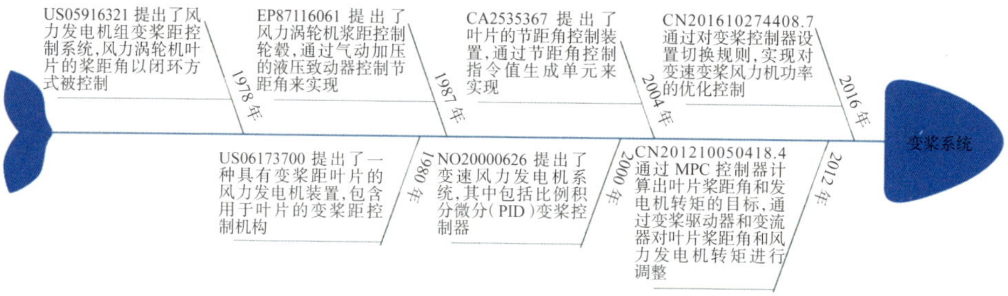

图 7-29　变桨控制系统技术发展脉络

1978 年，联合技术在美国申请的专利 US05916321 提出了风力发电机组变桨距控制系统，风力涡轮机叶片的桨距角以闭环方式被控制。

1980 年，卡特风电公司在美国申请的专利 US06173700 提出了一种具有变桨距叶片的风力发电机装置，包含用于叶片的变桨距控制机构。

1987 年，北方电力系统公司在欧洲申请的专利 EP87116061 提出了风力涡轮机桨距控制轮毂，通过气动加压的液压致动器控制节距角来实现。

2000 年，ZOND 能源系统公司在挪威申请的专利 NO20000626 提出了变速风力发电机系统，其中包括比例积分微分（PID）变桨控制器。

2004 年，三菱公司在加拿大申请的专利 CA2535367 提出了叶片的节距角控制装置，通过节距角控制指令值生成单元来实现。

2012 年，沈阳华人风电科技有限公司在中国申请的专利 CN201210050418.4 通过 MPC 控制器计算出叶片桨距角和发电机转矩的目标，通过变桨驱动器和变流器对叶片桨距角和风力发电机转矩进行调整。

2016 年，华北电力大学在中国申请的专利 CN201610274408.7 通过对变桨控制器设置切换规则，实现对变速变桨风力机功率的优化控制。

（4）变频系统

变频系统与主控系统接口、发电机、电网连接，直接承担着保证供电品质、提高功率因数、满足电网兼容性标准等重要作用。伴随着高次谐波和功率因数等问题的解决，风力发电机功率输出更加稳定，供电效率、质量不断提高。

变频系统技术发展脉络如图 7-30 所示。

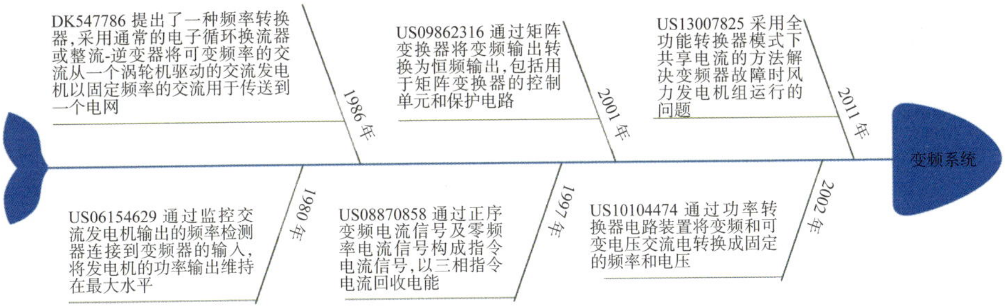

图 7-30　变频系统技术发展脉络

1980 年，巴伦·本杰明在美国申请的专利 US06154629 通过监控交流发电机输出的频率检测器连接到变频器的输入，将发电机的功率输出维持在最大水平。

1986 年，联合技术在丹麦申请的专利 DK547786 提出了一种频率转换器，采用通常的电子循环换流器或整流-逆变器将可变频率的交流从一个涡轮机驱动的交流发电机以固定频率的交流传送到一个电网。

1997 年，中西部研究所在美国申请的专利 US08870858 通过正序变频电流信号及零频率电流信号构成指令电流信号，以三相指令电流回收电能。

2001 年，安德斯·雷布斯多夫在美国申请的专利 US09862316 通过矩阵变换器将变频输出转换为恒频输出，包括用于矩阵变换器的控制单元和保护电路。

2002 年，赛米控电子有限公司在美国申请的专利 US10104474 通过功率转换器电路装置将变频和可变电压交流电转换成固定的频率和电压。

2011 年，托马斯·霍特在美国申请的专利 US13007825 采用全功能转换器模式下共享电流的方法解决变频器故障时风力发电机组运行的问题。

7.2.4 重要申请人分析

申请人的专利拥有量可以反映其基础实力和技术创新能力，同时，其申请活跃度可以反映各申请人近年来对该领域的发展重视程度及进展情况。如前所述，在风电主控系统全球重要申请人中，维斯塔斯、通用电气、沃本公司占据全球申请量前 3 位，具有明显优势，我国的国家电网、金风科技、国电联合动力分列全球第 4、第 6、第 10 位，也具备一定的研发竞争优势。

（1）维斯塔斯

由前述分析可知全球及我国排名前 10 的申请人在风电主控系统领域的基本情况，以下就重要申请人维斯塔斯进行深入分析，以全面了解其在风电主控系统的发展趋势及专利布局情况。图 7-31、图 7-32 显示了维斯塔斯的专利申请趋势和布局区域。

图 7-31 维斯塔斯风电主控系统领域全球申请趋势

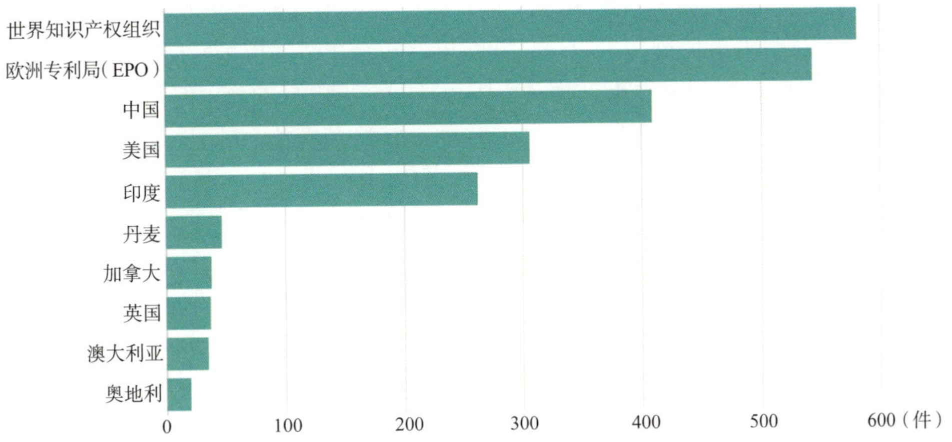

图 7-32 维斯塔斯风电主控系统领域全球布局分布

由图 7-31 可知，维斯塔斯布局专利的时间较早，在 2010 年达到第一个申请高峰后，申请量持续下降，在 2013 年申请量触底之后又迎来一波新的发展。在此期间，维斯塔斯可能在该领域取得了较大的技术突破。维斯塔斯作为全球风电行业的龙头老大，聚集了大量人才，研发能力很强，在风电主控系统领域具有强大实力。并且维斯塔斯的专利保护意识非常强，在全球各地广泛布局，除了在世界知识产权组织和欧洲专利局进行专利布局外，还在中国、美国及印度布局了大量专利，占比分别达到 17.47%、13.07%、11.19%，可见这三个国家是维斯塔斯较为重视的市场。现进一步对维斯塔斯在各国/地区的布局趋势进行分析，如图 7-33 所示。

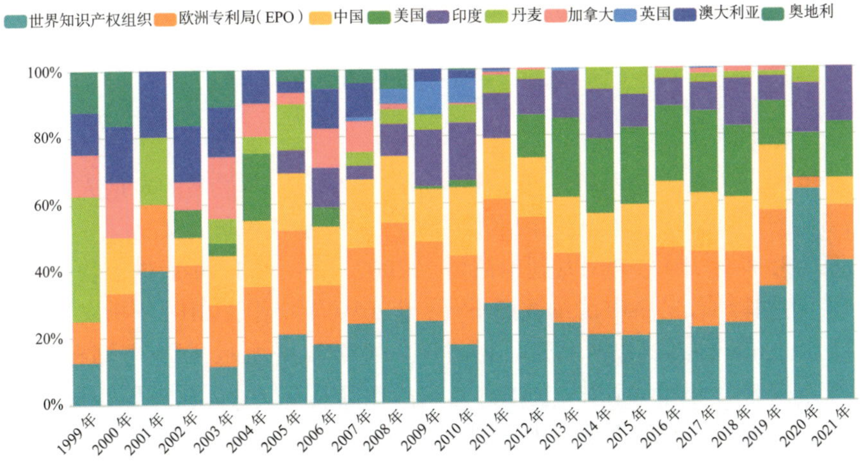

图 7-33 维斯塔斯风电主控系统在各国/地区的布局趋势

整体来看，世界知识产权组织及欧洲专利局一直是维斯塔斯进行专利布局的重点，维斯塔斯对中国市场最为重视，自 2000 年就开始在中国市场开展布局，且之后在中国的专利一直占有一定比重。相对中国市场，在 2012 年之前，维斯塔斯对美国市场仅有断续布局，2012 年之后才加大了对美国市场的布局。对于印度市场，维斯塔斯在 2005 年才开始布局，随后一直保持着一定比重。而对澳大利亚和奥地利，维斯塔斯在 2008 年之前在这两个国家有所布局，有一定的专利申请量占比，2008 年之后维斯塔斯不再进行专利布局，撤出了这两个国家的市场。综合来看，中国、美国、印度作为风能产业市场最大的三个国家，已经成为维斯塔斯的重点布局地区。

由图 7-34 可以看出，维斯塔斯风电主控系统领域的专利布局主要在主控系统分支，占比达到 84.39%，在监控系统、变桨系统、变频系统分支的布局占比分别为 7.56%、7.34%及 0.71%。

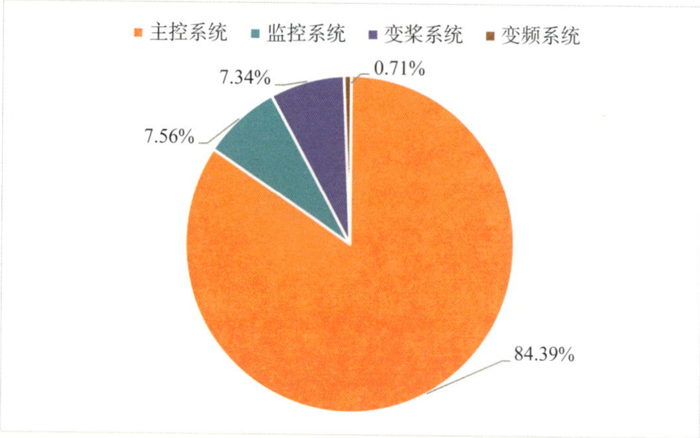

图 7-34　维斯塔斯风电主控系统各分支布局

（2）国家电网

国家电网是风电主控系统领域专利申请量在我国排名最高的申请人，较有代表性，图 7-35、图 7-36 显示出国家电网在该领域的申请趋势和布局状况。

如图 7-35 所示，国家电网专利申请始于 2007 年，在 2010 年后进入快速增长期，在 2014 年达到峰值，之后申请量逐渐下降；与 2019 年相比，2018 年出现反弹增长；2020 年后由于数据滞后性原因，暂不做讨论。如图 7-36 所示，国家电网在风电主控系统领域主要将专利布局在中国，国内专利占比高达 97.01%，在世界知识产权组织和美国有少量布局。对比来看，国家电网作为国企，与全球龙头企业相比，其市场开拓能力远不及海外龙头企业，海外布局较少，与国外企业差距较大。

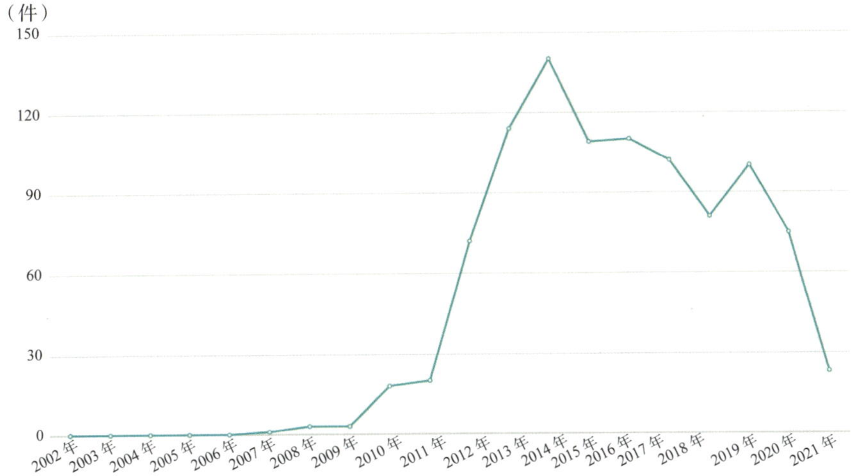

图 7-35　国家电网风电主控系统领域全球申请趋势

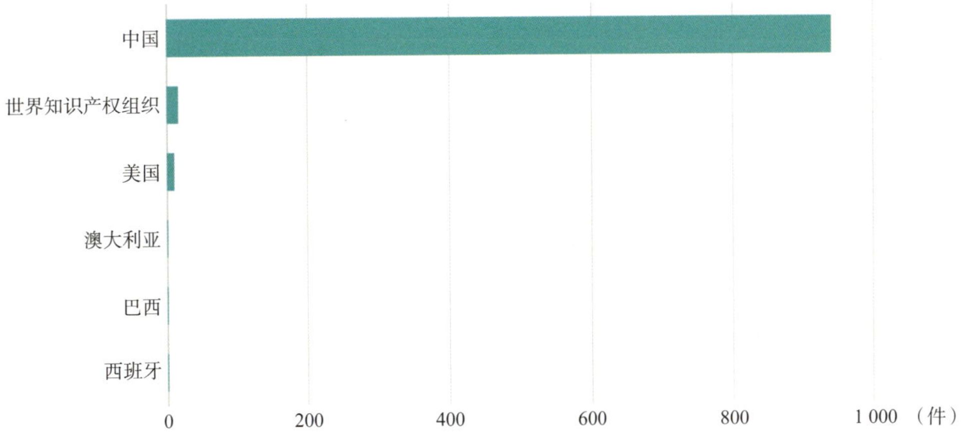

图 7-36　国家电网风电主控系统领域分布情况

由图 7-37 可以看出，在 2011 年之前国家电网在风电主控系统领域的专利申请均在中国，2011 年在世界知识产权组织和澳大利亚布局了少量专利，2013 年开始在美国开展专利布局，2018 年在巴西布局了少量专利。从整体趋势看，国家电网在海外的专利布局不是很有规律性。

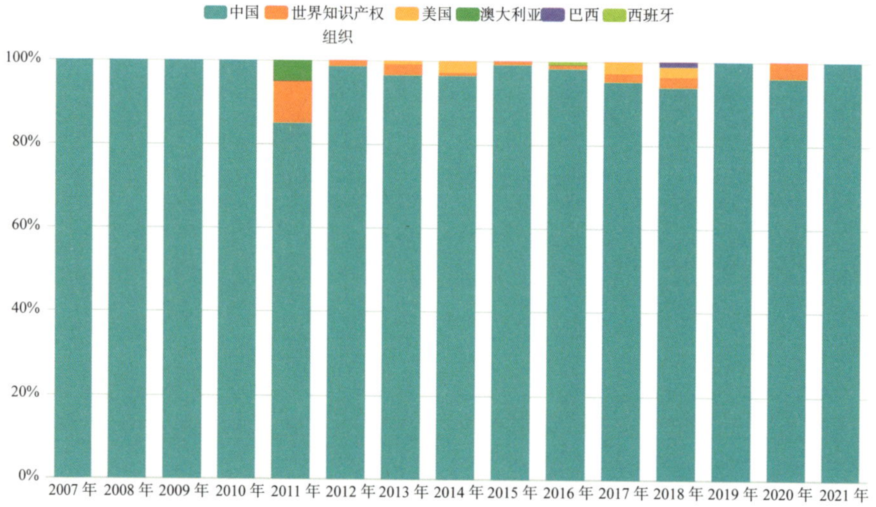

图 7-37　国家电网风电主控系统全球布局趋势

由图 7-38 可以看出，国家电网风电主控系统领域专利主要布局在主控系统，占比达到了 86.69%，在监控系统、变频系统、变桨系统分支布局的占比分别为 6.99%、3.40%及 2.93%。国家电网作为国家龙头电力企业，在电网电能控制管理、功率控制调节方面研发实力强劲，核心专利大多集中在风电电能控制方面，部分国家电网重要专利如表 7-8 所示。

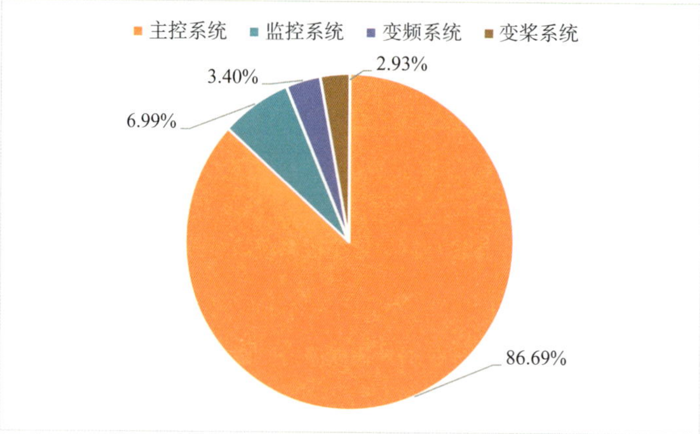

图 7-38　国家电网风电主控系统各分支布局

表 7-8　国家电网风电主控系统部分重要专利

序号	公开(公告)号	标题	申请日期	法律状态
1	CN101764413A	一种大规模风电集中接入电网的系统仿真方法	2009/11/25	有效
2	CN102003337A	风电并网后主站端风电场有功功率控制方法	2010/11/23	有效
3	CN102182629A	基于风资源实时监测数据的弃风电量评估方法	2011/3/29	有效
4	CN202586493U	一种微电网能量管理系统	2011/9/25	有效
5	CN103595138A	一种智能微电网系统	2013/11/21	有效
6	CN104333037A	风储集群参与电力系统调频调压的协同控制方法	2014/11/2	有效
7	CN103259285A	含大规模风电电力系统的短期运行优化方法	2013/5/3	有效

7.2.5　专利保护和运用分析

本节对路径规划领域中与专利相关的主要法律事件进行分析，从侵权诉讼、许可、转让和标准专利出发，以反映市场主体在竞争中的行为模式和习惯，为应对不同的市场竞争情况提供决策依据。

图 7-39 给出了风电主控系统领域相关专利中，中国、印度、欧洲专利局、巴西、德国、美国、日本等涉及诉讼、转让及许可的专利量。在诉讼方面，印度专利量远超其他国家，其次为欧洲专利局，说明其易发生诉讼案件；在转让方面，美国专利转让量高居第一，这说明美国市场专利转让活跃度非常高；在许可方面，中国排在第一位，其他国家基本为零，说明中国的专利许可比较活跃。

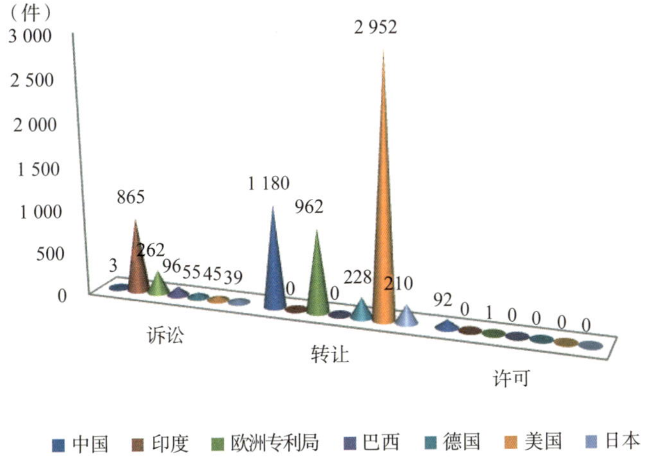

图 7-39　主要法律事件类型分布

从图 7-40、图 7-41 可以看出，在全球侵权诉讼专利量及转让专利量申请人中，全球龙头企业如维斯塔斯、通用电气、西门子、沃本公司等涉及诉讼和转让的专利量均排在前列，这说明全球龙头企业在市场表现活跃。企业在专利布局时应注意规避针对龙头企业的专利风险。此外，我国在专利许可方面表现活跃，涉及的企业主要有国电联合动力、中船重工（重庆）海装风电设备有限公司、四川东政电子技术有限公司、广东明阳风电产业集团有限公司、江苏科技大学等。

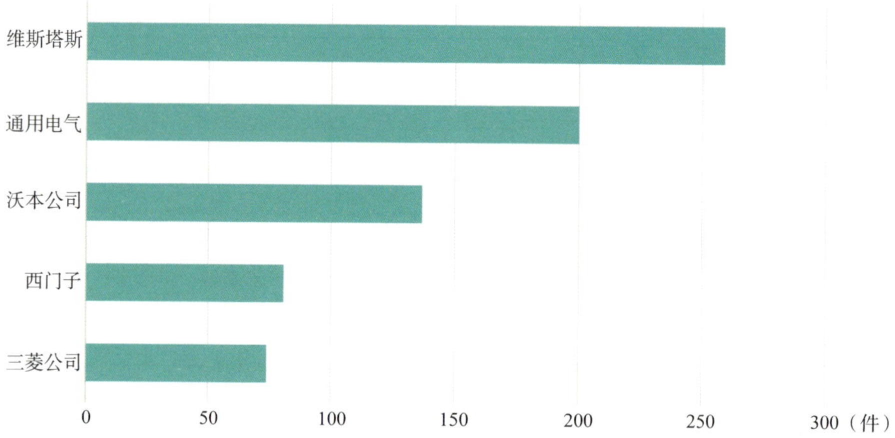

图 7-40　侵权诉讼专利量申请人排名

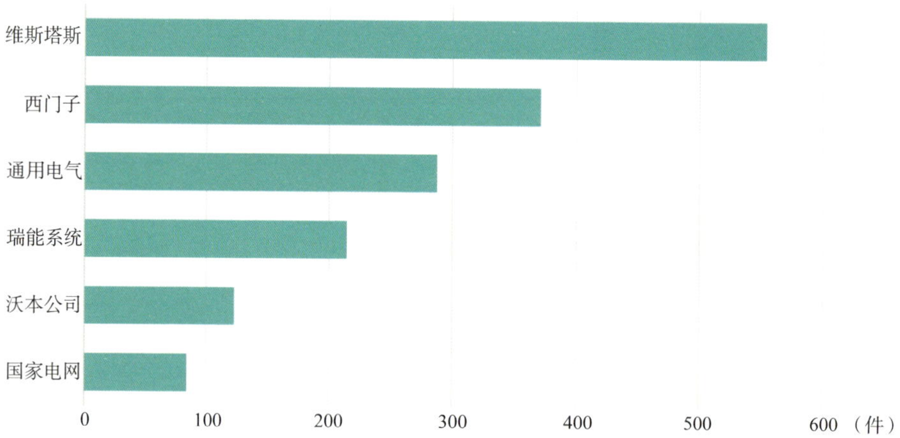

图 7-41　转让专利量申请人排名

7.2.6　小结

本节主要对风能产业中的风电主控系统领域进行研究，分别从风电主控系统的申请态势、技术分支发展、重要申请人、专利保护运用等角度进行了分析。

从全球专利申请态势来看，中国的专利申请量占比最高，中国的专利布局时间晚于国外主要国家，从 2006 年才开始加大专利布局，但中国的专利申请量增长趋势迅猛，要远超其他国家，2006 年之后专利申请量迅速升高，使得中国专利申请总量快速攀升。除中国外，美国、欧洲专利局、世界知识产权组织等专利申请量也较大。从我国内部来看，专利申请量主要集中在以北京为代表的京津冀地区和长三角、珠三角地区，这些地区的经济发展水平较高，创新主体活跃程度高，申请了大量专利。天津在全国专利申请量排名中排名第 9，申请量共计 468 件，相比北京的 2 889 件有极大差距。

从技术分支发展来看，风电主控系统主要包括主控系统、监控系统、变桨系统、变频系统。20 世纪 80 年代首先进入风电市场的是定桨距风力发电机组，结构功能相对简单，推动了风力发电市场的快速商业化；20 世纪 90 年代，伴随着技术的发展，变桨距风力发电机组开始进入风电市场，由变桨距系统组成的闭环控制系统使控制设备水平到达新的阶段；如今，随着计算机技术和先进控制技术的不断发展，控制方式从定桨距失速控制全面转向变桨距和变速恒频控制方向，风电供电效率、质量不断提高。

从重要申请人来看，维斯塔斯和国家电网分别是国外和国内专利申请量最高的企业。维斯塔斯注重在全球布局，除在世界知识产权组织和欧专局进行专利布局外，还在中国、美国、印度等风能产业市场前景比较广阔的国家进行专利布局。国家电网作为国内电力企业的龙头老大，专利主要布局在风电电能电网控制调节方面，从布局地区来看，主要集中在国内，此外在世界知识产权组织和美国有少量布局。与国外龙头企业相比，国内企业海外市场开拓力度差距较大，需要进一步加大海外市场布局。

从专利保护应用来看，在诉讼领域主要集中在印度，显示中国企业在印度开拓市场时要注意防范专利风险；在转让领域，美国市场最为成熟，转让活跃度最高，其次为中国市场；在许可领域，中国专利许可明显比其他国家活跃，许可主体主要为企业。

7.3　海上风电关键技术专利分析

7.3.1　技术简介

随着风力发电技术的快速发展，陆上风电存在的如占用土地、产生噪声等问题逐渐显现，而且陆上可开发利用的风电场越来越少，而海上风电开发越来越受到重视，风力发电机组从陆地移向海面必将成为未来风力发电技术的一种趋势。面对海上风电开发与利用的广阔前景,全球风电机组制造商纷纷加大海上风电机组的研发和产业化力度,并积极在全球范围内进行专利布局。

本节将对海上风电领域的专利状况进行分析,主要涉及全球和中国海上风电领域的专利申请态势、技术发展脉络、主要申请人、专利保护运用等。需要注意的是,海上风电技术与陆地风电技术存在很多交叉,目前的海上风电设备很多是由陆上风电设备改造而成的,在许多涉及风电设备关键部件的专利中并不会明确区分是用于海上风电还是用于陆上风电。由于海上风电设备与陆上风电设备在许多方面存在共同点,前面已经对风电设备的关键零部件和关键技术做了详细分析,因此本节的重点是针对海上风电特有的结构和运行方法等进行分析研究。在技术分解方面,将海上风电划分为海上叶片运输安装、海上发电机组运输安装、海上基础、海上输电技术 4 个分支。天津大学、中交集团在海上风电领域布局的专利量排名全国前列,对其海上风电技术布局进行分析可为天津在该产业节点聚集区的发展提供重要参考。

7.3.2 专利申请态势

本节对海上风电技术相关专利进行检索,共得到专利 5 898 件,通过对国内外的发展趋势、地域分布、技术流向进行分析,以了解该技术的发展态势。

海上风电领域全球专利申请量在 1999 年之前较少,如图 7-42 所示, 1999—2007 年呈缓慢增长趋势,此阶段中国专利在全球占比较低,中国海上风电技术发展落后于国外。从 2008 年开始,全球海上风电技术申请量进入快速增长时期,在这一时期,中国的专利申请量也呈现快速增长。2014 年,全球专利申请量达到第一个高潮,随后在 2015 年出现短暂回落之后在 2016 年又呈现快速增长趋势并且没有衰退迹象,这主要源于中国申请量的大幅增长,在中国的带动下,海上风电技术目前仍是热点研发方向。2014 年之前,中国的专利申请量落后于国外,但自 2015 年开始中国的专利申请量开始超过国外,占据主导位置,中国是目前海上风电技术的主要研发国。

如图 7-43 所示,海上风电领域中国专利申请量占比遥遥领先,在 2008 年之前申请量排名前列的为欧洲专利局、德国及美国等,表明其专利布局较早;中国的申请量在 2008 年之前占比不高,优势不明显,但自 2008 年开始,中国的专利申请量排名跃升至第一位,并开始快速增长,在 2013 年经历短暂波动后,一直保持增长至 2020 年,这表明随着中国海上风电产业的不断发展,其相关技术研发需求仍在持续增长中。韩国的专利申请量在 2009—2013 年快速增长,并在 2013 年达到峰值,大幅超过除中国外的其他国家,之后申请量迅速降低,在 2015 年降至与其他国家相同的水平。

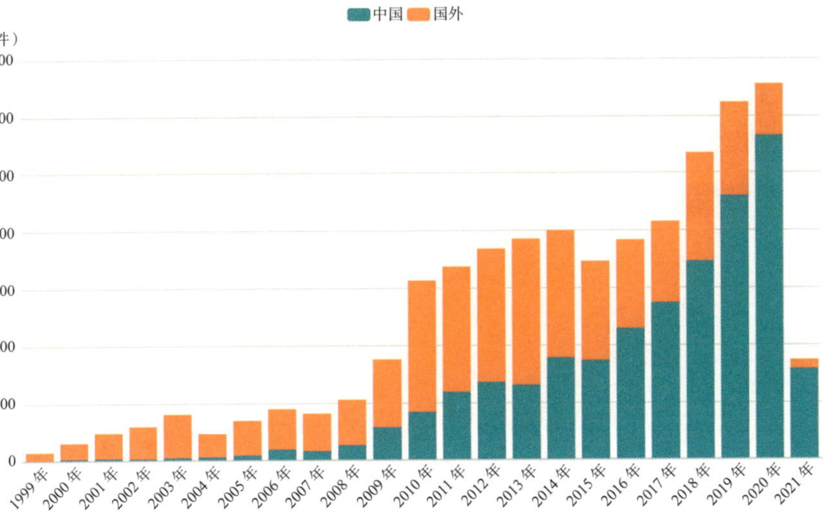

图 7-42　海上风电领域全球申请态势

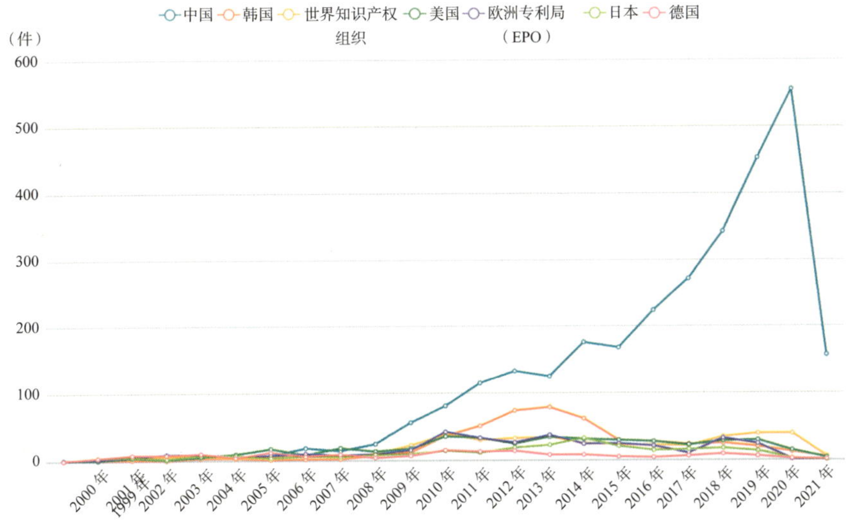

图 7-43　海上风电领域申请态势

图 7-44 显示，在海上风电中国专利申请人国别中，中国申请人的申请量占比高达 96%，显示在这一领域中国申请人具备绝对优势。国外申请人相对较难在这一领域同中国申请人竞争，国外申请人中以美国、德国、丹麦等为代表的国家在中国仅布局了少量专利。

从图 7-45 可以看出，在海上风电中国各省市专利申请量中，排名前 5 的省份依次为江苏、广东、北京、上海、浙江，其申请量总和占比达 61%，与其他领域相似，申请量主要集中在京津冀、长三角及珠三角地区。在京津冀集群中，天津在全国排名第 6，专利申请量占比在全国达 8.5%，这表明天津在海上风电领域具备一定的技术研发实力，研发基础较好。

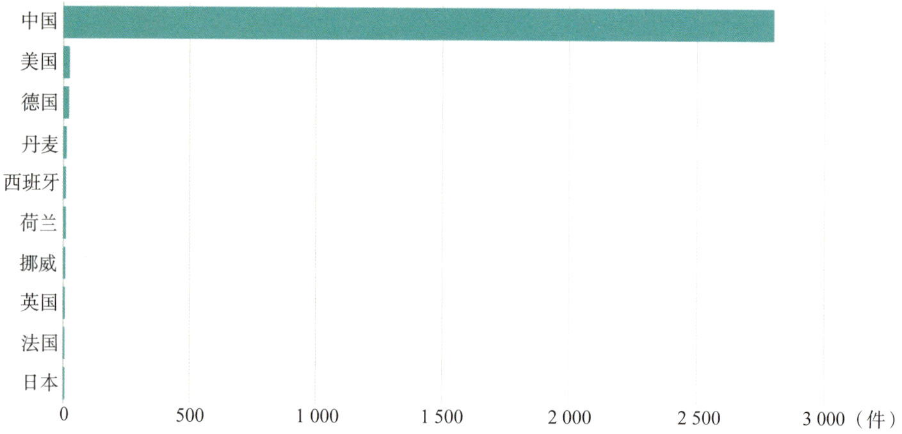

图 7-44　海上风电中国专利申请人国别

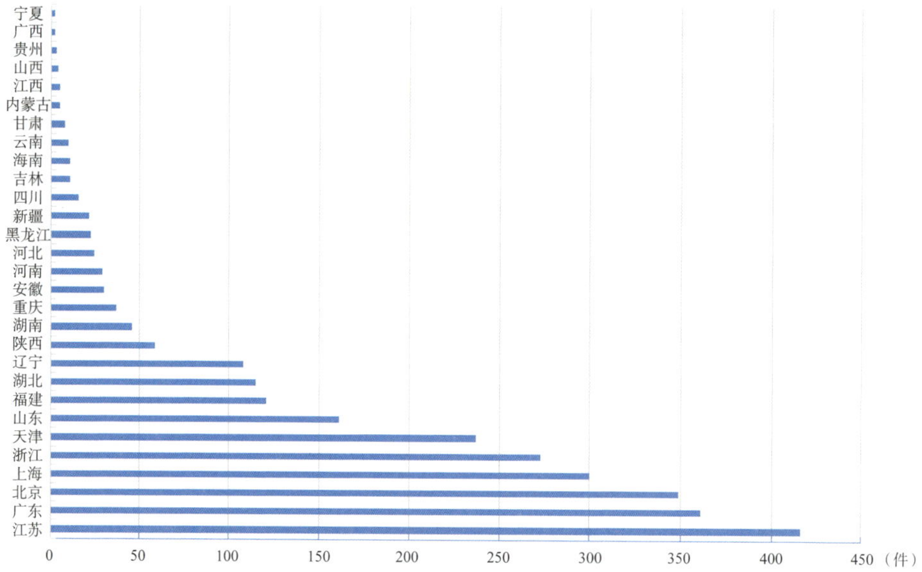

图 7-45　海上风电中国各省市申请情况

（注：不包括香港、澳门特别行政区和台湾省，西藏自治区与青海省未检索到相关数据）

7.3.3 技术发展脉络

伴随海上风电产业的快速发展,海上风电技术研发不断取得突破,图 7-46、图 7-47 分别为海上风电在各分支的专利分布及发展趋势。

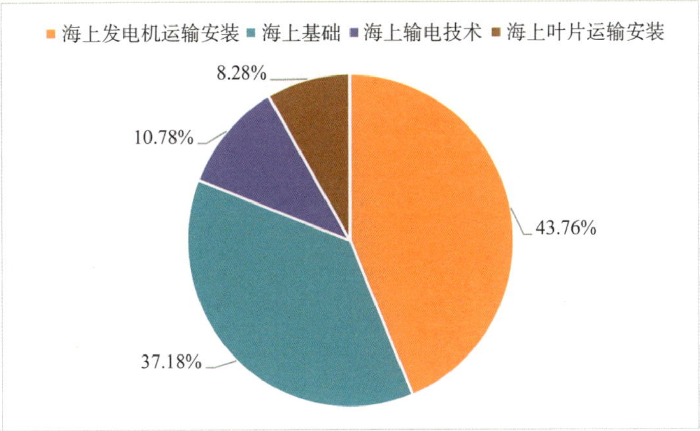

图 7-46 海上风电在各分支的分布情况

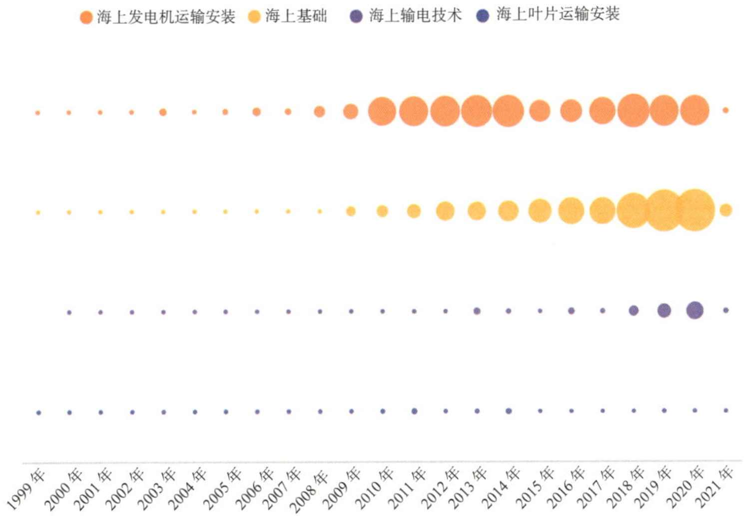

图 7-47 海上风电各分支发展趋势

如图 7-46 所示,从海上风电技术各分支全球布局来看,专利申请量主要集中于海上发电机运输安装和海上基础,二者合计占比达 80.94%,海上输电技术和海上叶片安装运输占比分别为 10.78%、8.28%。从图 7-47 专利申请发展趋势来看，4 个技术分支专利布局均较早，在 2000 年各分支即有零星专利布局。2014 年以前，占比排名第 1 的为海上发电机运输安装，其次为海上基础；2015 年之后，海上基础专利申请量超过海上发电机运输安装专利申请量，并一直保持占比排名第 1，说明随着海上风电技术的不断发展，海上风机基础作为重要支撑结构逐渐成为研发热门，受到更加广泛的重视。

海上发电机运输安装和海上基础是海上风电的两个重要分支，二者的技术发展路线分别如图 7-48、图 7-49 所示。

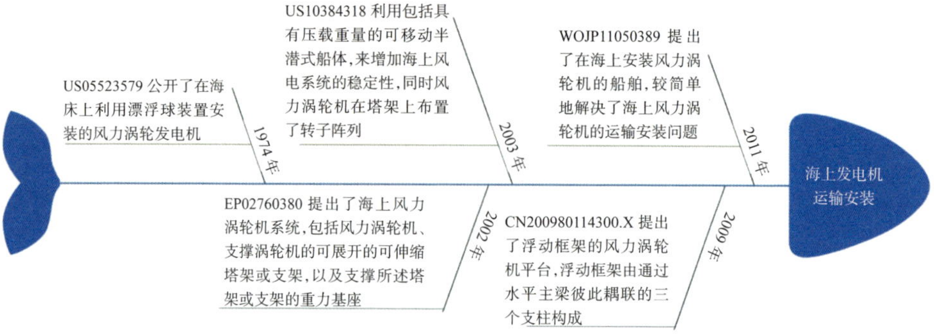

图 7-48　海上发电机运输安装技术发展脉络

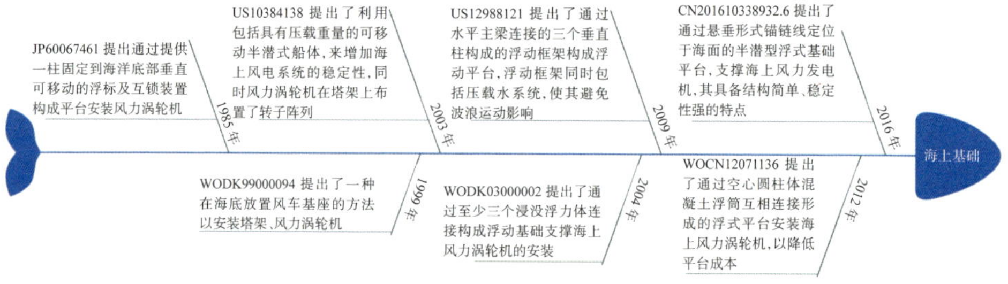

图 7-49　海上基础技术发展脉络

（1）海上发电机运输安装技术发展路线

1974 年，波特·威廉在美国申请的专利 US05523579 公开了在海床上利用漂浮球装置安装的风力涡轮发电机。

2002 年，申请人在欧洲专利局申请的专利 EP02760380 提出了海上风力涡轮机系统，包括风力涡轮机、支撑涡轮机的可展开可伸缩塔架或支架，以及支撑所述塔架或支架的重力基座。

2003 年，赫罗尼摩斯·威廉在美国申请的专利 US10384318 公开了包括具有压载重量的可移动半潜式船体，来增加海上风电系统的稳定性，同时风力涡轮机在塔架上布置了转子阵列。

2009 年，原理动力技术公司在中国申请的专利 CN200980114300.X 提出了浮动框架的风力涡轮机平台，浮动框架由通过水平主梁彼此耦联的三个支柱构成。

2011 年，三菱公司在世界知识产权组织申请的专利 WOJP11050389 提出了在海上安装风力涡轮机的船舶，较简单地解决了海上风力涡轮机的运输安装问题。

（2）海上基础技术发展路线

1985 年，日立造船株式会社在日本申请的专利 JP60067461 提出通过提供一种固定到海洋底部垂直可移动的浮标及互锁装置构成平台安装风力涡轮机。

1999 年，尼克尔森·佩德在世界知识产权组织申请的专利 WODK99000094 提出了一种在海底放置风车基座的方法以安装塔架、风力涡轮机。

2003 年，赫罗尼摩斯·威廉在美国申请的专利 US10384318 提出了具有压载重量的可移动半潜式船体，来增加海上风电系统的稳定性，同时风力涡轮机在塔架上布置了转子阵列。

2004 年，维斯塔斯在世界知识产权组织申请的专利 WODK03000002 提出了通过至少三个浸没浮力体连接构成浮动基础支撑海上风力涡轮机的安装。

2009 年，多米尼克·罗迪埃在美国申请的专利 US12988121，通过水平主梁连接的三个垂直柱构成的浮动框架构成浮动平台，浮动框架同时包括压载水系统，使其避免波浪运动造成的影响。

2012 年，黄灿光在世界知识产权组织申请的专利 WOCN12071136 提出了通过空心圆柱体混凝土浮筒互相连接形成的浮式平台安装海上风力涡轮机，以降低平台成本。

2016 年，哈尔滨工程大学在中国申请的专利 CN201610338932.6 提出了通过悬垂形式锚链线定位海面的半潜型浮式基础平台，支撑海上风力发电机，其具备结构简单、稳定性强的特点。

7.3.4　重要申请人分析

申请人的专利拥有量可以反映其基础实力和技术创新能力，同时，其申请活跃度可以反映各申请人近年来对该领域的发展重视程度及进展情况。如前所述，在海上风电全球重要申请人中，天津大学、中交集团、国家电网占据全球申请量前 3 位，对作为天津市重要申请人的天津大学和中交集团予以分析，有利于天津市海上风电技术产业进一步发展。

（1）天津大学

如图 7-50 所示，天津大学海上风电技术申请始于 2008 年，在 2013 年之前专利申请量一直保持增长态势，2015 年经历了短暂下降，2016 年又开始进入增长趋势，至 2018 年达到最大申请量，之后申请量逐渐降低。从全球布局来看，如图 7-51 所示，天津大学作为高校，市场拓展能力不如企业，其专利布局主要在中国，中国专利占比达到 95%，除中国外，在美国、澳大利亚等国家布局了个别专利。

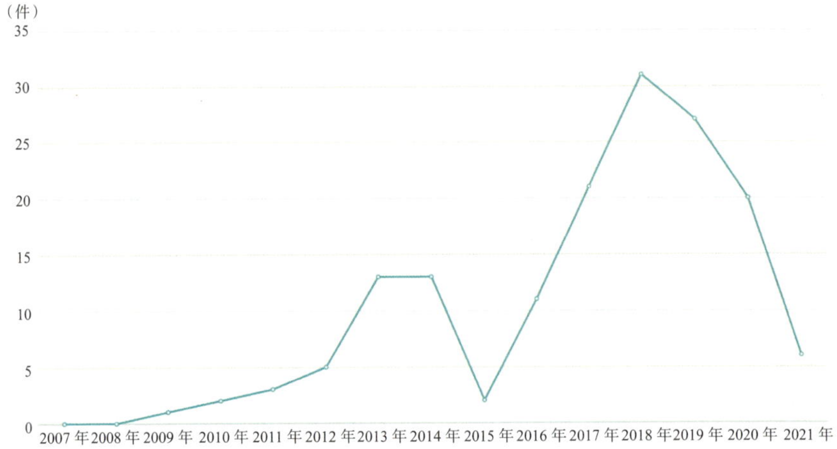

图 7-50　天津大学海上风电领域全球申请趋势

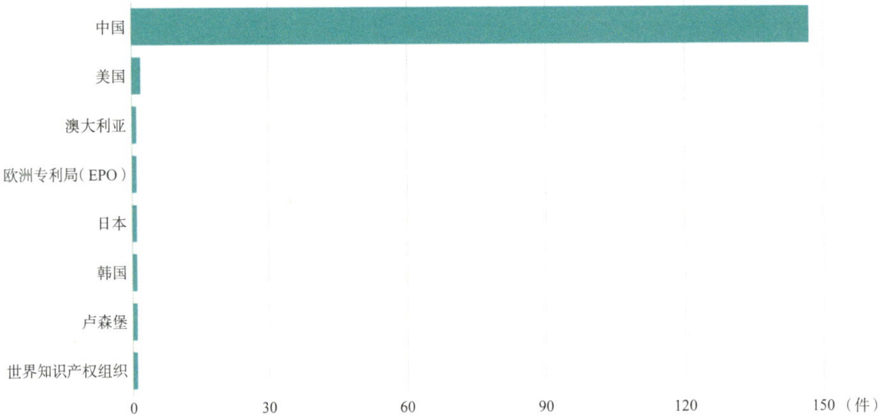

图 7-51　天津大学海上风电领域全球分布

如图 7-52 所示，天津大学海上风电在全球各国/地区布局趋势中，仍以中国为主，仅于 2013 年、2020 年两个年份在国外开展了个别专利布局，2013 年在国外布局较多是因为在世界知识产权组织申请的同族专利 WOCN13082469 主要是一种海上风电整机运输方法，在其他国家开展了同族专利布局。

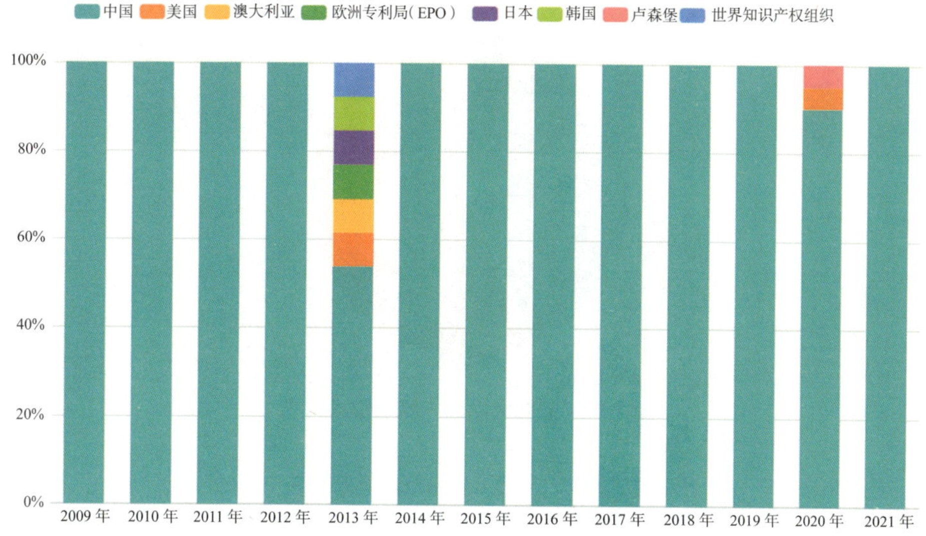

图 7-52　天津大学海上风电的布局趋势

如图 7-53、图 7-54 所示，天津大学海上风电技术领域中以海上基础为主，占比达 82.51%，其次为海上发电机运输安装、海上叶片运输安装，占比分别为 13.11%、4.37%，可见天津大学主要技术研发聚焦在海上风力发电机的支撑基础平台方面。在天津大学海上基础细分分支上，以浮动基础和负压桶式基础为主，说明这两个细分技术分支是天津大学的重点研发方向。天津大学海上风电技术部分重要专利如表 7-9 所示。

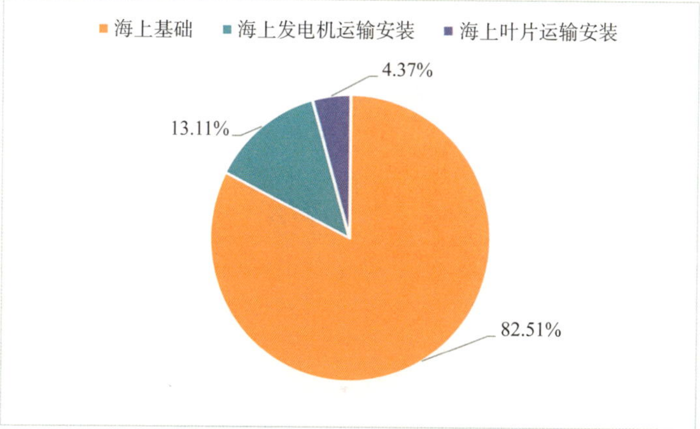

图 7-53　天津大学海上风电技术构成

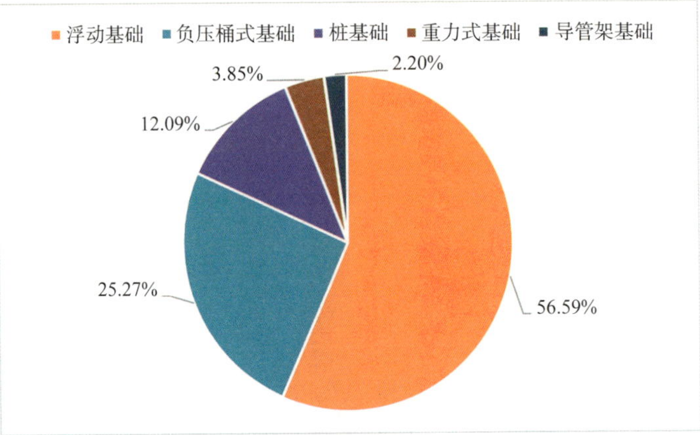

图 7-54　天津大学海上基础技术构成

表 7-9　天津大学海上风电技术部分重要专利

序号	公开(公告)号	标题	申请日期	法律状态
1	CN101549744A	混合型多功能海洋监测自主平台	2009/5/14	有效
2	CN102926949A	一种海上风电整机浮运方法	2012/11/19	有效
3	CN102677694A	一种海上风电潜式基础结构及其整机安装施工方法	2012/5/30	有效
4	CN106245671A	一种组合式海上风电基础及其施工方法	2016/7/26	有效
5	CN102926948A	一种海上风电整机安装方法	2012/11/19	有效

(2)中交集团

由图 7-55 可知,中交集团海上风电技术专利申请始于 2006 年,之后申请量波动性较大,在 2015 年之后基本保持了快速增长态势,这表明 2015 年之后公司在海上风电分支的技术研发投入渐趋稳定。在全球专利布局方面,中交集团仅在中国开展了专利布局,未在国外或世界知识产权组织进行布局。

由图 7-56、图 7-57 可以看出,中交集团海上风电技术领域中以海上基础和海上发电机运输安装为主,占比分别为 54.11%、43.15%;海上叶片运输安装与海上输电技术占比合计不到 3%。在海上基础分支构成中,中交集团以桩基础、浮动基础、负压桶式基础为主,占比分别为 44.57%、31.52%、18.48%,这表明中交集团作为国内海上运输业龙头企业在海上风电桩基础方面实力雄厚,专利也较多,具备一定技术领先优势。中交集团海上风电技术领域重点专利如表 7-10 所示。

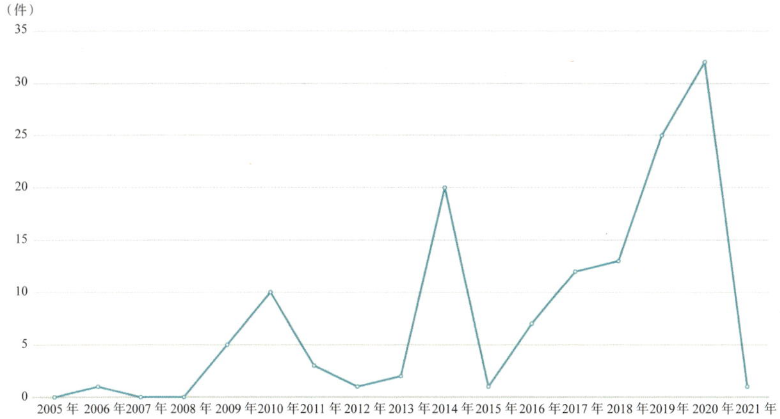

图 7-55　中交集团海上风电领域全球申请趋势

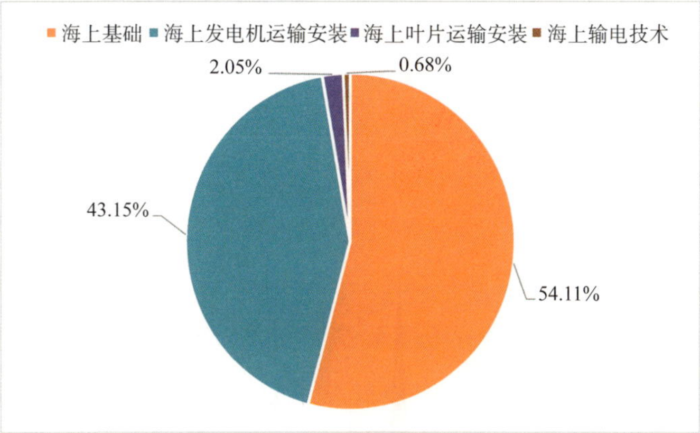

图 7-56　中交集团海上风电技术构成

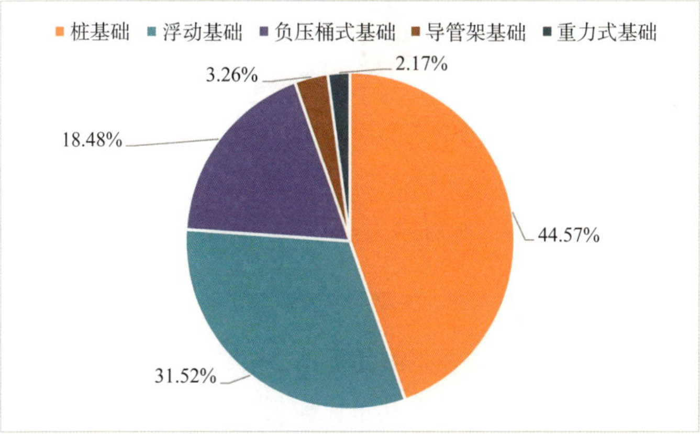

图 7-57　中交集团海上基础技术构成

表 7-10　中交集团海上风电技术部分重要专利

序号	公开(公告)号	标题	申请日期	法律状态
1	CN102011714A	海上风力发电机组整体安装施工方法及其设备	2010/10/8	有效
2	CN102192111A	海上风机叶片安装方法	2010/3/11	有效
3	CN101985917A	海上风力发电机组分体安装施工方法及其设备	2010/10/8	有效
4	CN102278291A	风力发电机海上运输安装的施工方法及其专用运输安装船	2011/6/20	有效
5	CN103807115A	海上风力发电机组水平组装整体翻转竖立装置及施工方法	2014/1/31	有效

7.3.5　专利保护和运用分析

图 7-58 给出了海上风电领域相关专利中中国、美国、欧洲专利局、日本、德国、印度、巴西等涉及诉讼、转让及许可的专利量。在诉讼方面，印度和巴西两国专利诉讼量较多，说明在这两个国家易发生诉讼案件。在转让方面，美国专利转让量位居第 1，说明美国市场专利转让活跃度较高，此外，中国、欧洲专利局市场转让活跃度也比较高。在许可方面，中国排在第一位，表明中国的专利许可相对比较活跃。

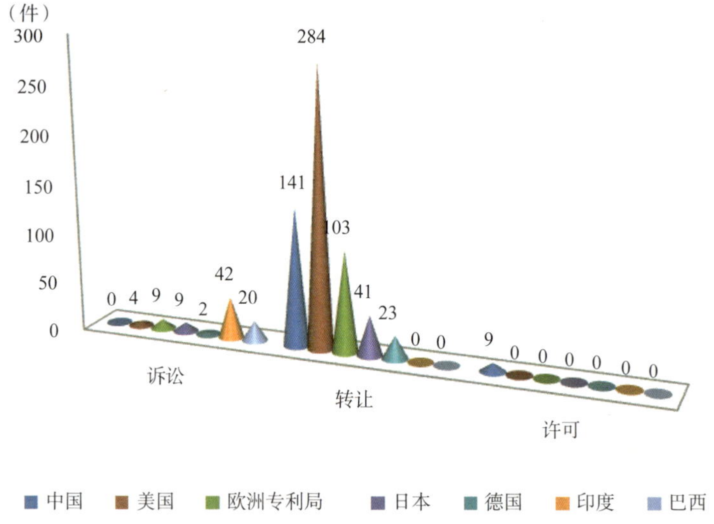

图 7-58　主要法律事件类型分布

如图 7-59 所示，在全球专利诉讼申请人中，缅因大学排名第 1，其次为德国瓦卢瑞克、维斯塔斯等，但总体来看诉讼专利量比较低。如图 7-60 所示，在全球转专利让申请人中，排名前 3 的分别是西门子、瑞能系统和缅因大学，这表明龙头企业专利转让比较活跃。此外,我国在专利许可方面表现活跃,涉及的企业主要有国电联合动力、江苏科技大学、天津大学、广东精铟海洋工程股份有限公司。

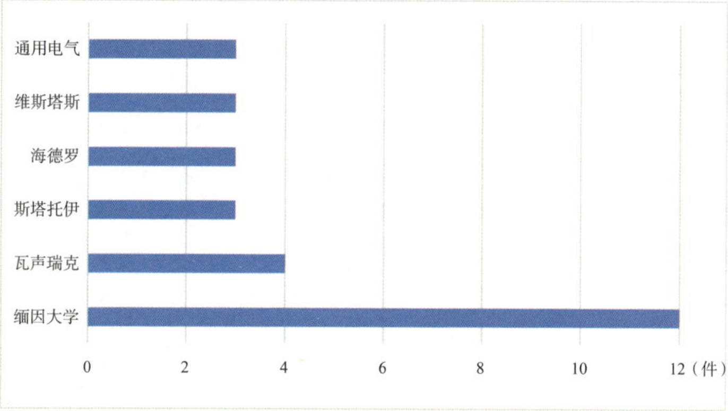

图 7-59　侵权诉讼专利量申请人排名

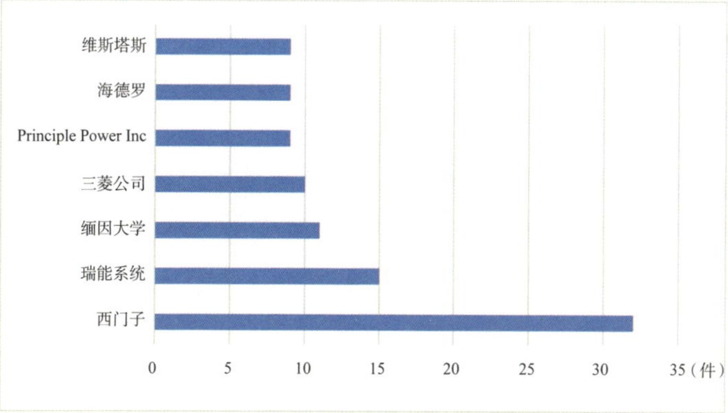

图 7-60　转让专利量申请人排名

7.3.6　小结

本节主要对风能产业中的海上风电领域进行研究,分别从海上风电的申请态势、技术分支发展、重要申请人、专利保护运用等角度进行了分析。

从申请态势来看,中国的专利申请量占比最高,但中国的专利布局在早期较少,占比也很低,从 2008 年开始中国加大了专利布局力度,专利申请量进入快速增长期,从 2015 年开始,中国的专利申请量占比开始超过国外的,中国成为全球海上风电领域申请量的主导国家。除中国外,韩国、世界知识产权组织、美国、欧洲专利局等专利申请量也较大。从我国内部来看,专利申请量主要集中在以北京为代表的京津冀地区和长三角、珠三角地区,这些地区的经济发展水平较高,创新主体活跃程度高,申请了大量专利。天津在全国申请量排名中排名第6,申请量占比在全国达8.5%,表明天津在海上风电领域具备一定技术研发实力。

从技术分支发展来看,海上风电技术主要包括海上发电机运输安装、海上叶片运输安装、海上基础及海上输电技术。从各分支申请量布局来看,海上基础和海上发电机运输安装占据申请量主体地位,是海上风电技术的研发重点。伴随海上风电的快速发展,海上风机基础作为重要支撑结构在近年逐渐成为研发热门,申请量占比排名第1,受到更加广泛的重视。

从重要申请人来看,天津大学和中交集团是海上风电全球排名前2的重要申请人,2家申请人在技术研发侧重上有所不同:天津大学尤其注重海上基础的研发,海上基础申请量占比高达82.5%;而中交集团同时注重海上基础和海上发电机运输安装的技术研发,这与中交集团作为中国海上运输业龙头企业的定位相契合。在海上基础细分分支上,两家申请人的侧重点也有所不同:天津大学较为注重浮动基础,而中交集团较为注重桩基础。在海外布局上,天津大学要优于中交集团。

从专利保护应用来看,全球诉讼领域主要集中在印度和巴西,中国企业在印度、巴西开拓市场时要注意防范专利风险;在转让领域,美国市场最为成熟,转让活跃度最高,其次为中国和欧洲市场;在许可领域,中国的表现明显好于其他国家,许可主体既有企业也涉及高校,高校对企业来说可作为重要研发力量予以合作。

Chapter 8

第 8 章 滨海新区风能产业发展路径导航

产业结构布局的调整、升级和优化是每个地区在产业发展中都会面临的问题。由于各个地区产业发展轨迹和路径不同，其产业结构调整的对策也有差异。专利作为实现科技研发向现实生产力转化的一个重要关口，在产业结构调整中起到举足轻重的作用。应充分发挥专利导航辅助引导产业结构调整的功能，聚焦产业和技术发展趋势，明确产业发展的方向和重点，增强产业资源配置和技术研发的针对性，提高创新资源使用率，着力在产业技术链关键环节实现重点突破，通过改善产业技术链地位，推动其产业价值链地位的升迁，结合技术创新方向和产业技术竞争格局特点，引导产业按照产业链分工有效聚集，逐步培育形成产业链龙头企业引领带动、上中下游企业密切配合的产业集群和良性发展的产业生态系统。

本章以远景模式指出滨海新区风能产业发展的具体路径，包括产业结构调整优化路径、技术创新引进提升路径、创新人才引进培养路径、企业引进培育路径、知识产权强化路径等。路径的具体实施可从政府、产业园、企业入手。政府层面主要是制定风能产业宏观政策，优化产业发展环境；产业园层面主要是完善基础设施建设，为产业发展提供服务，例如成立之时设立知识产权部门，处理相关知识产权问题，开展知识产权服务工作，协助企业做好专利布局及攻防分析等；企业层面则注重路径的具体实施。

8.1 产业结构调整优化路径

由于产业结构的调整涉及风能产业链整体结构的变化，滨海新区风能产业调整优化路径可从产业结构优化方面进行，以政府为主导，制定相关产业规划和产业政策，合理规划产业结构占比，针对不同技术分支制定不同的发展政策，以形成结构完整、重点突出的产业结构。

风能产业结构优化包括产业结构合理化和产业结构高度化两个方面的内容。

风能产业结构合理化是指风能产业内部的经济技术联系和数量比例关系趋向协调平衡的过程。通常的判断标准为风能产业内研发服务和运行维护的产值与风能主要设备制造部门产值的比例应该不断提高。目前来看，研发服务和运行维护的产值合计占比高达 80%，而制造产值占比为 20%，表明产业结构已趋于合理化，产业内部各环节的需求结构和供给结构趋于成熟。

风能产业结构高度化是指在一定经济发展总量下，风能产业整体的经济效益高度化。高度化的标志包括产业高技术化、高集约化，从目前来看，产业链上游关键核心零部件和原材料呈现高技术化和集约化，进入门槛较高，中游风机部件组装制造涉足的企业数量较多，其各自拥有相对竞争优势，竞争较为激烈，而下游风电运维的参与方主要为大型电力集团或其他资金实力雄厚的行业集团，伴随数字和智能技术发展，智能运维、数字化运维等后市场服务需求将成为新的竞争增长点。

政府层面应及时出台体系化的产业示范应用扶持政策，以应用促发展，出台降低风力发电并网成本的支持政策，带动行业发展。以滨海新区靠海陆地和海上资源，开展一批区域、行业与领域风电应用示范工程建设，形成完善的示范工程体系，通过应用示范推动产业发展。滨海新区毗邻渤海，海域面积广、地质稳定、海床平缓、风能集中，具备大力发展海上风电的天然优势，在陆上风电发展趋势渐缓的情势下，具备大力发展海上风电的潜力。

滨海新区应根据自身的专利布局及产业情况，结合整体发展方向，有轻有重、有缓有急地进行发展。确定重点优先发展方向，壮大本身已有的产业链环节，例如滨海新区具有一定的研发制造基础，在核心零部件领域聚集了像瑞源电气、东方电气、中科国风、明阳风电等一批具有先发优势的企业，借助风能产业关键零部件自主化国产替代趋势，支持核心企业加快技术升级，通过技术创新、专利布局、技术合作等手段巩固并进一步扩大行业优势。加大大功率发电机、齿轮箱、叶片、偏航变桨系统、冷却系统、变频系统，以及大型铸锻件等关键部件自主化生产水平和配套能力，促进风电装备采购本地化，不断提升针对大功率海上风电机组的零部件配套供应能力。在海上风电领域依托天津大学、中交集团等研发机构的优势，支持本地企业与高校开展产学研合作，加快高校技术产业化，借助邻海区位优势，加快海上风电施工技术研发和市场布局。随着产业成熟度进一步提高，数字化和智能化技术发展，风电场智能化运维成为新的增长点，滨海新区在风电运维服务方面处于产业链劣势地位甚至空白，应加强与龙头企业的合作，积极引进培育风电数字化运维服务企业。

8.2 技术创新引进提升路径

技术创新和技术引进是技术进步的两条主要路径，对于发展中国家而言，技术引进历来十分重要。技术引进是发展中国家技术进步的重要途径，技术引进强调消化吸收再创新。不同于日本、韩国的崛起，中国技术引进的现实是引进易，吸收难，再创新更难。近年来，我国技术引进虽然在经济增长中一贯发挥着积极作用，但是还需要在技术创新引进提升路径上实现赶超和加强。

在当前我国“双碳”目标助推新能源产业快速发展的新形势下，自主创新才是发展我国风能产业的强国之路。对于我国这样一个已经具备一定风能产业基础的发展中国家而言,应更多依靠自身市场需求潜力巨大的优势,扩大应用市场,适用需求拉动和技术推动相结合的技术创新模式,实现赶超目标。

技术创新是一个地区发展的重要驱动力。滨海新区风能产业缺乏真正有带动作用的本土龙头企业,国际龙头企业虽然在滨海新区开展布局,但多为生产制造基地,没有设计研发服务等相关部门,行业整体松散,缺乏管理,尚未形成真正意义上的产业聚集区与整合企业优势,掌握关键核心技术的企业较少。陆上风电场和海上风电场的大规模示范应用尚需政策引导,头部企业中专利数量较少,技术人员创新能力和企业创新能力均有待提高。尽快提高滨海新区风能产业专利创新能力和行业竞争力是滨海新区风能产业专利工作的重要内容,可通过自主创新、技术借鉴和引进合作等多种途径实现。

8.2.1　政府方面

(1)完善制度体系,优化创新环境

资金政策:梳理现有政策、资金,优化整合,突出重点,集中政策资金指向倾斜。突出产业升级、技术创新、公共数据平台建设等,切实提高资金的使用效率,优先支持带动产业发展全局、符合风电未来发展趋势方向的重大创新类攻关项目。在国家税制改革框架下,制定完善促进风能产业发展的财税支持政策。对创新活动投资,研究探索相关税收支持创新政策方案,争取更大的财税优惠政策,吸引符合条件的企业、机构落户。通过应用项目,开展典型示范,培育和推动市场的整体发展。

专利政策:统筹相关制度和措施,将专利制度有机融入各项制度体系,尤其是创新制度,还应建立完善的专利专项制度。

(2)完善基础设施,为创新发展提供支持

设立工作领导小组统筹协调,研究制定政策措施,完善工作体系,营造良好的创新驱动发展基础环境。在立足滨海新区产业情况的基础上,通过加强技术研发、优化创新合作、引进国内外先进技术等多种途径,提升技术创新实力。

(3)优化技术创新体系

一是提供专利信息服务,为创新主体开展技术创新、实现共性技术和资源共享提供服务,形成风能系统专利信息服务平台资源,搭建完善的专利检索平台和数据库,补充完善标准、非专利文献、市场数据等信息数据库,建立健全专利信息服务模块功能,从专利预警、攻防分析等方面提供专利信息服务,借助滨海新区知识产权保护中心,为企业技术创新的快速专利审查提供快车道;二是开展专利信息培训,提升企业自身的专利技术运用能力。

8.2.2 企业方面

风能产业作为新能源产业的重要领域，在推动“双碳”转型的过程中市场潜力和待开发程度巨大。伴随风能产业高速发展，在技术发展趋势上正呈现出如下特征：一是风机越来越趋向大型化发展，风机的核心部件发电机、叶片、塔筒等向大型化发展，风机的大型化发展既能提高发电效率，又能降低风电并网成本，对风电的广泛应用能起到推动作用。二是海上风电的发展成为趋势，由于海上资源丰富、风速稳定、开发影响较少和可以大规模开发等优势，受到广泛关注。三是具有良好性能的新材料成为研发趋势，由于风力发电机组处于恶劣的环境，并且叶片常年受强风的影响，受损坏程度大，因此加大对高性能材料的研究也是未来发展的一个方面。四是风电系统向智能化发展，风电系统的智能化对风电机组的控制与检测技术、建模与仿真研究、风功率预测和管理技术、故障诊断及预警系统、风电资源的优化配置与调度等诸多技术指标均提出了新的高要求，是未来风电技术研究的热点。滨海新区产业链环节重点企业应把握行业技术发展趋势，对发电机、齿轮箱、叶片、主控系统、变频系统、变桨系统等重点零部件加强研发，适应风机大型化趋势，促进关键零部件本土化。

（1）企业总体创新能力建设

一是制定符合自身需求的风力发电专利发展战略。一方面，根据企业的实际需求、发展阶段、科研实力，在技术的创新研发过程中，决定实施切合实际的战略，并将战略划分为近期、中期和远期等发展阶段，以增强战略的科学性和可执行性。如果处于起步阶段，则要加强与技术领域内具有较强实力的企业的合作，通过外包或合作研发的形式，推动企业技术水平的快速发展。如果企业本身就有一定的技术基础，则要在实施专利战略的过程中，突出自身的优势，通过专利申请掌握技术领域内的核心专利和基础专利，并根据技术的扩张趋势，及时在国外进行专利申请，以巩固自身的地位。另一方面，注重专利战略的贯彻和实施。对于企业而言，如何制定科学合理的专利战略是一个重要的问题，而如何真正落实和实施也是一个非常关键的问题。只有将专利发展战略真正融入企业的实际经营活动当中，根据战略执行和实施过程中发现的问题不断地进行修正，才能够发挥专利本身对企业经营的价值和作用，而不仅仅是把专利战略当成一个时尚的口号。

二是建立健全知识产权组织管理机构体系。组织管理机构是知识产权战略实施效率和质量的保证。一直以来，国内的企业并没有意识到知识产权战略理念的重要性，因此大多数国内企业并没有直接与知识产权相关的组织管理机构。而事实上，那些真正在知识产权领域具有竞争力的企业，大多设置了专门的知识产权组织机构，配备专业的管理人员。在实施知识产权战略的背景下，在适当的时候建立健全知识产权组织管理机构体系，将是战略实施中必需而又迫切的内容。当然，基于成本控制和需要性方面的考虑,在不同的发展阶段,知识产权组织机构可以采取不同的形式。在战略初期,当知识产权管理的内容不多,专利数量较少的时候,可以不设置专门的知识产权部门,由行政管理办公室或科技创新等相关部门负责即可。在此阶段的人员配置方面,可以指定以上部门中具备一定知识产权理论知识的人员专门负责或兼职负责。而当知识产权发展到一定阶段,尤其是专利数量增加到一定数量的时候,就可以根据实际需要设置专门的知识产权管理部门去协调战略管理、财务、科技创新等相关部门的工作,以保证创新、研发、专利申请等工作的效率和质量。在体系结构方面,可根据企业的实际情况,采用平行结构或垂直结构。平行结构是指知识产权部门与其他部门平行,互不为隶属关系,此体系适用于组织机构较为简单的企业;而垂直结构是指将企业组织结构分为不同的层次,下一层次的知识产权部门由上一层次的知识产权部门进行管理,此体系适用于组织机构复杂并具有层次分工的企业。

三是重视专利信息的检索和管理。在现代企业的经营活动当中,专利信息分析具有非常重要的价值,因此中国风力发电企业在科技活动当中,要重视专利信息的检索、分析和管理工作。首先,在进行技术开发之前,对专利信息进行检索和分析,了解该技术领域的发展阶段和主要竞争对手,发现技术开发的密集区和空白区,结合自身所具备的科研优势,确定科学研究和财务投资的方向,正确定位自身的技术战略意图,以避免在时间和投资上的重复和浪费。其次,在专利活动当中,通过专利检索和分析,一方面,确定是实施进攻型还是防御型,抑或攻防结合型的专利战略,以做到有的放矢;另一方面,也可以避免专利侵权纠纷,包括避免使自己的专利活动侵犯他人的专利权以及发现和制止他人对自身专利权的侵犯。最后,通过对专利信息的管理,作出正确的决策。这主要包括:其一,专利申请的撤回、实质审查、专利无效、专利撤销、专利维持和年费、专利放弃等;其二,对企业员工,尤其是对科研人员的技术进行秘密保护的合同约定与管理。

四是实施有效的创新激励机制。通常认为,创新是专利的命脉,而人的因素决定了创新的程度,这里的“人”其中包括科技研发人员和科技管理人员。由这些人组成的创新阵容的大小及其所具备的创新能力决定了企业的创新力和专利的竞争力,对于中国的风力发电企业而言也当然如此。因此,应制定和实施切合企业发展能力和水平的创新激励机制。一方面,可以将该技术领域内的优秀科研人员吸引到企业当中来,也可以将企业有一定经验的技术人员留下来;另一方面,可以极大地激发企业科研人员的创新热情,充分发挥他们在科研活动中的主动性和创造性。当然,制定和实施合理的激励措施是一个非常重要的课题。这既关系到企业的经营成本,也关系到激励措施的效能。如果奖励过高,则无形中增加了企业的运营成本;如果奖励过低,则无法充分发挥激励措施的作用。因此,不同的企业,要结合自身的发展实际,制定较为科学合理的激励措施,并在运行过程中不断地进行改进,以充分发挥其应有的激励作用。

(2)分领域创新能力建设

《天津市制造业高质量发展“十四五”规划》提出，围绕风电机组及关键零部件生产制造、风电场设计建设施工控制运维等重点环节，打造风电全产业链。重点加强4 MW及以上大功率风电机组、10 MW及以上大功率海上风电设备研发和产品推广，提升复合材料风电叶片、齿轮箱、控制系统等关键部件的自主化生产水平和配套能力，促进风电装备采购本地化。根据上述背景和滨海新区的产业情况，建议滨海新区企业分别从重点领域赶超和从薄弱领域加强。滨海新区的企业应结合自身的市场经营战略和重点领域、薄弱领域中未来的研发方向，选择适合自身的技术路径，采用协同创新、消化吸收的方式进行技术积累，在此基础上进行创新突破。一是与国内外掌握先进技术的主体合作，可与自主创新相结合，进行引进、吸收、再利用，提高创新起点，加快专利储备和布局；二是专利协同创新，与国内外龙头企业、大专院校、科研机构进行合作，对关键技术进行联合攻关或订单式技术研发，实现产学研联合，达到资源共享、利益共享、风险共担、协同运作。

一是重点领域。滨海新区企业在已有研发基础的叶片、变桨系统、海上风电等相关领域具有一定的创新实力，但与世界领先水平还存在差距。下面以专利信息为切入点，通过对重点领域技术的专利申请态势、技术发展脉络、技术热点和空白点及重要申请人的布局进行分析和研究。

①叶片领域。叶片材料方面的申请量近年来增加明显，但本领域的申请人分散，尚未出现具有垄断地位的大企业，所以对于国内众多起步较晚的企业来说，这是个值得关注的方向。其中，碳纤维质轻且强度大可以用来制造更长的叶片，但由于其成本较高，叶片整体使用碳纤维并不现实，降低碳纤维的使用成本将是未来研究的重点。同样，其他更新的优质材料的使用也将会推动叶片的变革，比如新兴的镁合金、钛合金等。在叶片结构上，分段式叶片将是未来巨型叶片的主流，而分段式叶片之间的连接一直没有在实践中广泛使用的技术方案，并且对于分段式叶片的制造，分段模具的设计和制造至关重要。此外，随着智能控制在各个行业的广泛使用，叶片领域的智能生产也是一个显而易见的热点。随着市场上投入使用的风力发电机越来越多，维护问题的解决也越来越迫切。关于叶片的检测，发现故障后是选择修补还是更换，基本上无重点公司谈及，这与其在实践中的迫切程度明显不符，或可成为国内企业的突破口。叶片的回收领域目前仍是一片空白，国内外公司基本都未涉及，而玻璃纤维增强复合材料叶片的回收，必然是一个巨大的市场，如果提前在这方面有所准备，也能占领先机。

②变桨系统领域。全球最强的几家风电厂商不约而同地在中国申请了大量的变桨技术专利，构筑专利壁垒。尽管如此，国外重点企业对于各部分载荷的测量与计

算、风速风向等环境因素的检测，以及基于线性、非线性模型的模糊控制策略这三个方面的研究也是近些年才取得成果。特别是在控制策略方面，由于其相比载荷计算以及环境监测更接近技术理论与算法的研究，建议企业与高校共同合作，加强基础学科的研究，紧赶直追，以期在独立变桨控制策略方面能够有所突破。

③海上风电领域。针对海上风电领域的发展状况，现阶段我国企业可以多寻求与国外企业合作的机会，通过获取外国公司许可或签订合作合同的形式发展海上风电技术，学习国外的先进技术，实现自身技术的提升。在海上风电领域，持续加强在海上基础方面的技术专利布局研发，尽快在工程勘察、施工、运行和维护方面制定完善的标准体系，突破技术风险和成本方面的限制。此外，中国的风机制造商应具有发展的眼光，专利先行，适时提前全球布局。滨海新区相关企业应参考各关键技术分支的技术发展脉络和研发侧重点制定研发策略，采取自主创新、技术借鉴相结合的方式，在自主创新的基础上，跟踪行业领军企业的专利申请动向。对国内外先进技术进行吸收和利用，加快关键技术研发，巩固已有的技术优势，达到国际及国内先进水平。

二是薄弱领域。对于滨海新区研发基础较弱或者无研发基础的领域首先需要通过专利分析以掌握新的技术发展方向。

①偏航领域。随着风力发电机越来越大，被动偏航在驱动力等方面显然已满足不了要求。主动偏航中，电动和液压两种驱动方式的改进齐头并进。随着计算机、控制技术的发展，智能偏航出现并占据非常重要的位置，各大公司均有相应的专利申请。相关企业应对国外已过期或即将过期的专利技术加强关注，在此基础上进行研发改进。

②主轴轴承领域。中国企业整体技术储备与国外企业相差较大，国产化替代还有一段距离，尤其在大功率风机轴承领域仅有少量企业具备批量生产能力。从专利布局来看，国外企业在主轴轴承结构、材料、工艺上申请了大量专利，而国内企业主要侧重于主轴轴承的应用方面，如国电联合动力、湘电股份侧重于安装拆卸，瓦轴的专利侧重于监测维护和保持架。对国内企业来说，需要进一步加大在主轴轴承结构、材料、工艺等方面的创新。

③风电机组领域。随着海上风电的发展，结构简单、故障率低、维护量小的直驱型风力发电机逐渐成为未来的发展趋势，直驱永磁逐步超越高速传动（双馈），直驱永磁型发电机专利申请成为布局热点。

8.3　创新人才引进培育路径

人才是推动区域风能产业技术创新的关键，是重要的创新资源，滨海新区在风能领域的创新人才储备方面与江苏、北京、广东等地差距较大，有必要立足区域产业创新发展需求，紧扣产业链、构建人才链，加快引进培养一批高级技术研发人才，以更大气魄、更宽视野、更强力度把人才集聚起来，为滨海新区风能产业创新发展提供坚实的人才保障，打造“海河英才”计划升级版。结合全球及我国风能产业发展方向，对照滨海新区风能产业的总体发展定位，提出滨海新区风能产业创新人才引进培育路径，总体思路是充分发挥区位特色，扬长避短，建立政校行企多方合作机制[48]，共同促进滨海新区风能产业集聚。具体举措如下。

8.3.1 加强与本地创新人才团队合作

推动产学研深度合作，实现津城滨城人才资源共享。从天津风能技术领域专利发明人分布看，一部分集中在高校，如天津大学、河北工业大学和天津理工大学等，另一部分集中在企业，如天津瑞能电气、优利康达、天津中车风电等。相关高校和企业主要分布在西青区、北辰区、武清区以及津南区，因此建议滨海新区加强跨区域人才交流合作，充分发挥天津新能源产业（人才）联盟的平台优势，围绕风电基础技术突破结构设计、风电控制系统、叶片结构工艺这三个领域，聚焦关键技术、核心设备、先进工艺等，加强与天津市风能产业龙头企业、高校院所、科研机构、人才服务机构的合作交流，建立产学研相结合的风能人才培养体系，提升人才的创新实践能力。

8.3.2 加强外部高端创新人才引进

滨海新区在风能产业领域各技术分支的专利储备数量不高，区域内虽有明阳智能、东方电气、西门子歌美飒、维斯塔斯等知名风电整机制造厂商设立的子公司，但多以制造加工为主，研发力量薄弱，不足以支撑区域产业创新需求。因此，建议滨海新区加强与明阳智能、东方电气、维斯塔斯、西门子歌美飒的合作，争取通过共建研发中心、产业技术研究院等方式提升区域产业创新能力，针对滨海新区风能产业强链补链延链的需求精准引进外部高端创新人才。围绕风电基础结构设计施工、叶片设计制造、风电主控等具备基础优势的产业领域，支持天津大学、天津瑞能电气等重要创新主体，与其他省市重点高校科研单位、企业加强技术交流合作。在海上风电基础结构领域，可加强与明阳智能、福建省水利水电勘测设计研究院、重庆大学、中国电建集团华东勘测设计研究院有限公司等机构的合作；在叶片设计制造领域，可加强与中国科学院工程热物理研究所、中复连众复合材料等机构的合作；在风电主控系统领域，可加强与中国电力科学研究院、苏州能健电气有限公司、上海交通大学等机构的合作。而针对风力发电机、风电齿轮箱、风电智能运维等薄弱领域，建议立足区域产业链布局，加大对紧缺人才的政策倾斜力度，为高端人才争取更优厚的条件，支持用人单位与中介机构、行业协会、社会组织等合作，推动在津高校、科研院所和企业共建引才平台，联合引才、共享人才。

人才的引进方式可灵活多样。一是坚持长期聘用和柔性引进相结合,大力引进高层次人才,制定紧缺人才目录和创新人才图谱,通过聘请咨询、讲学、技术合作、兼职、短期聘用、承担项目与课题研究等灵活方式引进,建立"不求所有,但求所用"的用人理念,同时建立高层次人才专家库,对本领域相关专家进行人才储备。二是发挥天津新能源产业(人才)联盟、天津市创新创业大赛等平台的作用,推动在津高校、科研院所和企业共建引才平台,联合引才、共享人才,比如开展校企合作或校地合作,建立新型研发机构、院士工作站。三是围绕风能产业领域关键核心技术研发需求,采取揭榜制、挂帅制、科研众包等方式,征集破解"卡脖子"技术难题的人才和团队。表 8-1 列出了风能产业领域的重点研究机构、企业及其优势领域。

表 8-1　国内风能产业领域重点机构及研究领域

机构类型	机构名称	研究领域
科研院所	上海交通大学	风电变流与机组控制、直流电网变换器、大规模风电直流并网
	南京理工大学	智能电网、电力系统分析
	曲阜师范大学	风电机组磁悬浮偏航系统、基于柔性直流输电技术的新型风力发电
	华中科技大学	智能电网运行、大规模可再生能源发电并网
	合肥工业大学	超大容量风力发电及其变流控制技术、分布式发电及其电力电子化稳定控制技术
	重庆大学	深远海大型风电机组系统动力学与控制
	山东大学	新能源发电与高效节能系统优化控制
	南通大学	海上潮间带风电装备关键技术及规模化应用
	重庆大学	风力/光伏发电及储能技术、风电/光伏接入电力系统运行分析与控制、海上风电基础设施
	中国电力科学研究院	新能源并网控制技术
	福建省水利水电勘测设计研究院	海上风机嵌岩设计、装配式海上测风塔基础关键技术
	中国计量大学	风力发电机变流系统
	青岛大学	风力发电机变流系统

续表

机构类型	机构名称	研究领域
科研院所	内蒙古工业大学	风力机流固耦合及控制技术
	西安交通大学	叶片结构设计
	沈阳航空航天大学	中小型风力机气动外形设计、风力机动态气动特性研究
	中国科学院工程热物理研究所	风电叶片设计、风电叶片及机组气动弹性、损伤机理及检测理论
	东南大学	风力发电的定子永磁电机
	浙江大学	电机设计及驱动、新型永磁电机优化设计及驱动、大型风力发电机系统
	南京航空航天大学	风力发电系统的系统设计、风力发电机输出的电能变换与风电系统的控制技术
	湖南大学	大型低速高效直驱永磁风力发电机关键技术
	哈尔滨工业大学	大小齿结构的三相无刷永磁直流电机
	华东交通大学	风电齿轮箱
	中国地质大学	风电机械设备故障诊断与智能维护
企业	苏州能健电气有限公司	风电变桨变频控制系统
	北京金风科创风电设备有限公司	风力发电主控系统、风电变流系统
	国电联合动力技术有限公司	风力发电机组控制，塔筒、叶片等风电关键设备研究
		叶片翼型设计、风电叶片制备方法、叶片除冰抗冻装置
		永磁直驱风力发电机组
	国网吉林省电力有限公司	风电场功率控制
	国网甘肃省电力公司	风电场功率控制
	广东明阳智慧能源有限公司	风电塔架、海上风机基础设计
		海上漂浮式风电基础设计
	中国电建集团华东勘测设计研究院有限公司	海上风机基础结构设计
	连云港中复连众复合材料集团有限公司	风电叶片制备工艺
	东台迈盛智能科技有限公司	叶片模具设计、叶片防护涂料制备
	南京高速齿轮制造有限公司	风电齿轮箱设计制造
	南京安维士传动技术股份有限公司	风电齿轮箱设计制造
	福建省新能海上风电研发中心有限公司	海上风电基础施工安装

续表

机构类型	机构名称	研究领域
企业	江苏海上龙源风力发电有限公司	海上风电基础施工安装
	广东浙江运达风电股份有限公司	风电机组控制系统、塔架塔筒设计
	许继集团有限公司	风电机组控制系统、风电柔性直流输电、塔架等风电设备设计制造

8.3.3　着力培育工匠型人才

加强风能职业技术教育，培育工匠型人才。风电零部件制造、部件装配、产品现场安装、风电场运维均离不开一批技能型工匠人才[49]，因此建立完善的风能职业技术教育培养体系，对推动区域风能产业发展意义重大。天津是国家现代职业教育改革创新示范区，在发展风能职业教育方面拥有得天独厚的优势。2023 年，教育部和天津市人民政府联合发布《教育部 天津市人民政府印发关于探索现代职业教育体系建设改革新模式实施方案的通知》，为如何建设产教深度融合、职普相互融通的现代职业教育体系指明了基本方向。充分发挥天津本土职业院校、企业的主动性，建立产教融合的风电职业技术人才培养体系，强化校企合作，实现校企在专业建设、人才培养方面的高度契合。具体来说，一是将企业需求融入专业建设，修订人才培养方案和课程体系[50]，通过企业兼职教师、专家讲座等形式，及时调整教学内容和模式，引进专业领域最新的技术知识，优化办学结构和效能；二是推行现代学徒制，校企协同育人，企业、学生、学校三方共同签订培养协议，校企共同制定教学内容和计划，实现“师带徒、徒跟师”；三是开发完善风电课程资源，校企共同开发企业案例和课程资源素材，引进大量工程实例，促进教学内容贴近实际工作，使学生及时掌握行业最新工艺技术和标准。

8.4　企业培育引进路径

8.4.1　加强培育整合，构建创新领军企业生态

滨海新区围绕风能产业链已成功吸引了众多企业入驻，产业集群规模初步形成，为区域风能产业发展壮大提供了坚实支撑。然而，从产业技术专利布局态势看，区域企业在风能产业不同技术分支上的专利布局并不均衡，在叶片领域的专利布局相对较多，在风电主控系统、海上风电、传动系统等领域的专利布局较少。同时，从全国范围来看，与风能产业发展较为成熟的地区相比，滨海新区在风能产业领域的专利布局

体量相对较小。整体而言，滨海新区的风能产业集群发展虽然初具规模，但产业创新能力亟待提升，产业链存在的薄弱环节亟待攻克，企业规模和研发投入仍需进一步扩大。建议滨海新区加快推动产业资源的整合和优化配置，加强企业间的合作与交流，形成产业互动、优势互补的良好格局。具体建议如下。

一是加快培育龙头企业，依托龙头企业建设区域产业生态圈。建立完善的龙头企业库，聚焦滨海新区产业链前 30~50 名综合实力强、创新水平高、发展潜力大的龙头企业、骨干企业，形成“一企一策”工作台账，强化“一对一”精准服务。创新政策工具，围绕金融、税收、土地、人才等方面打好政策组合拳，全方位支持龙头企业发展。鼓励龙头企业对上下游配套企业进行兼并重组，通过产业或技术并购扩大规模，优化资源配置。创新产学研模式，组建“龙头企业+高校+区域”创新联合体，坚持用平台思维推动多方资源要素互动耦合，促进校企合作，加快科技成果的转化应用，实现资源共享和优势互补。鼓励龙头企业积极参与区域产业生态圈的建设，发挥其在资金、技术、市场等方面的优势，带动整个产业链的发展。

二是打造产业链优质企业梯次培育格局。支持同质化企业采用横向并购重组方式扩大规模，提高品牌影响力和议价能力，巩固市场地位。鼓励产业链中处于竞争优势地位的企业采取纵向并购方式延长产业链条，实现产业链的垂直整合，从而降低交易成本，提高产品的附加值和市场竞争力，提高整体赢利能力。通过提供政策支持和资金扶持，加快培育一批掌握核心技术、市场占有率高的细分领域单项冠军，壮大一批专精特新“小巨人”企业，引导成长性好的小微企业升规入统，为产业链的高质量发展注入新活力，增强产业链的韧性和抗风险能力。

三是引导同领域企业强强联合，加强区域产业资源联动。鼓励和支持行业内企业加强交流合作，与高校、研究机构共同组建产业知识产权联盟，通过联合开展技术研发、标准制定、专利交叉许可、专利维权、市场信息交流等活动，实现风险共担、成果共享，促进产业资源整合利用，打造产业生态圈。

四是支持企业科技创新，推动创新要素向企业集聚。支持有条件的风电龙头企业整合资源组建共性技术平台和科技创新基地，鼓励风电企业创建国家级、省级企业技术中心、技术创新中心，加强共性关键技术研发（服务）和产业链培育。加大企业研发投入扶持力度，落实提高研发费用加计扣除比例政策。落实创业投资企业和天使投资个人投资种子期、初创期科技型企业税收政策。推动构建企业主导的融通创新生态，支持领军企业统筹行业上下游创新资源，牵头组建体系化、任务型创新联合体。

8.4.2 加大招商力度，补齐产业链供应链短板

在着力整合发展本地风能产业资源的基础上，滨海新区应对外加大招商力度，围

绕风电整机和配套设备制造、风电场施工建设和运行维护、海上风电开发运营等领域，加强“建链、延炼、补链、强链”，打造风电装备制造产业基地。具体建议如下。

一是将本地龙头企业作为引聚资源的重要抓手，鼓励龙头企业站在招商的最前线，加快与天津瑞源电气有限公司、东方电气（天津）风电叶片工程有限公司、天津新源电气科技有限公司、中交第一航务工程局等龙头企业对接，制定相应的风能产业龙头企业配套引进政策，对标相关委办局已制定的产业图谱，绘制上述龙头企业上下游产业图谱，遴选龙头企业生态圈的主要配套上下游供应商，重点引进国内一流的控制系统、发电机、齿轮箱、轴承、轮毂等关键零部件制造厂商，发挥滨海新区新材料产业优势，引进碳纤维、玻璃纤维、树脂、石墨烯防腐涂料、结构胶等相关新型材料企业。出台系列化奖励政策，对龙头企业引进独立法人配套企业给予一定奖励，如合肥对软件和集成电路龙头企业引进独立法人配套企业，给予龙头企业最高 100 万元奖励，同时根据实际情况对配套企业也给予一定奖励。

二是加大政策力度，推动风电重大产业项目落户。发挥产业投资基金的引导作用，重点投资引进风电关键零部件、新材料产业项目，对科技含量高、投资规模大的项目，按比例给予一定财政奖励，并根据风电项目投资额、科技含量和税赋贡献等实行“一事一议、一企一策”和“一站式”审批代办服务，将水、电、气等基础配套设施直接送至产区红线，给予厂房租赁优惠。

三是以科技创新为纽带，深度融入京津冀科技创新体系。积极承接北京非首都功能疏解，大力争取京冀两地风电龙头企业在津落户或设立分支机构，通过共建一批产业技术联盟、产业技术创新平台和公共服务平台，承接北京、河北优质原创成果在新区应用转化，共建创新型产业集群。

8.5 知识产权强化路径

风能产业的发展需要知识产权保护、知识产权运营的同步发展。针对滨海新区风能产业发展不平衡、优势不突出的问题，应从政府和企业两方面进行知识产权强化。

8.5.1 政府方面

一是完善企业评价制度，制定科技创新激励政策。完善滨海新区风能产业高科技企业评定制度，将专利质量评估纳入相关考核指标体系，通过专业的知识产权部门或机构对企业专利价值进行客观评价，避免企业盲目追求数量而申请无价值或低价值的专利，“增量”与“提质”两手抓。制定产业科技创新激励政策，单独设立风能领域专利扶持的专项基金或经费，奖励技术创新与研发高价值产品的高科技企业，提高企业创新、创造的积极性，引导企业重视知识产权工作。

二是建立风能产业的知识产权联盟，促进科技成果转化。开展风能产业的知识产权联盟建设，既是提高我国企业在全球范围的竞争实力的有效途径，也是推动风能产业高质量发展的重要步骤。可由地方市场监督管理局牵头，联合区域内优势企业、科研机构及高校共同发起成立。在校地合作中，科研机构及高校可依托风能方面的学科优势，提供人才和技术支持，优势企业提供市场和成果转化的平台，地方政府推动落实有关先导项目，建立产业技术研究院，引进院士工作站等，共同把合作引向深入。在全球范围内，知识产权日益成为企业的竞争利器和国际贸易壁垒的重要形式，已经成为抢占产业价值链高端的基本战略资源以及竞争力的核心要素。对外，联盟应把优质的知识产权服务资源聚集起来，形成知识产权服务资源平台，实现资源对接、彼此支撑、互助互利、协同发展的共赢局面；对内，联盟应加强产业自律管理，推动知识产权规范化发展，加大风能产业知识产权服务人才培育力度。

8.5.2　企业方面

首先，设置知识产权运营部门，提高知识产权运营能力。随着知识产权制度在我国经济社会中的作用越来越突出，为了对企业的技术研发方向进行指导，减少专利战中的损失，提高专利保护能力，企业应当在组织架构中设置知识产权运营部门。一是可以通过分析现有专利资源，指导研发方向，避免重复研发和专利侵权；二是可以及时发现市场上的侵权行为，通过知识产权保护等途径维护自身的合法权益；三是可以提高企业的专利运用能力，通过专利许可等方式来获取更大的商业利益。

其次，加强该领域知识产权人才的培育。开展针对企业从业人员的相关培训，宣贯知识产权相关的政策法规，培训从业人员的专利检索、撰写、申请等相关技能，全面提升从业人员的知识产权意识和能力。

Chapter 9

第 9 章 滨海新区风能产业创新发展规划

9.1 发展优势

9.1.1 行业政策

风电是一个颇受国家政策导向影响的行业，政策方向的变动决定了行业及相关企业的发展方向。近年来，国家出台了一系列促进风电行业发展的相关政策，如表 9-1 所示，涉及风电行业发展规划与建设要求、风能资源配置、风电建设环保、电价补贴、消纳以及市场化交易等方面，每一次关于补贴的政策变动都会引起一波抢装潮。

表 9-1 2020 年以来中国风电关键政策及其解读

时间	政策名称	核心内容	解读
2020 年 3 月	《关于 2020 年风电、光伏发电项目建设有关事项的通知》	积极推进平价上网项目建设，重点支持已并网或在核准有效期需国家补贴的风电项目自愿转为平价，执行平价上网项目支持政策，要求在 2020 年底前核准并开工建设。明确各省 2020 年可安排的需国家补贴的风电规模的确定方法	对 2020 年的项目建设和补贴的开展颁布了纲领性文件
2020 年 3 月	《2020 年度风电投资监测预警结果》	2020 年风电投资监测预警结果：新疆（含兵团）、甘肃、内蒙古西部为橙色区域；山西北部忻州市、朔州市、大同市，河北省张家口市和承德市，内蒙古赤峰市按照橙色预警管理；甘肃河东地区按照绿色区域管理；其他省（区、市）和地区为绿色区域	无红色区域，“三北”地区风力建设复苏
2020 年 5 月	《关于发布 2020 年全国风电、光伏发电新增消纳能力的公告》	国家电网公司经营区 2020 年风电、光伏发电合计新增消纳能力 6 850 万 kW，其中风电 2 945 万 kW；南方电网合计新增消纳能力 1 360 万 kW，其中风电 620 万 kW；内蒙古电力合计新增消纳能力 300 万 kW，其中风电 100 万 kW	公布了 2020 年国家消纳能力
2020 年 7 月	《关于公布 2020 年风电、光伏发电平价上网项目的通知》	2020 年风电平价上网项目装机规模为 1 139.67 万 kW。2019 年第一批和 2020 年风电、光伏发电平价上网项目须在 2022 年底前并网。国家能源局将按年度梳理并公布在规定时限内并网的风电、光伏发电平价上网项目	对 2020 年的平价项目开展颁布了纲领性文件

续表

时间	政策名称	核心内容	解读
2021 年 2 月	《关于 2021 年风电、光伏发电开发建设有关事项的通知(征求意见稿)》	2021 年风电、光伏发电量占全社会用电量的比重约为 11%,同时要求实现 2030 年前碳达峰、2060 年前碳中和、2030 年非化石能源占一次能源消费的比重达到 25%左右、风电和太阳能发电总装机量达到 12 亿 kW 以上等目标	规定了 2021 年的风电光伏的建设目标
2021 年 3 月	《中华人民共和国国民经济和社会发展第十四个五年规划和 2035 年远景目标纲要》	大力提升风电、光伏发电规模,加快发展东中部分布式能源,有序发展海上风电,加快西南水电基地建设,安全稳妥推动沿海核电建设,建设一批多能互补的清洁能源基地,非化石能源占能源消费总量的比重提高到 20%左右	继续大力推进风电光伏建设
2021 年 6 月	《国家发展改革委关于 2021 年新能源上网电价政策有关事项的通知》	2021 年起,对新备案集中式光伏电站、工商业分布式光伏和新核准陆上风电项目发电,中央财政不再补贴。2021 年,新建项目保障收购小时数以内的发电量,上网电价继续依照“指导价+竞争性配置”方式	对 2021 年的电价做出纲领性文件

2021 年是“十四五”及全面建设社会主义现代化国家新征程的开局之年,在中国经济新发展格局下,由“高碳能源”转型到“绿色低碳能源”也成为能源产业变革的必由之路。根据国家能源局的最新表态,对于未来能源工作,要加大煤炭的清洁化开发利用,大力提升油气勘探开发力度,加快对风能、太阳能、生物质能等非化石能源的开发利用,促进低碳能源替代高碳能源,可再生能源替代化石能源。

目前,我国各地方省市都发布了关于风电产业的政策,如表 9-2 所示,大力支持风电在全国范围内发展。以累计装机量第一的内蒙古为例,内蒙古将继续推进风电和太阳能发电基地建设,促进集中式风电和太阳能发电快速发展,因地制宜发展分布式太阳能发电和分散式风电,力争到 2025 年可再生能源装机突破 1 亿 kW,力争可再生能源电力消纳责任权重达到国家下达的激励性目标。

表 9-2　风电行业部分重点省市区发展目标解读

省份	政策
江苏	优化能源结构,按照国家规划推进煤炭消减行动,推进气化工程和“外电入苏”,整合资源、有序发展海上风电
浙江	重点推进海上风电发展,打造近海及深远海海上风电应用基地+海洋能+陆上产业基地发展新模式,到 2025 年,力争全省风电装机容量达到 630 万 kW,其中海上风电达到 500 万 kW
广东	确定 2021 年度全省风电、光伏发电保障性并网规模为 900 万 kW,主要用于安排存量项目
内蒙古	持续推进风电和太阳能发电基地建设,促进集中式风电和太阳能发电快速发展
山东	大力发展新能源和可再生能源、氢能,拓展外电入鲁通道,稳步推动核电、海上风电项目建设

9.1.2　产业优势

一是资源禀赋独特。天津市风能资源从沿海向内陆地区递减，风能资源随离地面高度增加而增加。滨海新区毗邻渤海，风能资源好，东部沿海地区的塘沽、大港和汉沽风能资源比较丰富，平均风速大，风功率密度值高，有效小时数较高。该区域年均风功率密度较高，为 104.2~117.9 W/m^2，年均风速较大，达 4.3~4.4 m/s，并且以 3 m/s 风速区间的平均风速频率最高，风的年有效风力小时数较高，为 559~6 640 h，风能资源优势得天独厚。

二是产业配套齐全。滨海新区已经形成了以整机企业为龙头、配套企业为支撑、专业化分工为纽带、技术创新和人才为基础的产业集群，构建起从研发、制造到检测的风电产业体系，形成了从整机机组到叶片、齿轮箱、发电机、控制系统等配套零部件较为完整的风电产业链条。滨海新区开发建设了汉沽大神堂风电场、大港沙井子风电场、大港马棚口风电场和蓟运河口风电场 4 个风电场。

三是母港功能完备。滨海新区成为重要的风电设备制造中心、风电产品出口基地和功能完备的风电研发和检测中心。其借助临港经济区港口、工业一体化优势，成为重要的风电产品出口基地。

9.2　总体要求

9.2.1　发展思路

为加快建设制造强市，推进制造业高质量发展，天津市政府印发了《天津市制造业高质量发展“十四五”规划》，制定了“1+3+4”现代工业产业发展路线图，对提升风电产业全产业链发展做了部署。以《天津市制造业高质量发展“十四五”规划》为指导，立足全国先进制造研发基地的定位，抢抓“双碳”发展机遇，实施加强风电核心前沿技术研发、构建以企业为主体的产业创新生态、推动产业链优化升级、完善产业服务体系、加快新兴产业培育、加强人才引培六大任务，积极推动技术进步和产业升级，以陆上、海上风电规模化开发带动风电装备及服务业发展，以龙头企业为依托实现全产业链发展，将滨海新区打造为全国风电产业高地。

9.2.2　基本原则

坚持市场主导。坚持市场在资源配置中的决定性作用，以市场需求为导向，牢固树立“产业第一、企业家老大”理念，发挥风能产业规划引领和政策激励作用，引导社会资本围绕风能企业发展需求进行优化配置。

坚持创新驱动。加强创新能力建设,完善协同创新体系,推动创新升级,促进科技成果转化应用。加快推进风能产业同大数据、智能制造深度融合,引导和支持企业拓展新领域、发展新业态。

坚持重点突破。突出风能产业优势领域聚集,发挥风能资源和技术比较优势,带动上下游产业发展,形成具有国际竞争力的风能产业规模优势。重点突破大功率风电机组和关键零部件核心技术,提升自主化配套能力。

坚持应用带动。通过陆上、海上风能资源规模化开发,带动风电产业和装备制造骨干企业做强、做大,提高海上风电产业研发制造水平和系统集成能力。通过风电技术进步、装备制造水平和服务能力提高,更好地支撑陆上、海上风电规模化发展。

9.2.3 发展目标

坚持统筹谋划、科学布局、有序推进,加快资源优势向产业优势、投资驱动向创新驱动转化,着力建设风电装备制造、风电运维、海上风电新兴产业基地和风电设备检测、风电智慧大数据中心,形成百亿级风电产业集群,将滨海新区打造为全国风电产业高地。

9.3 重点任务

9.3.1 加强风电核心前沿技术研发

重点加强大型风力发电机组关键核心设备研发。重点加强 4 MW 及以上大功率风电机组、10 MW 及以上大功率海上风电设备研发,加快研发风电长叶片、齿轮箱、主轴轴承、控制系统、逆变系统等核心部件。

推进大功率海上风电机组、低风速风电机组及关键材料零部件的研发制造。重点面向未来深远海风力发电规模开发利用需求,支持开展漂浮式海上风电机组设计与装备、海上风电集群运控并网系统相关技术研发,支持开展近远海风电场设计、施工、运输、吊装关键技术研发。

加快数字化风力发电技术研发。聚焦风电场智能监控、风电智能运维、风电机组智能故障诊断预警,加快研发基于物联网、大数据和云计算的风电设备全寿命周期设计、控制、智能运维及故障诊断技术,推动风电装备向大功率、智能化、循环化方向转型提升,探索开展数字化风电场示范推广项目。

鼓励开展新型风电综合利用技术的研发和示范推广。围绕多能互补、分布式利用、风电制氢、风电供热等领域的技术需求,开展电力系统规划设计、能量管理控制、储能等相关技术研究。

9.3.2　构建以企业为主体的产业创新生态

强化企业创新主体地位，鼓励和支持企业加大研发投入，引导人才、服务、政策、资本向创新型企业聚集，加快风电领域国家高新技术企业、高成长企业培育，推动高新技术企业成为产业创新生态主力军，构建创新型企业聚集的风电产业创新链。

加大技术创新和服务平台在企业中的布局力度，支持有条件的企业整合资源组建共性技术平台或科技创新基地。支持领军企业统筹行业上下游创新资源，联合区域和高校，牵头组建体系化、任务型创新联合体，承担重大科技攻关任务。支持维斯塔斯风力技术中国有限公司、东方电气（天津）风电科技有限公司、天津明阳风能叶片技术有限公司等有条件的企业，整合资源组建共性技术平台或研发中心，加强大功率风电机组及主控系统、叶片、齿轮箱等核心部件的研发。支持中国船舶重工集团（天津）海上风电工程技术有限公司、中交第一航务工程局有限公司、天津市海王星海上工程技术股份有限公司等联合开展漂浮式海上风电基础、海上施工平台、海上风电勘测设计等相关技术攻关。支持天津市津能风电、龙源风力发电、风润新能源发电等企业围绕风电场开发运营、风电并网控制系统、远距离海上风电输电方式等开展技术攻关。

9.3.3　推动产业链优化升级

加快风电装备配套产业集聚。依托现有风电产业链重点企业，加强“建链、延链、补链、强链”。发挥维斯塔斯、西门子歌美飒、东方天津风电、天津明阳风电等重点企业的招引效应，重点引进国内一流的发电机、齿轮箱、轴承、轮毂、控制系统等关键零部件制造厂商。依托南港工业区新材料生产基地，重点引进玻璃纤维、碳纤维、树脂、石墨烯防腐涂料、结构胶等先进材料制造厂商。按照布局集中、产业集聚、用地集约的原则，依托经开区打造特色风能产业基地，以整机制造带动零部件产业发展。

加快打造产业链优质企业梯次培育格局。加速产业链资源垂直整合，支持同质化企业采用横向并购重组方式扩大规模，鼓励产业链中处于竞争优势地位的企业采取纵向并购方式延长产业链条。打造一批掌握核心技术、市场占有率高的细分领域单项冠军，壮大一批专精特新“小巨人”企业，引导成长性好的小微企业升规入统。

9.3.4　完善产业服务体系

全面发展风能技术咨询、战略研究、运输安装、运行维护、检测认证等技术服务业，为风能产业规模化发展提供专业化服务。探索建立叶片、传动系统等风电零部件公共试验平台，为风电设备检测、认证提供技术条件。探索建设风电运维基地，实现覆盖全生命周期的风电机组维护、塔筒基础维护等“一站式”运维服务。鼓励风电装备制造骨干企业、风电开发企业、研究设计单位、海工装备和施工企业加强合作，构建产业联盟，打造服务平台，形成系统合力，共同推进陆上海上风电开发，形成行业全产业链发展。

9.3.5 加快新兴产业培育

探索新型风能利用技术产业化应用。探索开展分布式风电利用、海上风电+储能试点项目建设，推动海上风电储能产业化应用。培育海上风电制氢项目，利用海上风电及海水就地制氢，通过海洋运输送回陆地或直供海上石油平台炼化。培育海洋牧场项目，鼓励海上风电场内安装鱼类养殖网箱、贝藻养殖筏架，在区域内形成高度融合的海洋养殖生态链。

9.3.6 加强人才引培深入实施

“海河英才”计划，加大对海内外风能产业领域高层次创新人才的引进力度，为来津创新创业的高层次人才提供启动资金和完善的生活保障。加大对高水平管理人才和科技人才的引进和培养力度，积极与天津大学、河北工业大学、华北电力大学等相关领域的高等院校开展人才培养合作，拓宽人才引进渠道，优化人才培养环境。加大天津市技术人才的培养力度，发挥本市职业教育优势，鼓励高校和职业院校加强风能专业领域的课程建设，将天津市打造成我国风能产业高技能人才培养基地。

9.4 保障举措

9.4.1 强化组织领导

成立专门的风能产业发展领导小组，负责研究落实支持产业发展壮大的政策措施，协调解决产业发展中的重大问题，落实工作责任制。建立专门机构负责制定和完善促进体系建设的产业、科技、金融、人才等相关配套政策，分解任务，推进工作落实。推进社会化服务体系建设，为风能产业发展提供高效便捷的服务，简化项目建设审批程序，提高项目审批效率。各有关部门按照职责分工，细化政策措施，形成上下联动、协调配合的工作机制，确保各项风电应用示范工程扎实推进。

9.4.2 加强资金支持

加大财政支持力度，统筹利用市智能制造、科技型企业发展等专项资金，对风能产业应用示范、创新创业和公共服务平台建设等项目给予支持。借助海河产业基金、滨海新区产业发展基金，带动社会资本对具有较强竞争性和成长潜力的风能企业开展股权投资，支持风能产业优质企业及重大项目发展建设。支持风能企业拓宽直接融资渠道，发展知识产权质押融资、担保贷款等金融服务。

9.4.3　加大招商引资

以项目带动战略为抓手，加大服务企业、服务项目力度，以风能产业世界 500 强、国内百强企业以及北京市等省市优质企业为目标，加大招商引资工作力度。充分发挥市、区两级资源优势，信息互动、上下联动，开展产业链招商、人才招商、龙头招商，推动引资、引技、引智有机结合，形成全员招商引资的浓厚氛围和强大气场，加速产业转型升级，构筑开放发展新格局。

9.4.4　强化监测评估

建立项目立项、项目进度的统计监测、评价考核机制，强化目标责任落实，及时督促检查任务落实和绩效目标完成情况。健全规划实施动态评估机制，开展规划年度跟踪监测、中期评估和末期全面评估，根据评估结果适时对目标任务进行调整，及时研究解决规划实施过程中的重大问题。密切关注国家宏观调控政策和市场变化，及时调整优化规划实施手段，确保规划目标顺利实现。

9.4.5　优化发展环境

发挥天津市支持智能科技产业发展政策、支持智能制造发展专项资金的引领作用，精准服务企业发展需求，扶植本地新能源企业做大做强。研究风能产业的典型案例，发展风能产业的专业服务、增值服务，形成风能产业新业态。推动企业与企业之间、企业与社会组织之间开展广泛交流，及时研究提出推动风能产业发展的对策、措施和建议，营造风能产业创新发展的良好氛围。

参考文献

[1] 黄其励. 风能技术发展战略研究[M]. 北京：机械工业出版社，2021.

[2] Global Wind Energy Council. Global wind report 2023[R]. Belgium：GWEC，2023.

[3] 国家统计局. 战略性新兴产业分类（2018）（国家统计局令第 23 号）[EB/OL].[2023-05-18]. http://www.gov.cn/zhengce/zhengceku/2018-12/31/content_5433037.htm.

[4] 国家发展改革委. 战略性新兴产业重点产品和服务指导目录（2016 版）（2017 年第 1 号公告）[EB/OL].（2017-02-04）[2023-05-18]. https://www.ndrc.gov.cn/xxgk/zcfb/gg/201702/t20170204_961174_ext.html.

[5] International Renewable Energy Agency. Renewable power generation costs in 2019[R].Abu Dhabi：IREA，2020.

[6] 国家能源局."十四五"现代新能源体系规划[EB/OL].（2022 年 1 月 29 日）[2023-05-18].http://www.nea.gov.cn/1310524241_16479412513081n.pdf.

[7] 中国气象局风能太阳能资源中心. 中国风能太阳能资源年景公报[R]. 北京：中国气象局风能太阳能资源中心，2020.

[8] Global Wind Energy Council. Global wind report 2021[R].Belgium：GWEC，2021.

[9] 王倩. 超导直流风力发电机的设计与研究[D]. 武汉：华中科技大学，2020.

[10] 邵垒，毛虹霖，邢胜，等. 高空风力发电发展现状及关键技术研究综述[J]. 新能源进展，2020，8（6）：477-485.

[11] 和丽钢. 深远海域漂浮式海上风电场基础形式分析[J]. 中国高新科技，2021（23）：63-64.

[12] 石文辉，白宏，屈姬贤，等. 我国风电高效利用技术趋势及发展建议[J]. 中国工程科学，2018，20（3）：51-57.

[13] 中国可再生能源学会风能专业委员会. 中国风电产业地图 2019[R]. 北京：中国可再生能源学会风能专业委员会，2020.

[14] 于晓萌，闫坤. 风电传动系统轴承的专利态势分析[J]. 信息通信技术与政策，2023，49（3）：68-73.

[15] 黑志杰. 面向风电主控系统的国产 PLC 主控制器研究与设计[D]. 西安：西安电子科技大学，2021.

[16] 刘玉新，郭越，黄超. 中外海上风电发展形势和政策比较研究[J]. 科技管理研

究，2023，43(8)：65-70.
[17] 时义龙. 基于数据驱动的风电机组故障诊断与预警研究[D]. 济南：山东大学，2022.
[18] 杨雷雷. 风电机组仿真平台软件设计与研究[D]. 北京：华北电力大学，2019.
[19] 范婷婷. 天津市风电产业发展中的政府作用研究[D]. 北京：华北电力大学，2019.
[20] 高原. 中国风电机组控制系统行业综述[J]. 风能，2021，131(1)：50-52.
[21] 何涛. 大型风电机组偏航系统动力学建模与特性分析[D]. 长沙：湖南科技大学，2021.
[22] 易钰棠. 风电齿轮箱振动特性分析及结构拓扑优化[D]. 重庆：重庆大学，2021.
[23] 曾纯亮. 风电机组主轴系统结构分析建模研究及其应用[D]. 重庆：重庆大学，2011.
[24] 中商产业研究院. 2016 年中国风电机舱罩行业研究分析报告[J]. 玻璃钢/复合材料，2016，267(5)：113-114.
[25] 王邱. 风电机组塔筒结构动特性分析与监测[D]. 北京：华北电力大学，2020.
[26] 林杨. 基于现有风电远控系统采集数据的大数据分析及应用[D]. 北京：华北电力大学，2017.
[27] 罗如意，林晔，钱野. 世界风电产业发展综述[J]. 可再生能源，2010，28(2)：14-17.
[28] 陈衍泰，宁钟，宁玹钰. 全球风能产业动态演化：企业能力与公共政策互动视角[J]. 科学学与科学技术管理，2012，33(9)：74-82.
[29] 李红强，沈镭. 美国风电产业政策演进：历程、特征与影响因素[J]. 世界地理研究，2012，21(1)：100-110.
[30] 雷孝平，刘润生，霍翠婷. 美国风电产业及技术发展状况研究[J]. 科技管理研究，2011，31(24)：90-94.
[31] 吕靖峰. 我国风能产业发展及政策研究[D]. 北京：中央民族大学，2013.
[32] 王长路，王伟功，张立勇，等. 中国风电产业发展分析[J]. 重庆大学学报，2015，38(1)：148-154.
[33] 陈铁华. 风力发电技术[M]. 北京：机械工业出版社，2021.
[34] 肖毅，周百能，钟连兵，等. 风电叶片用环氧树脂和聚氨酯性能比较[J]. 东方汽轮机，2022(4)：63-68.
[35] 付国良，冯学斌，陈煌，等. 聚氨酯树脂在风电叶片中的应用研究[J]. 聚氨酯工业，2023，38(1)：30-33.
[36] 牟书香，文景波，徐俊，等. 碳纤维在风电叶片中的应用进展[J]. 纺织导报，2022(5)：

44-46,48-50.

[37] 李成良,杨超,倪爱清,等. 复合材料在大型风电叶片上的应用与发展[J]. 复合材料学报,2023,40(3):1274-1284.

[38] 周文华,周百能. 夹芯泡沫材料性能及其在风电叶片上的应用[J]. 天津科技,2023,50(1):75-78.

[39] 何振. 基于仿生翼型的抗台风风电叶片优化设计[D]. 长沙:长沙理工大学,2020.

[40] 李星星,李成良,毛晓娥,等. 风电叶片低粗糙敏感性厚翼型优化方法研究[J]. 太阳能学报,2022,43(7):395-401.

[41] 吴志学. 水平轴风电机组叶片翼型气动性能优化研究[D]. 北京:华北电力大学,2019.

[42] 夏云峰. 风电叶片创新进行时[J]. 风能,2022(3):26-33.

[43] 叶乔丹. 真空灌注复合材料风电叶片工艺的模拟研究[D]. 天津:天津工业大学,2018.

[44] 徐宇,廖猜猜,张淑丽,等. 大型风电叶片设计制造技术发展趋势[J]. 中国科学:物理学 力学 天文学,2016,46(12):8-17.

[45] 杨鑫超,曹寅虎,杨伟超. 风电叶片复合材料专利发展态势分析[J]. 科学技术创新,2019(26):60-61.

[46] 李春雷,王洪江,尹常永,等. 风机叶片故障诊断技术的研究进展[J]. 沈阳工程学院学报(自然科学版),2022,18(3):1-5,19.

[47] 张建斐. 基于机器视觉的风力发电机叶片表面缺陷检测研究[D]. 兰州:兰州理工大学,2018.

[48] 黄礼万,伍玩秋,周岩丽. 阳江风电装备制造产业发展面临的人才困局与对策研究[J]. 中国科技产业,2022(10):66-69.

[49] 顾明强. 风电企业人才培养的困境与对策[J]. 中国电力教育,2022(10):40-41.

[50] 李良君,朱童. 基于产教融合的风电专业协同育人机制的构建与实践[J]. 质量与市场,2021(2):136-138.